U. Höfle-Isphording

Zuverlässigkeits-rechnung

Einführung in ihre Methoden

Springer-Verlag
Berlin Heidelberg GmbH 1978

Dr. rer. nat. UTE HÖFLE-ISPHORDING
Siemens AG, Unternehmensbereich Nachrichtentechnik, München

Mit zahlreichen Darstellungen

ISBN 978-3-540-08412-9   ISBN 978-3-662-13478-8 (eBook)
DOI 10.1007/978-3-662-13478-8

2362/3020 − 5 4 3 2 1 0

Vorwort

Die Forderung, daß technische Hilfsmittel zuverlässig sein sollten, hat es
wohl schon immer gegeben. Aus verschiedenen Gründen ist diese Forderung
aber im Laufe der Zeit immer dringender geworden und gleichzeitig schwie-
riger zu realisieren. Das hängt damit zusammen, daß technische Anlagen
immer komplexer wurden und damit die Zahl der Ausfallmöglichkeiten zu-
nahm, daß die Aufgaben einer einzigen Anlage immer umfangreicher wurden
und sich damit die Auswirkungen von Ausfällen vergrößerten, daß Anlagen
gebaut wurden, von denen ständige Betriebsbereitschaft erwartet wird (z.B.
Telefonvermittlungen) und daß Anlagen gebaut wurden, die nach der Inbe-
triebnahme nicht mehr repariert werden können (was besonders für die Raum·
fahrt gilt). Das führte dazu, daß eine systematische Betrachtungsweise von
Zuverlässigkeitsfragen notwendig wurde. Gleichzeitig mußte man den Begriff
"zuverlässig" präzisieren: Wenn er früher etwa synonym war mit "haltbar"
oder mit "ungefährlich" und fast nur qualitative Bedeutung hatte, bekam er
nun einen quantitativen Inhalt.

Die systematische Behandlung von Zuverlässigkeitsfragen erstreckt sich
heute auf verschiedene Gebiete: Es gibt physikalische, technologische und
organisatorische sowie mathematische Fragestellungen. Der mathematischen Zuverlässigkeitstheorie fallen dabei die Aufgaben zu, quantitative Kri-
terien zur Beurteilung der Zuverlässigkeit zu definieren und mathematische
Modelle für Zuverlässigkeitsprobleme aufzustellen und zu untersuchen. Im
einzelnen gibt es die Aufgabenbereiche
Schätzen von Zuverlässigkeits-Kenngrößen auf Grund von Beobachtungs-
    daten,
Berechnen von Zuverlässigkeits-Kenngrößen eines technischen Systems aus
    vorgegebenen Kenngrößen seiner Teile,
Optimieren, z.B. Aufsuchen einer Systemstruktur mit größtmöglicher Zu-
    verlässigkeit unter vorgegebenen Bedingungen (Kostenbeschränkung,
    Gewichtsbeschränkung, Elemente mit bekannter Zuverlässigkeit u.ä.).

Dieses Buch befaßt sich mit dem zweiten dieser drei Punkte.

Da die Ausfälle und Qualitätsänderungen in der Technik ein zufallsmäßiges
Verhalten zeigen, findet sich die adäquate Mathematik dazu in der Wahrscheinlichkeitstheorie. Ein allgemeines Zuverlässigkeits-Modell besteht
aus einem Zustandsraum und einem stochastischen Prozeß, der die Zu-
standsänderungen beschreibt. Geeignete stochastische Prozesse sind die
Erneuerungsprozesse, die Markowschen Prozesse und Verallgemeinerun-
gen dieser beiden Typen. Dieses Buch widmet sich zwei verschiedenen Mo-
dellen: dem "Booleschen Modell" und dem "Markowschen Modell". Es ist
gedacht als Einführung in diese beiden Gebiete.

Gliederung des Buches

Das Buch ist in vier Kapitel aufgegliedert. Dabei dienen die Kapitel 1 und 2
der Vorbereitung auf die beiden Hauptkapitel 3 und 4. Sie enthalten in kom-
primierter Form eine Zusammenstellung derjenigen Begriffe und Sätze, die
die Grundlage bilden für die Zuverlässigkeitstheorie von Systemen und die
später verwendet werden.
Kapitel 1 gibt einen Einblick in die Mengenalgebra und die Wahrscheinlichkeitsrechnung und geht speziell auf Erneuerungsprozesse und Markowsche
Prozesse ein. Ferner wird die Laplace-Transformation eingeführt, da sie
sich als sehr praktisches Hilfsmittel für konkrete Berechnungen im Zusammenhang mit Erneuerungs- und Markow-Prozessen erweist. - Kapitel 2
führt die Grundbegriffe der Zuverlässigkeitsrechnung wie Lebensdauer-Verteilung, Ausfallrate usw. ein. Ferner werden die gebräuchlichen Lebensdauer-Verteilungen vorgestellt. Die alternierenden Erneuerungsprozesse
werden behandelt, da sie das Verhalten reparierbarer Einheiten beschreiben.
Die Kapitel 3 und 4 sind dem Booleschen bzw. dem Markowschen Modell
gewidmet. Die Stoffauswahl richtete sich nach zwei Gesichtspunkten: Es
sollten die Gesetzmäßigkeiten herausgestellt werden, die der Modellbil-
dung zu Grunde liegen, und im Hinblick auf die praktische Durchführung
von Rechnungen sollten übersichtliche Verfahren erarbeitet werden, die
möglichst wenig Rechenaufwand erfordern. Aus diesem Grund werden auch
verschiedene Näherungsformeln hergeleitet. Die graphischen Hilfsmittel
"Zuverlässigkeitsschaltbild" und "Zustandsdiagramm" dienen dazu, die
Modelle zu veranschaulichen.

<u>Leserkreis</u>

Das Buch wendet sich an Ingenieure, Mathematiker und Naturwissenschaftler, die in der Industrie oder an Hochschul-Instituten mit Problemen der quantitativen Bewertung der Zuverlässigkeit zu tun haben. Voraussetzung für das Verständnis des Buches sind Grundkenntnisse der höheren Mathematik. Besitzt der Leser Grundkenntnisse aus der Mengenlehre und Wahrscheinlichkeitstheorie, so ist der Zugang zu dem Buch wesentlich einfacher. Diese sind aber nicht unbedingt erforderlich, da die benötigten Begriffe und Sätze aus diesen Gebieten in Kapitel 1 zusammengestellt werden.
Leser, die sich mit der Wahrscheinlichkeitsrechnung und den Grundbegriffen der Zuverlässigkeitstheorie schon vertraut fühlen, mögen die Lektüre mit Kapitel 3 beginnen und bei Bedarf zu früheren Abschnitten zurückblättern. Ist ihnen die Zuverlässigkeitsrechnung neu und die Wahrscheinlichkeitsrechnung bekannt, so empfiehlt es sich, mit Kapitel 2 zu beginnen, gegebenenfalls auch mit Abschnitt 1.6, der einen Einblick in die Erneuerungstheorie gibt.
Die Kapitel 3 und 4 können weitgehend unabhängig voneinander gelesen werden. Wer sich z.B. nur über das Markowsche Modell, nicht aber über das Boolesche Modell informieren will, kann bei seiner Lektüre die Abschnitte 1.6, 2.2, 2.3 und Kapitel 3 auslassen und bei Bedarf wieder zurückblättern.

Ein Leser, dem Mengenlehre und Wahrscheinlichkeitsrechnung völlig fremd sind, wird bei der Lektüre von Kapitel 1 zum leichteren Verständnis vielleicht noch ein Buch zu Hilfe nehmen, in dem er eine ausführlichere Einführung in diese Gebiete findet. Die Literaturangaben zu Kapitel 1 nennen Bücher, die sich hierfür eignen.

Bei Herrn Dipl.-Math. A. Deixler und Herrn Dipl.-Math. K. Wallner möchte ich mich für nützliche Hinweise bedanken, die sie mir nach der Lektüre des Manuskripts gegeben haben. Dem Springer-Verlag danke ich für die gute Zusammenarbeit.

München, im Herbst 1977

U. Höfle-Isphording

Inhaltsverzeichnis

<u>Besondere Zeichen und Numerierungen</u>

Die Zeichen ● und ○ sollen das Ende eines Beweises bzw. eines Beispiels kennzeichnen.

In jedem Abschnitt sind Definitionen, Sätze, Folgerungen usw. fortlaufend durchnumeriert, z.B. im dritten Abschnitt des jeweiligen Kapitels als (3.1), (3.2) usw. Wird z.B. im Abschnitt 4 eines Kapitels auf eine Folgerung (3.2) des gleichen Kapitels verwiesen, so wird (3.2) gesetzt; wird aber auf die Folgerung (3.2) eines anderen Kapitels verwiesen, so wird zusätzlich die Nummer dieses Kapitels angegeben, also z.B. (1.3.2).

1 Mathematische Hilfsmittel

1.1 Hilfsmittel aus der Mengenalgebra

Dieser Abschnitt führt die Begriffe, Verknüpfungen und Zusammenhänge
der Mengenlehre ein, soweit sie für die späteren Kapitel notwendig sind.
Es genügt dabei, den Standpunkt der sogenannten "naiven Mengenlehre"
einzunehmen:

Unter einer Menge verstehen wir eine Gesamtheit von irgendwelchen wohl-
unterschiedenen Elementen (nach G. Cantor, 1895).

Ist x ein Element einer Menge M, so schreibt man $x \in M$. Man sagt auch:
x liegt in M. Ist x kein Element aus M, so schreibt man $x \notin M$. Für jedes beliebige x und beliebiges M soll immer genau eine der beiden Beziehungen gelten: $x \in M$ oder $x \notin M$.

Um eine Menge darzustellen, gibt es zwei Möglichkeiten, nämlich

$m = \{m_1, m_2, m_3, \dots\}$ oder

$M = \{x : x$ hat die Eigenschaft $E_M\}$.

Dabei ist E_M eine Eigenschaft, die jedem beliebigen Element entweder zukommt oder nicht zukommt. Alle Elemente mit der Eigenschaft E_M bilden
die Menge M. Die erste Darstellungsart ist eine Aufzählung der Elemente
aus M. Gibt es nur endlich viele Elemente in M, so können u.U. alle Elemente angegeben werden.

Die Menge aller natürlichen Zahlen von 1 bis 6 läßt sich z.B. darstellen
als

$M = \{1, 2, 3, 4, 5, 6\}$ oder

$M = \{2, 3, 1, 6, 5, 4\}$ (d.h. die Reihenfolge spielt keine Rolle),

$M = \{1, 2, \dots, 6\}$,

$M = \{i : i$ natürliche Zahl und $i \leq 6\}$,

$M = \{i \in \mathbb{N} : i \leq 6\}$ ($\mathbb{N}$ bedeutet allgemein die Menge aller natürlichen Zahlen, also $\mathbb{N} = \{1, 2, 3, \dots\}$).

Statt des Doppelpunktes ist auch ein senkrechter Strich üblich:

$M = \{i \mid i \in \mathbb{N}$ und $i \leq 6\}$. Wir werden diese Schreibweise jedoch kaum verwenden.

Zwei Mengen M_1 und M_2 heißen gleich, wenn jedes Element aus M_1 auch Element aus M_2 ist und umgekehrt.

(1.1) <u>Bezeichnungen</u>:

a) Eine Menge A heißt <u>Teilmenge</u> der Menge M, wenn jedes Element aus A auch Element aus M ist. Man schreibt dafür: $A \subset M$. ("A ist enthalten in M"; auch "A liegt in M").

b) Eine Teilmenge A von M heißt <u>echte Teilmenge</u> von M, wenn A nicht gleich M ist. Man schreibt dafür: $A \underset{\text{echt}}{\subset} M$. ("A ist echt enthalten in M").

c) Die Menge, die kein Element enthält, heißt <u>leere Menge</u>. Man bezeichnet sie mit $\emptyset$.

Wenn für eine Menge A gilt: $A \neq \emptyset$, so spricht man von einer "nichtleeren" Menge A.

Die <u>Mengenalgebra</u> beschäftigt sich mit Operationen zwischen Mengen und den Gesetzmäßigkeiten, die dafür gelten.

(1.2) <u>Definitionen</u>: Es seien A und B Teilmengen einer Menge M. Dann heißt

a) die Menge all derjenigen Elemente x aus M, die sowohl in A als auch in B liegen, der <u>Durchschnitt</u> von A und B. Man schreibt $A \cap B$, d.h. $A \cap B = \{x \in M : x \in A \text{ und } x \in B\}$;

b) die Menge all derjenigen Elemente aus M, die in mindestens einer der Mengen A und B liegen, die <u>Vereinigung</u> von A und B. Man schreibt $A \cup B$, d.h. $A \cup B = \{x \in M : x \in A \text{ oder } x \in B\}$. Dabei ist "oder" im Sinn des lateinischen vel gebraucht, d.h. "$x \in A$ oder $x \in B$" schließt auch den Fall "$x \in A$ und $x \in B$" ein.

c) die Menge all derjenigen Elemente aus M, die nicht in A liegen, das <u>Komplement</u> von A (bezüglich M). Wir bezeichnen es mit $\overline{A}$, d.h. $\overline{A} = \{x \in M : x \notin A\}$.

d) Für den Fall $B \subset A$ definieren wir noch die <u>Differenz</u> als Menge derjenigen Elemente von M, die zwar in A liegen aber nicht in B. Man schreibt $A \setminus B$, d.h. $A \setminus B = \{x \in M : x \in A \text{ und } x \notin B\}$.

e) Ist der Durchschnitt von A und B die leere Menge, so heißen A und B <u>disjunkt</u>.

Für die Verknüpfungen Durchschnitt und Vereinigung zwischen zwei oder mehreren Mengen gelten die <u>Kommutativ</u>gesetze, <u>Assoziativ</u>gesetze und

Distributivgesetze, d.h. für irgendwelche Mengen A, B und C gilt

a) $A \cap B = B \cap A$ und $A \cup B = B \cup A$,

b) $(A \cap B) \cap C = A \cap (B \cap C)$ und $(A \cup B) \cup C = A \cup (B \cup C)$.

    Man kann deshalb die Klammern ganz weglassen und schreibt also

    $A \cap B \cap C$ bzw. $A \cup B \cup C$.

c) $(A \cup B) \cap C = (A \cap C) \cup (B \cap C)$ und $(A \cap B) \cup C = (A \cup C) \cap (B \cup C)$.

Damit die Darstellung mit möglichst wenig Klammern auskommt, wird allgemein die Vereinbarung beachtet: $\cap$ bindet stärker als $\cup$. Damit hat z.B. $A \cap C \cup B \cap C$ die Bedeutung $(A \cap B) \cup (B \cap C)$, und $A \cup C \cap B \cup C$ hat die Bedeutung $A \cup (C \cap B) \cup C$ (was übrigens gleich $A \cup C$ ist).

Zur Veranschaulichung ist es praktisch, Mengen durch Punktmengen in der Ebene darzustellen, die innerhalb einer geschlossenen Kurve liegen, zwischen zwei solchen u.ä.. Man nennt diese Darstellungen <u>Venn - Diagramme</u>.

<u>Beispiel:</u>

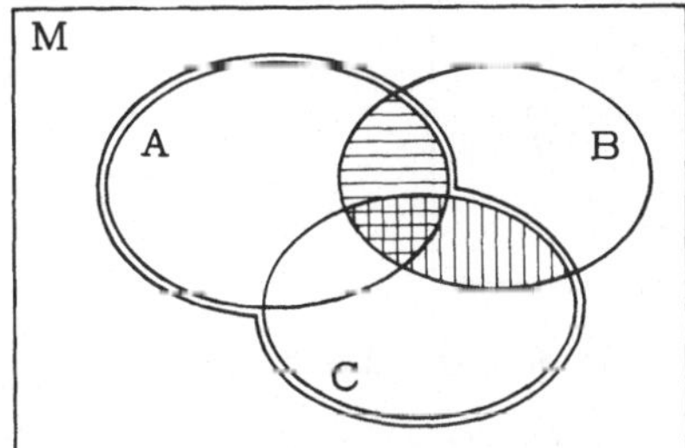

Die waagerecht schraffierte Fläche entspricht $A \cap B$, die senkrecht schraffierte entspricht $B \cap C$. Die doppelt umrandete Fläche ist $A \cup C$. Es läßt sich hiermit z.B. der Zusammenhang veranschaulichen: $A \cap B \cup B \cap C = (A \cup C) \cap B$.

       ○

Aus den Definitionen von Durchschnitt, Vereinigung und Komplement kann man folgendes ablesen:

(1.3) <u>Eigenschaften:</u> A und B seien irgendwelche Mengen. Dann gilt:

a) Die folgenden drei Aussagen sind gleichbedeutend:

    $A \subseteq B$,

    $A \cap B = A$,

    $A \cup B = B$.

b) Folgende Aussagen sind gleichbedeutend:

    $A \cap B = \emptyset$,

    $A \subseteq \overline{B}$,

    $B \subseteq \overline{A}$.

c) Für die Komplementbildung einer Vereinigung bzw. eines Durchschnitts
zweier Mengen gelten die folgenden beiden <u>Gesetze von de Morgan</u>:
$\overline{A \cup B} = \overline{A} \cap \overline{B}$ und
$\overline{A \cap B} = \overline{A} \cup \overline{B}$.

d) Die Vereinigung von zwei Mengen A und B läßt sich auch darstellen als
Vereinigung von zwei bzw. drei zueinander paarweise disjunkten Mengen,
nämlich
$A \cup B = A \cup B'$ mit $B' = \overline{A} \cap B$ und
$A \cup B = A \cap B \cup \overline{A} \cap B \cup A \cap \overline{B}$.

Mit Hilfe des Venn - Diagramms lassen sich die Aussagen a)-d) gut veranschaulichen.

<u>Beispiel</u>:

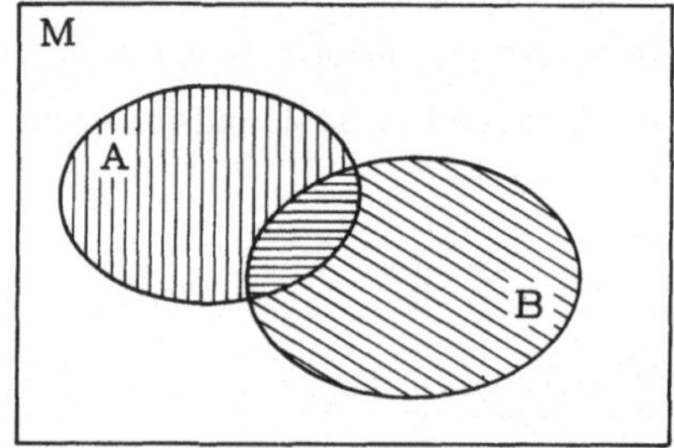

Die waagerecht schraffierte Fläche ist $A \cap B$, die diagonal schraffierte
ist $\overline{A} \cap B$ und die senkrecht schraffierte ist $A \cap \overline{B}$. Zusammen ergeben sie
$A \cup B$. ○

(1.4) <u>Definition</u>: Die Menge aller Teilmengen einer gegebenen Menge M
heißt <u>Potenzmenge</u> von M. Wir schreiben $\mathfrak{P}(M)$.

<u>Beispiel</u>: Die Menge $M = \{1,2,3\}$ besitzt die Teilmengen $\emptyset$, $\{1\}$, $\{2\}$,
$\{3\}$, $\{1,2\}$, $\{1,3\}$, $\{2,3\}$, M. Also ist $\mathfrak{P}(M) = \{\emptyset, \{1\}, \{2\}, \{3\}, \{1,2\},$
$\{1,3\}, \{2,3\}, M\}$, und es ist z.B. $\{1,3\} \in \mathfrak{P}(M)$; in Worten: Die Menge,
die aus den Elementen 1 und 3 besteht, ist ein Element der Potenzmenge. ○

Eine Menge A ist also genau dann Element der Potenzmenge $\mathfrak{P}(M)$, wenn
A Teilmenge von M ist. Wir sehen, daß die Potenzmenge der Menge $M = \{1,2,3\}$ genau 8 Elemente enthält. Allgemein gilt für endliche Mengen M:
Enthält M genau n Elemente, so besteht die zugehörige Potenzmenge $\mathfrak{P}(M)$
aus 2^n Elementen.
Eine Teilmenge der Potenzmenge $\mathfrak{P}(M)$ heißt <u>Mengensystem</u> über M.

Wir wollen nun die Definition von Durchschnitt und Vereinigung verallgemeinern.

Es sei I irgendeine Indexmenge, und für jedes $i \in I$ sei A_i eine Teilmenge
von M. Dann definieren wir:

$\bigcap\limits_{i \in I} A_i := \{x \in M \mid x \in A_i$ für alle $i \in I\}$ als <u>Durchschnitt</u> der A_i, $i \in I$, und

$\bigcup\limits_{i \in I} A_i := \{x \in M \mid$ es gibt ein $i \in I$ mit $x \in A_i\}$ als <u>Vereinigung</u> der A_i,
$i \in I$.

Speziell für $I = \{1,2\}$ erhalten wir die Ausdrücke von (1.2): $\bigcap\limits_{i \in \{1,2\}} A_i = A_1 \cap A_2$ und $\bigcup\limits_{i \in \{1,2\}} A_i = A_1 \cup A_2$.

Wir werden auch die folgenden Schreibweisen benutzen: Ist $I = \{1,2,\ldots,k\}$,
so schreiben wir: $\bigcap\limits_{i \in I} A_i := \bigcap\limits_{i=1}^{k} A_i$ und $\bigcup\limits_{i \in I} A_i := \bigcup\limits_{i=1}^{k} A_i$.

Gleichbedeutend mit $\bigcap\limits_{i \in I} A_i$ bzw. $\bigcup\limits_{i \in I} A_i$ sollen die Ausdrücke

$\bigcap \{A_i : i \in I\}$ bzw. $\bigcup \{A_i : i \in I\}$ sein.

Die obige Definition soll auch im Fall $I = \emptyset$ anwendbar sein. Wir definieren
also: Ist $I = \emptyset$, so soll $\bigcap\limits_{i \in I} A_i = M$ und $\bigcup\limits_{i \in I} A_i = \emptyset$ gelten.

Es seien $A_1, A_2, \ldots, A_n$ Teilmengen einer Menge M. Jede Teilmenge A
von M, die durch Anwendungen von $\cap$, $\cup$ und Komplementbildung aus den
A_i entsteht, heißt "<u>von den A_i $(i = 1,2,\ldots,n)$ erzeugt</u>".

<u>Beispiele:</u>
$A = \emptyset$ ist von (irgendwelchen) $A_1, A_2, \ldots, A_n$ erzeugt; denn es ist
$\quad A_1 \cap \overline{A}_1 = \emptyset = A$.
$A = M$ (wegen $A_1 \cup \overline{A}_1 = M = A$).
$A = \overline{(A_1 \cup A_2) \cap A_3} \cup A_1$.
○

Man kann den Begriff "erzeugt von" auch folgendermaßen rekursiv einführen:

(1.5) <u>Definition:</u> Es seien $A_1, A_2, \ldots, A_n \subset M$. Dann gilt
a) $\emptyset, M, A_1, A_2, \ldots, A_n$ sind erzeugt von den A_i $(i = 1,2,\ldots,n)$;
b) sind A und B erzeugt von den A_i, so auch $\overline{A}$, $A \cap B$ und $A \cup B$.

(1.6) <u>Definition:</u> Es seien $A_1, A_2, \ldots, A_n \subset M$. Dann heißt eine Menge
$C \subset M$ <u>Minset</u> zu $A_1, A_2, \ldots, A_n$, wenn es eine Indexmenge $I \subset \{1,2,\ldots,n\}$
gibt, so daß $C = \bigcap\limits_{i \in I} A_i \cap \bigcap\limits_{j \in \overline{I}} \overline{A}_j$ ist ($\overline{I}$ definiert als $\{1,2,\ldots,n\} \setminus I$).

5

Die Menge $\{1,2,\ldots,n\}$ wollen wir von jetzt an immer mit N bezeichnen.
Jede Teilmenge I von N definiert dann ein Minset $\bigcap\limits_{i \in I} A_i \cap \bigcap\limits_{j \in \overline{I}} \overline{A}_j := C_I$.

<u>Beispiel</u>:

Für n = 3 gibt es die folgenden Minsets zu A_1, A_2, A_3:

I	$\{1,2,3\}$	$\{1,2\}$	$\{1,3\}$	$\{2,3\}$	$\{1\}$
C_I	$A_1 \cap A_2 \cap A_3$	$A_1 \cap A_2 \cap \overline{A}_3$	$A_1 \cap \overline{A}_2 \cap A_3$	$\overline{A}_1 \cap A_2 \cap A_3$	$A_1 \cap \overline{A}_2 \cap \overline{A}_3$

I	$\{2\}$	$\{3\}$	$\emptyset$
C_I	$\overline{A}_1 \cap A_2 \cap \overline{A}_3$	$\overline{A}_1 \cap \overline{A}_2 \cap A_3$	$\overline{A}_1 \cap \overline{A}_2 \cap \overline{A}_3$

$\circ$

(1.7) <u>Folgerung</u>: Es seien $A_1, A_2, \ldots, A_n \subseteq M$ mit $A_i \neq A_j$ für alle $i \neq j$.
Dann gilt

a) Es gibt genau 2^n Minsets zu $A_1, A_2, \ldots, A_n$.

b) Ist C_I ein Minset und $j \in N$, so folgt $C_I \subseteq A_j$ oder $C_I \subseteq \overline{A}_j$.

c) Der Durchschnitt zweier verschiedener Minsets ist $\emptyset$, d.h. für $I \neq J$
   ist $C_I \cap C_J = \emptyset$.

d) Die Vereinigung aller 2^n Minsets ist gleich M.

<u>Beweis</u>: Es gibt 2^n verschiedene Teilmengen I von $N = \{1,2,\ldots,n\}$. Da-
mit gibt es 2^n Minsets C_I zu $A_1, A_2, \ldots, A_n$. Nun sei $I \neq J$. Dann gibt es
entweder ein $k \in N$ mit $k \in I$ und $k \notin J$ oder ein $k \in N$ mit $k \notin I$ und $k \in J$.
Aus $k \in I$ folgt $C_I \subseteq A_k$, und aus $k \notin J$ folgt $C_J \subseteq \overline{A}_k$, also $C_I \cap C_J = \emptyset$.
Damit ist c) bewiesen. Und die 2^n Minsets sind damit sämtlich verschie-
den, so daß auch a) gilt.

Nun sei $j \in N$ und $I \subseteq N$. Ist $j \in I$, so ergibt sich $C_I \subseteq A_j$. Ist $j \notin I$, so
ergibt sich $j \in \overline{I}$, also $C_I \subseteq \overline{A}_j$. Damit gilt b). Nun sei $x \in M$. Für jedes
i gilt nun: $x \in A_i$ oder $x \in \overline{A}_i$. Wir setzen $I := \{i \in N : x \in A_i\}$. Dann ist
$x \in \bigcap\limits_{i \in I} A_i$ und $x \in \bigcap\limits_{j \in \overline{I}} \overline{A}_j$, also $x \in C_I$. Zu jedem $x \in M$ gibt es also ein
$I \subseteq N$, so daß $x \in C_I$ ist. Damit ist $M \subseteq \bigcup\limits_{I \subseteq N} C_I$, d.i. d). ●

(1.8) <u>Satz</u>: Es seien $A, A_1, A_2, \ldots, A_n \subseteq M$. A sei erzeugt von den A_i
(i = 1,2,\ldots,n). Dann gilt

a) Ist $A \neq \emptyset$, so ist A darstellbar als Vereinigung von Minsets zu den A_i.

b) Für jedes Minset C_I ($I \subseteq N$) ist $C_I \subseteq A$ oder $C_I \subseteq \overline{A}$.

c) $A = \bigcup\limits_{I \subseteq N} \{C_I : C_I \subseteq A\}$.

$\underline{\text{Beweis}}$: Ist c) erfüllt, so ergeben sich a) und b) zwangsläufig: Es sei nämlich C_J ein Minset mit $C_J \not\subseteq A$. Dann ergibt sich aus c): $A \cap C_J = \bigcup_I \{C_J \cap C_I : C_I \subseteq A\} = \emptyset$, also $C_J \subseteq \overline{A}$, d.i. b).

Den Beweis von c) führen wir nach Induktion.

1. Zunächst sei $A = M$. Dann ist c) nach (1.7.d) erfüllt. Nun sei für ein $i \leqslant n$ $A = A_i$. Dann ist $A = A_i \cap M = A_i \cap \bigcup_{I \subseteq N} C_I = \bigcup_{\{I : i \in I\}} C_I = \bigcup \{C_I : C_I \subseteq A\}$.

2. Wir nehmen jetzt an, daß $A = \overline{B}$ oder $A = B \cap C$ oder $A = B \cup C$ ist und daß die Aussage c) für B und C gilt.

    Für $A = \overline{B}$ und $B = \bigcup \{C_I : C_I \subseteq B\}$ ist $A = M \setminus B = \bigcup \{C_I : C_I \not\subseteq B\}$
    $= \bigcup \{C_I : C_I \subseteq \overline{B}\} = \bigcup \{C_I : C_I \subseteq A\}$.

    Für $A = B \cap C$ ist $A = [\bigcup \{C_I : C_I \subseteq B\}] \cap [\bigcup \{C_I : C_I \subseteq C\}]$
    $= \bigcup \{C_I : C_I \subseteq B \cap C\} = \bigcup \{C_I : C_I \subseteq A\}$.

    Für $A = B \cup C$ ergibt sich $A = B \cup C = \bigcup \{C_I : C_I \subseteq B\} \cup \bigcup \{C_I : C_I \subseteq C\}$
    $\subseteq \bigcup \{C_I : C_I \subseteq B \cup C\} = \bigcup \{C_I : C_I \subseteq A\} \subseteq A$.

    Also ist $A = \bigcup \{C_I : C_I \subseteq A\}$, d.i. c). $\qquad\qquad\bullet$

Ist eine Teilmenge A von M dargestellt als Vereinigung von Minsets zu $A_1, A_2, \ldots, A_n$, so spricht man von der $\underline{\text{disjunktiven Normalform}}$ von A bezüglich $A_1, A_2, \ldots, A_n$. Nach Satz (1.8) ist diese Darstelllung eindeutig bis auf die Reihenfolge der vorkommenden Minsets.

$\underline{\text{Beispiele}}$:

1. Für $A = B \cup C$ ist der Ausdruck $A = B \cap C \cup B \cap \overline{C} \cup \overline{B} \cap C$ die disjunktive Normalform von A bezüglich B und C.

2. Es sei $A = A_1 \cap \overline{A}_2 \cap \overline{A}_3$. Dann ist $A = (\overline{A}_1 \cup A_2) \cap \overline{A}_3 =$
    $\overline{A}_1 \cap \overline{A}_3 \cap (A_2 \cup \overline{A}_2) \cup A_2 \cap \overline{A}_3 \cap (A_1 \cup \overline{A}_1) =$
    $= \overline{A}_1 \cap A_2 \cap \overline{A}_3 \cup \overline{A}_1 \cap \overline{A}_2 \cap \overline{A}_3 \cup A_1 \cap A_2 \cap \overline{A}_3$.
    Die disjunktive Normalform dieses A bezüglich A_1, A_2 und A_3 ist also
    $A = C_{\{1,2\}} \cup C_{\{2\}} \cup C_\emptyset$ mit $C_{\{1,2\}} = A_1 \cap A_2 \cap \overline{A}_3$, $C_{\{2\}} = \overline{A}_1 \cap A_2 \cap \overline{A}_3$
    und $C_\emptyset = \overline{A}_1 \cap \overline{A}_2 \cap \overline{A}_3$. $\qquad\qquad\circ$

Die disjunktive Normalform spielt eine wichtige Rolle in der Schaltungsalgebra. Uns wird sie in dem Kapitel 3 über das Boolesche Modell wieder begegnen.

1.2 Der Wahrscheinlichkeitsbegriff

Die Verknüpfungen und Gesetzmäßigkeiten der Mengenalgebra finden eine
direkte Anwendung in der Wahrscheinlichkeitsrechnung. Der Ausgangspunkt
ist dabei eine (sogenannte Grund-) Menge M und ein System von Teilmengen
von M, das "σ-Algebra" genannt wird.

(2.1) <u>Definition:</u> Sei M eine Menge. Dann heißt ein nichtleeres System $\mathfrak{A}$
von Teilmengen von M eine <u>σ-Algebra</u> (über M), wenn gilt

1. $M \in \mathfrak{A}$ und $\emptyset \in \mathfrak{A}$,
2. mit jedem $A \in \mathfrak{A}$ ist auch das Komplement $\overline{A} \in \mathfrak{A}$,
3. mit A und $B \in \mathfrak{A}$ sind auch Durchschnitt und Vereinigung $A \cap B \in \mathfrak{A}$
   und $A \cup B \in \mathfrak{A}$,
4. sind abzählbar viele A_i in $\mathfrak{A}$, so ist es auch ihre Vereinigung, d.h. aus

$$A_1, A_2, A_3, \ldots \in \mathfrak{A} \text{ folgt auch } \bigcup_{i=1}^{\infty} A_i \in \mathfrak{A}.$$

<u>Beispiele</u> für eine σ-Algebra über einer Menge M sind:

a) $\{M, \emptyset\}$.

b) $\mathfrak{P}(M)$, d.i. die Menge <u>aller</u> Teilmengen von M.

c) Sei A eine Teilmenge von M. Dann ist $\{M, \emptyset, A, \overline{A}\}$ eine σ-Algebra.

(2.2) <u>Definition:</u> Gegeben seien eine nichtleere Menge M und eine σ-Al-
gebra $\mathfrak{A}$ über M. Jedem $A \in \mathfrak{A}$ sei eine Zahl $p(A)$ zugeordnet, und folgende drei Eigenschaften seien erfüllt:

1. $0 \leqslant p(A) \leqslant 1$ für alle $A \in \mathfrak{A}$,
2. $p(M) = 1$,
3. für jede Folge paarweise disjunkter Mengen $A_1, A_2, \ldots$ ist

$$p\left(\bigcup_{i=1}^{\infty} A_i\right) = \sum_{i=1}^{\infty} p(A_i).$$

Dann heißt $p(A)$ <u>Wahrscheinlichkeit</u> von A. Das Tripel $[M, \mathfrak{A}, p]$ heißt
<u>Wahrscheinlichkeitsraum</u>.

Die Eigenschaften 1, 2 und 3 bilden das <u>Axiomensystem von Kolmogoroff</u>
(1933). 2 wird Normierungsaxiom genannt, 3 Axiom der σ-Additivität
von p. Die Elemente $A \in \mathfrak{A}$ heißen auch <u>Ereignisse</u>, M selbst nennt man
sicheres Ereignis, $\emptyset$ unmögliches Ereignis. Allgemein nennt man ein Ereignis A mit $p(A) = 1$ "fast sicheres" Ereignis und ein A mit $p(A) = 0$
"fast unmögliches" Ereignis.

(2.3) <u>Folgerung:</u> Sei $[M,\mathfrak{A},p]$ ein Wahrscheinlichkeitsraum. Dann gilt für alle $A, B \in \mathfrak{A}$

a) $p(\overline{A}) = 1 - p(A)$,

b) $p(A \cup B) = p(A) + p(B) - p(A \cap B)$.

Die Eigenschaft a) folgt aus den Axiomen 2 und 3, die Eigenschaft b) aus a) und 3.

(2.4) <u>Folgerung:</u> Seien $A_1, A_2, \ldots, A_n$ Ereignisse zu einem Wahrscheinlichkeitsraum $[M,\mathfrak{A},p]$. Dann gilt

a) $\displaystyle p\left(\bigcup_{i=1}^{n} A_i\right) \leq \sum_{i=1}^{n} p(A_i),$

b) $\displaystyle p\left(\bigcup_{i=1}^{n} A_i\right) \geq \sum_{i=1}^{n} p(A_i) - \sum_{i=1}^{n-1} \sum_{j=i+1}^{n} p(A_i \cap A_j).$

<u>Beweis:</u> Für $n = 1$ sind a) und b) trivialerweise erfüllt. Nach Induktionsannahme sei

a') $\displaystyle p\left(\bigcup_{i=1}^{n-1} A_i\right) \leq \sum_{i=1}^{n-1} p(A_i)$ und

b') $\displaystyle p\left(\bigcup_{i=1}^{n-1} A_i\right) \geq \sum_{i=1}^{n-1} p(A_i) - \sum_{i=1}^{n-2} \sum_{j=i+1}^{n-1} p(A_i \cap A_j)$

Wir setzen $B := \displaystyle\bigcup_{i=1}^{n-1} A_i$. Dann ist $\displaystyle\bigcup_{i=1}^{n} A_i = B \cup A_n$. Aus $p(B \cup A_n) =$

$= p(B) + p(A_n) - p(B \cap A_n)$ und $p(B \cap A_n) \geq 0$ folgt $p(B \cup A_n) \leq p(B) +$

$+ p(A_n) \leq \displaystyle\sum_{i=1}^{n-1} p(A_i) + p(A_n)$ nach a'), d.h. es ist (a) erfüllt.

$p(B \cap A_n) \leq \displaystyle\sum_{i=1}^{n-1} p(A_i \cap A_n)$ nach a'). Aus b') folgt $p(B) \geq \displaystyle\sum_{i=1}^{n-1} p(A_i) -$

$- \displaystyle\sum_{i=1}^{n-2} \sum_{j=i+1}^{n-1} p(A_i \cap A_j)$ und daraus $p(B \cup A_n) \geq \displaystyle\sum_{i=1}^{n-1} p(A_i) + p(A_n) -$

$$-\sum_{i=1}^{n-2}\sum_{j=i+1}^{n-1} p(A_i \cap A_j) - \sum_{i=1}^{n-1} p(A_i \cap A_n) = \sum_{i=1}^{n} p(A_i) - \sum_{i=1}^{n-1}\sum_{j=i+1}^{n} p(A_i \cap A_j),$$

d.h. b).   ●

Die Folgerung (2.4) ist insbesondere dann von praktischer Bedeutung, wenn die $p(A_i)$ sehr klein sind.

(2.5) <u>Definition</u>:

a) Zwei Ereignisse A und B zu einem Wahrscheinlichkeitsraum $[M,\mathfrak{U},p]$ heißen (voneinander) <u>unabhängig,</u> wenn $p(A \cap B) = p(A)p(B)$ ist. n Ereignisse $A_1,A_2,\ldots,A_n$ heißen unabhängig, wenn für jede Teilmenge I von $\{1,2,\ldots,n\}$ gilt $p\left(\bigcap_{i \in I} A_i\right) = \prod_{i \in I} p(A_i)$.

b) Es sei $p(B) > 0$. Dann heißt $p(A|B) := \dfrac{p(A \cap B)}{p(B)}$ die <u>bedingte Wahr-</u> <u>scheinlichkeit</u> des Ereignisses A unter der Bedingung B.

(2.6) <u>Folgerung:</u> Für die bedingte Wahrscheinlichkeit $p(A|B)$ gelten folgende Aussagen:

a) Sind A und B voneinander unabhängig, so ist $p(A|B) = p(A)$.

b) Sind A und B disjunkt, so ist $p(A|B) = 0$.

c) Ist $B \subset A$, so ist $p(A|B) = 1$.

d) Sind $p(A)$ und $p(B)$ beide größer als 0, so gilt $p(A \cap B) = p(B)p(A|B) = {}= p(A)p(B|A)$.

(2.7) <u>Folgerung</u> "Satz von der totalen Wahrscheinlichkeit": Seien $A_1, A_2,$ $\ldots, A_n,$ B Ereignisse zu einem Wahrscheinlichkeitsraum $[M,\mathfrak{U},p]$, für

die gilt $\bigcup_{i=1}^{n} A_i = M;\ A_i \cap A_j = \emptyset$ für alle i,j; $p(A_i) > 0$ für alle i.

Dann folgt $p(B) = \displaystyle\sum_{i=1}^{n} p(A_i)p(B|A_i)$.

Für $n = 2$ und $0 < p(A) < 1$ erhält man als Spezialfall des Satzes von der totalen Wahrscheinlichkeit die Beziehung: $p(B) = p(A)p(B|A) + p(\overline{A})p(B|\overline{A})$.

1.3 Wahrscheinlichkeitsverteilungen

(3.1) <u>Definition</u>: Es seien ein Wahrscheinlichkeitsraum $[M,\mathfrak{U},p]$ und eine auf M definierte reellwertige Funktion X gegeben. Dann heißt X eine <u>Zufallsgröße</u>, wenn für jede reelle Zahl x die Menge $\{m \in M : X(m) \leq x\}$ in $\mathfrak{U}$ liegt.

Wenn die Menge $A := \{m \in M : X(m) \leq x\}$ in $\mathfrak{U}$ liegt, so bedeutet das, daß A eine Wahrscheinlichkeit $p(A)$ besitzt. Statt $\{m \in M : X(m) \leq x\}$ schreiben wir jetzt $\{X \leq x\}$.

<u>Beispiel</u>: Es sei ein Wahrscheinlichkeitsraum $[M,\mathfrak{U},p]$ gegeben, und $E \subset M$ sei ein Element von $\mathfrak{U}$. Die Funktion X sei auf M definiert als

$$X(m) = \begin{cases} 1, & \text{falls } m \in E \\ 0, & \text{falls } m \in \overline{E} \end{cases}$$

Dann ist X eine Zufallsgröße auf $[M,\mathfrak{U},p]$, denn:

für $x \geq 1$ ist $\{X \leq x\} = M \in \mathfrak{U}$,

für $0 \leq x < 1$ ist $\{X \leq x\} = \overline{E} \in \mathfrak{U}$, da $E \in \mathfrak{U}$,

für $x < 0$ ist $\{X \leq x\} = \emptyset \in \mathfrak{U}$.

Die Funktion X dieses Beispiels heißt auch "Indikatorfunktion von E". (Näheres s. Abschnitte 2.2.1 "Null-Eins-Verteilung" und 3.2.1)

An Stelle von "Zufallsgröße" sind auch die Ausdrücke "zufällige Variable" und "zufällige Größe" gebräuchlich.

(3.2) <u>Definition</u>: Es sei eine Zufallsgröße X über einem Wahrscheinlichkeitsraum $[M,\mathfrak{U},p]$ gegeben. Die für alle reellen x definierte Funktion $F_X(x) := p(X \leq x)$ heißt dann <u>Verteilungsfunktion</u> von X.

Wir werden im allgemeinen $F(x)$ statt $F_X(x)$ schreiben, wenn kein Zweifel besteht, um welche Zufallsgröße X es sich handelt.

(3.3) <u>Folgerung</u>: Es sei $F(x)$ die Verteilungsfunktion einer Zufallsgröße X. Dann besitzt $F(x)$ die folgenden Eigenschaften:

a) $\lim\limits_{x \to \infty} F(x) = 1$,

b) $\lim\limits_{x \to -\infty} F(x) = 0$,

c) aus $x < y$ folgt $F(x) \leq F(y)$,

d) für $x < y$ hat $F(y) - F(x)$ die Bedeutung $p(x < X \leq y)$.

Diese Eigenschaften ergeben sich aus der Definition einer Verteilungsfunktion.

(3.4) Definition:

a) Zwei Zufallsgrößen X_1 und X_2 über $[M,\mathfrak{U},p]$ heißen (stochastisch) unabhängig, wenn für alle reellen Zahlen x_1 und x_2 jeweils die beiden Mengen $\{X_1 \le x_1\}$ und $\{X_2 \le x_2\}$ voneinander unabhängig sind.

b) Die Zufallsgrößen $X_1, X_2, \ldots, X_n$ über $[M,\mathfrak{U},p]$ heißen unabhängig, wenn für alle reellen Zahlen $x_1, x_2, \ldots, x_n$ die Mengen $\{X_1 \le x_1\}$, $\{X_2 \le x_2\}, \ldots, \{X_n \le x_n\}$ jeweils voneinander unabhängig sind.

c) Die Zufallsgrößen X_t einer Familie $\{X_t;\ t \in T\}$ zu $[M,\mathfrak{U},p]$ heißen unabhängig, wenn jede endliche Teilmenge von $\{X_t;\ t \in T\}$ aus unabhängigen Zufallsgrößen besteht (entsprechend b)).

(zur Definition "Unabhängigkeit von Mengen" s. Def.(2.5))

(3.5) Folgerung: Es seien $A_1, A_2, \ldots, A_n \subset M$, und X_{A_i} seien die Indikatorfunktionen der A_i ($i = 1, 2, \ldots, n$). Dann sind die X_{A_i} genau dann voneinander unabhängig, wenn die A_i voneinander unabhängig sind.

Beweis: Wir beweisen die Folgerung für $n = 2$.

a) Sei $x_1 \ge 1$. Dann ist $\{X_1 \le x_1\} = M$, also $p(X_1 \le x_1, X_2 \le x_2) =$
$= p(X_2 \le x_2) = p(M)p(X_2 \le x_2)$.

b) Sei $x_1 < 0$. Dann ist $\{X_1 \le x_1\} = \emptyset$, also $p(X_1 \le x_1, X_2 \le x_2) = 0 =$
$= p(\emptyset)p(X_2 \le x_2)$.

Ist also $x_1 \notin [0,1)$ oder $x_2 \notin [0,1)$, so ist immer $p(X_1 \le x_1, X_2 \le x_2) =$
$= p(X_1 \le x_1)p(X_2 \le x_2)$.

c) Sei $0 \le x_1 < 1$ und $0 \le x_2 < 1$. Dann ist $\{X_1 \le x_1\} = \overline{A}$ und $\{X_2 \le x_2\} = \overline{B}$. $\overline{A}$ und $\overline{B}$ sind aber genau dann unabhängig, wenn A und B unabhängig sind. Also ist $p(X_1 \le x_1, X_2 \le x_2) = p(X_1 \le x_1)p(X_2 \le x_2)$ genau dann, wenn $p(A \cap B) = p(A)p(B)$. ●

Eine Zufallsgröße X wird als diskrete Zufallsgröße bezeichnet, wenn sie höchstens abzählbar viele Werte annehmen kann. Es gibt dann also reelle Zahlen $x_1, x_2, x_3, \ldots$, so daß gilt $p_i := p(X = x_i) > 0$ für $i = 1, 2, 3, \ldots$ und $p(X = x) = 0$ für $x \notin \{x_1, x_2, x_3, \ldots\}$. Die Wahrscheinlichkeiten p_i heißen Einzelwahrscheinlichkeiten. Es gilt für ihre Summe: $\displaystyle\sum_{i \ge 1} p_i = 1$.

Die Verteilungsfunktion $F(x)$ einer diskreten Zufallsgröße ist

$$F(x) = \sum_{i:x_i \le x} p_i \ .$$

$\underline{\text{Beispiel:}}$ Es sei X die Indikatorfunktion von $E \subset M$. Dann kann X also die beiden Werte $x_1 = 0$ und $x_2 = 1$ annehmen. Die Einzelwahrscheinlichkeiten sind $p(X = x_1) = p(\overline{E}) = q$ und $p(X = x_2) = p(E) = p$ $(p + q = 1)$. Die Verteilungsfunktion von X ist

$$F(x) = \begin{cases} 0 & \text{für } x < 0, \\ q & \text{für } 0 \leq x < 1, \\ 1 & \text{für } x \geq 1. \end{cases} \qquad \text{O}$$

Die Verteilungsfunktion einer diskreten Zufallsgröße ist eine Treppenfunktion. Die Stellen x_i sind die Sprungstellen. Die Sprunghöhe an der Stelle x_i ist p_i $(i = 1,2,\ldots)$. Die Indikatorfunktion X von E hat also an der Stelle 0 einen Sprung von der Höhe $p(\overline{E})$ und an der Stelle 1 einen Sprung von der Höhe $p(E)$.

Eine Zufallsgröße X wird $\underline{\text{stetige Zufallsgröße}}$ genannt, wenn eine nicht-negative Funktion $f(x)$ existiert, die höchstens endlich viele Unstetigkeitsstellen besitzt und die für jedes reelle x die Beziehung erfüllt $F(x) = \displaystyle\int_{-\infty}^{x} f(t)dt.$

Die Funktion $f(x)$ wird $\underline{\text{Wahrscheinlichkeitsdichte,}}$ Verteilungsdichte oder Dichte von X genannt. Ist $f(x)$ im Punkt x stetig, so gilt $f(x) = \dfrac{dF(x)}{dx}$. Insbesondere ist immer die Verteilungsfunktion $F(x)$ einer stetigen Zufallsgröße stetig.

(3.6) $\underline{\text{Folgerung:}}$ Für eine stetige Zufallsgröße mit der Dichte $f(x)$ und der Verteilungsfunktion $F(x)$ gilt

a) $\displaystyle\int_{-\infty}^{\infty} f(x) = 1,$

b) $p(x < X \leq y) = \displaystyle\int_{x}^{y} f(t)dt = F(y) - F(x)$ für $x < y$.

(3.7) $\underline{\text{Definition:}}$ Es sei X eine Zufallsgröße und $g(X)$ eine Funktion von X.

a) Ist X eine diskrete Zufallsgröße mit den Einzelwahrscheinlichkeiten $p_i = p(X = x_i)$ $(i = 1,2,\ldots)$, so heißt der Ausdruck $E(g(X)) :=$

$$= \sum_{i \geq 1} g(x_i)p_i$$ der $\underline{\text{Erwartungswert}}$ von $g(X)$, sofern die Bedingung

$$\sum_{i \geq 1} |g(x_i)| \cdot p_i < \infty$$ erfüllt ist.

b) Ist X eine stetige Zufallsgröße mit der Dichte f(x), so heißt $E(g(X)):=$

$$= \int_{-\infty}^{\infty} g(x)f(x)dx$$ der Erwartungswert von g(X), sofern die Bedingung

$$\int_{-\infty}^{\infty} |g(x)| \cdot f(x)dx < \infty$$ erfüllt ist.

(3.8) <u>Definition</u>: Es sei X eine stetige oder diskrete Zufallsgröße. Dann heißt

a) der Erwartungswert von X^k das (Anfangs-)<u>Moment</u> k-ter Ordnung
   $(k = 1,2,\ldots)$;

b) das Moment erster Ordnung der <u>Mittelwert</u> von X; wir schreiben auch
   $\overline{X} := E(X) = EX$;

c) der Erwartungswert von $(X - EX)^k$ <u>zentrales Moment</u> k-ter Ordnung
   $(k = 1,2,\ldots)$;

d) das zentrale Moment zweiter Ordnung <u>Varianz</u> von X; wir schreiben auch
   $\sigma_X^{\;2} := E(X - EX)^2$.

(3.9) <u>Folgerung:</u> Es sei X eine diskrete Zufallsgröße, die nur die Werte $0,1,2,3,\ldots$ annehmen kann. Der Mittelwert $\overline{X}$ möge existieren. Dann

gilt $\overline{X} = \displaystyle\sum_{k=1}^{\infty} p(X \geq k)$.

<u>Beweis</u>: Es sei n irgendeine natürliche Zahl. Dann gilt

$$\sum_{1}^{n} kp(X = k) = \sum_{1}^{n} k[p(X \geq k) - p(X \geq k + 1)] =$$

$$= \sum_{1}^{n} kp(X \geq k) - \sum_{1}^{n} (k + 1)p(X \geq k + 1) + \sum_{1}^{n} p(X \geq k + 1) =$$

$$= \sum_{1}^{n+1} p(X \geq k) - (n + 1)p(X \geq n + 1) \quad \text{und damit}$$

$$\sum_{1}^{\infty} p(X \geq k) = \lim_{n \to \infty} \sum_{1}^{n} kp(X = k) + \lim_{n \to \infty} (n + 1)p(X \geq n + 1) =$$

$$= \overline{X} + \lim_{n \to \infty} (n + 1)p(X \geq n + 1).$$

Wir setzen $\varepsilon_n := (n+1)p(X \geq n+1)$. Dann ist $\varepsilon_n = (n+1) \displaystyle\sum_{k=n+1}^{\infty} p(X=k)$

$\leq \displaystyle\sum_{k=n+1}^{\infty} kp(X=k)$. Aus der Existenz von $\overline{X}$ folgt $\displaystyle\lim_{n \to \infty} \sum_{n+1}^{\infty} kp(X=k) = 0$

und damit $\displaystyle\lim_{n \to \infty} \varepsilon_n = 0$. Daraus folgt $\displaystyle\sum_{1}^{\infty} p(X \geq k) = \overline{X} + \lim_{n \to \infty} \varepsilon_n = \overline{X}$. ●

Die nächste Folgerung enthält drei wichtige Regeln für das Rechnen mit Mittelwerten und Varianzen. (Die Beweise findet man z.B. bei Richter [31]).

(3.10) <u>Folgerung</u>: Es seien $X_1, X_2, \ldots, X_n$ (diskrete oder stetige) Zufallsgrößen; $a_1, a_2, \ldots, a_n$ seien reelle Zahlen. Dann gilt

a) Falls die Erwartungswerte der X_i existieren, so ist $E\left(\displaystyle\sum_{i=1}^{n} a_i X_i\right) =$

$$= \sum_{1}^{n} a_i E(X_i).$$

b) Falls die X_i unabhängig voneinander sind und die Varianzen der X_i existieren, so ist $\mathrm{Var}\left(\displaystyle\sum_{i=1}^{n} a_i X_i\right) = \displaystyle\sum_{1}^{n} a_i^2 \mathrm{Var}(X_i)$.

c) Existieren die Erwartungswerte der X_i und sind die X_i unabhängig, so ist $E\left(\displaystyle\prod_{i=1}^{n} X_i\right) = \displaystyle\prod_{i=1}^{n} E(X_i)$.

Besondere Bedeutung hat der Spezialfall $a_1 = a_2 = \ldots = a_n = 1$.
Dann besagt Punkt a), daß der Erwartungswert einer Summe von Zufallsgrößen gleich der Summe der Erwartungswerte ist. (Dabei braucht man nicht die Unabhängigkeit der einzelnen Summanden vorauszusetzen).
Punkt b) besagt, daß für unabhängige Summanden auch die Varianzbildung additiv ist.

1.4 Wahrscheinlichkeit und relative Häufigkeit

Durch die Betrachtung geeigneter relativer Häufigkeiten wollen wir in diesem Abschnitt eine anschauliche Deutung finden für die Wahrscheinlichkeit eines Ereignisses und für bedingte Wahrscheinlichkeiten. Dazu denken wir uns zunächst einen Versuch, der n mal so durchgeführt wird, daß jedesmal das Ergebnis E mit gleicher Wahrscheinlichkeit $p = p(E)$ vorkommt. (Beispiel: Ist der Versuch das Werfen eines Würfels und E das Ergebnis "Augenzahl größer als 4", so ist $p = 1/3$.)

Wenn E bei den n Versuchen genau m mal als Ergebnis vorkommt, bezeichnet man den Quotienten m/n als relative Häufigkeit von E. Relative Häufigkeiten besitzen Eigenschaften, die analog sind zu den Eigenschaften von Wahrscheinlichkeiten. Insbesondere liegt eine relative Häufigkeit m/n immer zwischen 0 und 1.

Ferner kann man, da m/n eine Zufallsgröße ist, den Erwartungswert davon bilden.

1. Der Erwartungswert $E(m/n)$ stimmt überein mit dem Parameter
   $p = p(E)$.

Die Wahrscheinlichkeit p können wir damit also deuten als den mittleren Anteil der Versuche, die als Ergebnis E haben.

Um die Beziehung $E(m/n) = p$ zu beweisen, nehmen wir n als vorgegeben an und definieren die Zufallsgrößen

$$X_i := \begin{cases} 1, & \text{falls } E \text{ im i-ten Teilversuch} \\ 0, & \text{falls } \overline{E} \text{ im i-ten Teilversuch} \end{cases}$$

$(i = 1, 2, \ldots, n)$. Dann ist $m = \sum_{i=1}^{n} X_i$ die Anzahl der Versuche mit Ergebnis E. Nach der Folgerung (3.10) gilt für den Erwartungswert $E(m) = \sum_{i=1}^{n} E(X_i)$.

Für $E(X_i)$ erhalten wir wegen $p(X_i = 1) = p(E) = p$: $E(X_i) = 0p(X_i = 0) + 1p(X_i = 1) = p$. Also folgt $E(m) = np$, d.h. $p = \dfrac{E(m)}{n} = E\left(\dfrac{m}{n}\right)$.

2. Intuitiv wird man damit rechnen, daß m/n und p sich nicht stark unterscheiden, und zwar umso weniger, je größer n ist. Eine mathematische Bestätigung dafür gibt das sogenannte "Bernoullische Gesetz der großen Zahlen":

$$p\left(\left|p - \frac{m}{n}\right| \geq \varepsilon\right) \xrightarrow[n \to \infty]{} 0 \quad \text{für jedes } \varepsilon > 0.$$

Die Wahrscheinlichkeit dafür, daß sich die relative Häufigkeit m/n und der
Parameter p voneinander um ε oder mehr unterscheiden, geht also gegen
0 für genügend großes n. Dabei kann ε als beliebig klein vorausgesetzt
werden.
(Zum Beweis des Bernoullischen Gesetzes der großen Zahlen s. z.B.
Basler [4].)

Auf Grund der beiden angegebenen Beziehungen zwischen m/n und dem Parameter p spielt die relative Häufigkeit eine wichtige Rolle in der mathematischen Statistik, nämlich als Schätzwert für p. Die angegebene Eigenschaft 2 ist eine Stabilitäts-Eigenschaft dieses Schätzwertes, die Eigenschaft 1 nennt man auch "Erwartungstreue".

Wir wenden uns nun den bedingten Wahrscheinlichkeiten $p(A|B)$ zu und betrachten den Fall $A \subset B$ (was in diesem Zusammenhang keine große Einschränkung bedeutet). Wir stellen uns einen n-fachen Versuch vor, bei dem
A und B mögliche Ergebnisse sind. Die Wahrscheinlichkeit $p(A|B) = p$
soll bei jedem der n Teilversuche gleich sein. Es bezeichne m_A die Anzahl
der Versuche mit dem Ergebnis A, m_B die Anzahl der Versuche mit dem
Ergebnis B.

3. Es sei $Q := m_A/m_B$, also der Anteil der Versuche mit dem Ergebnis
A an allen Versuchen mit dem Ergebnis B. Dann gilt $p(A|B) = E(Q|m_B>0)$.
Hierin nennt man $E(Q|m_B>0)$ einen bedingten Erwartungswert. Die Definition dafür ist

$$E(Q|m_B>0) := \sum_q q\,p(Q = q|m_B>0).$$

Beweis: Es ist $E(Q|m_B>0) = \sum_{k,l} \frac{1}{k}\, p(m_B = k,\, m_A = l|m_B>0)$. Nun ist

$$p(m_B = k,\, m_A = l|m_B>0) = \begin{cases} 0 & \text{für } k = 0 \\[2mm] \dfrac{1}{1-p(m_B=0)}\, p(m_B = k,\, m_A = l) & \text{für } k > 0. \end{cases}$$

Daraus folgt $E(Q|m_B>0) = \dfrac{1}{1-p(m_B=0)} \displaystyle\sum_{k=1}^{m} \sum_{l=0}^{k} \frac{1}{k}\, p(m_B= k)\, p(m_A=l|m_B=k).$

Der Ausdruck $\displaystyle\sum_{l=0}^{k} l\,p(m_A = l|m_B = k)$ ist aber gerade der Mittelwert einer

Binomialverteilung mit den Parametern $p = p(A|B)$ und k, also gleich $k \cdot p$.

Damit ist $E(Q|m_B > 0) = \dfrac{p}{1-p(m_B=0)} \cdot \displaystyle\sum_{k=1}^{n} p(m_B = k) = p = p(A|B)$.   ●

Wir haben jetzt also auch für bedingte Wahrscheinlichkeiten eine anschauliche Deutung: $p(A|B)$ stimmt überein mit dem mittleren Anteil von Versuchen mit dem Ergebnis $A \cap B$, bezogen auf die Versuche mit dem Ergebnis B, vorausgesetzt deren Anzahl ist nicht 0. (Der Fall $A \subseteq B$, für den wir den Beweis geführt haben, bedeutet $A \cap B = A$.)

4. Falls $E(m_B) > 0$ ist, gilt für die bedingte Wahrscheinlichkeit $p(A|B)$:

$$p(A|B) = \frac{E(m_A)}{E(m_B)} .$$

<u>Beweis:</u> Nach 2. ist $E(m_A) = n\,p(A)$ und $E(m_B) = n\,p(B)$. Wegen $A \subseteq B$

ist $p(A|B) = \dfrac{p(A)}{p(B)}$, also $p(A|B) = \dfrac{E(m_A)}{E(m_B)}$.   ●

$p(A|B)$ stimmt also überein mit dem Quotienten aus der mittleren Anzahl der Versuche mit dem Ergebnis $A \cap B$, dividiert durch die mittlere Anzahl der Versuche mit dem Ergebnis B.

Durch Kombination der beiden Punkte 3. und 4. erhält man noch die Beziehung

$$\frac{E(m_A)}{E(m_B)} = E\left(\frac{m_A}{m_B} \,\middle|\, m_B > 0\right) \quad (\text{falls } A \subseteq B).$$

Diese Beziehung wird von Interesse sein, wenn m_B die Anzahl aller Systemausfälle bedeutet und m_A die Anzahl aller Systemausfälle mit bestimmter Ursache.

1.5 Die Laplace-Transformation als Hilfsmittel der Wahrscheinlichkeitsrechnung

Es sei irgendeine Funktion $f(t)$ gegeben, die für $t \geq 0$ definiert ist. $f(t)$ sei stückweise stetig. Konvergiert dann das Integral $\displaystyle\int_{0}^{\infty} e^{-st} f(t)\,dt$, so nennt man es Laplace-Transformierte von f(t). Wir verwenden dafür die

Bezeichnungen $\quad f^*(s) := \mathcal{L}(f(t)) := \int\limits_0^\infty e^{-st} f(t)\,dt.$

Konvergiert das Integral $\int\limits_0^\infty e^{-st} f(t)\,dt$ für ein $s = s_0 \geq 0$, so konvergiert

es auch für alle $s > s_0$ (s. Doetsch [10]). Existiert insbesondere das In-

tegral $\int\limits_0^\infty f(t)\,dt$, so konvergiert $f^*(s)$ für alle $s \geq 0$.

Damit wissen wir: Ist $f(t)$ eine Wahrscheinlichkeitsdichte mit der Eigenschaft $f(t) = 0$ für alle $t < 0$, so konvergiert $f^*(s)$ für alle $s \geq 0$.
Ist ferner $|f(t)|$ beschränkt, so konvergiert ebenfalls $f^*(s)$ für alle $s \geq 0$.
Das betrifft speziell also alle stetigen Verteilungsfunktionen $F(t)$, für die
$F(t) = 0$ für $t < 0$ ist.

Bei unseren Anwendungen wird auch die folgende Voraussetzung häufig er-
füllt sein: $f(t) = 0$ für $t < 0$, $f(0) < \infty$, $\lim\limits_{t \to \infty} f(t) < \infty$, und $f(t)$ ist differenzierbar für alle $t \geq 0$.
Dann konvergiert $f'^*(s)$ für alle $s \geq 0$; denn dann ist $f(t) = f(0) + \int\limits_0^t f'(x)\,dx$

und damit $\int\limits_0^\infty f'(x)\,dx = \lim\limits_{t \to \infty} \int\limits_0^t f'(x)\,dx = \lim\limits_{t \to \infty} f(t) - f(0)$, also $\int\limits_0^\infty f'(x)\,dx < \infty.$

Man bezeichnet die Laplace-Transformierte $f^*(s)$ einer Funktion $f(t)$ als
Bildfunktion und $f(t)$ selbst als Originalfunktion. Zur Eindeutigkeit der
Originalfunktion ist zu sagen: Wenn zwei Funktionen die gleiche Bildfunk-
tion $f^*(s)$ besitzen, stimmen sie überein (bis auf eine Nullfunktion; s.
Doetsch [9]).

Die Laplace-Transformation hat die Eigenschaft, verschiedene komplizierte
Operationen an den Originalfunktionen in einfache algebraische Operationen
an den Bildfunktionen zu übertragen. Darauf geht der folgende Satz ein.

(5.1) Satz: Es seien $f(t)$ und $g(t)$ zwei Funktionen mit den Laplace-Transformierten $f^*(s)$ bzw. $g^*(s)$. Dann gilt
a) ist $g(t) = f(at)$ mit $a > 0$, so folgt $g^*(s) = \dfrac{1}{a} f^*\left(\dfrac{s}{a}\right)$;

b) $\mathcal{L}(af(t) + bg(t)) = af^*(s) + bg^*(s)$ (a,b konstant);

c) ist $f(t)$ differenzierbar und existiert die Bildfunktion der Ableitung, so gilt $\mathcal{L}\left(\dfrac{df(t)}{dt}\right) = sf^*(s) - f(+0)$;

d) $\mathcal{L}\left(\displaystyle\int_0^t f(x)dx\right) = \dfrac{1}{s}f^*(s)$;

e) konvergiert mindestens eines der Integrale $f^*(s)$ bzw. $g^*(s)$ absolut, so gilt der folgende <u>Faltungssatz</u>: Es bezeichne $h(t)$ den Ausdruck $\displaystyle\int_0^t f(x)g(t-x)dx$. Dann ist $\mathcal{L}(h(t)) = f^*(s)g^*(s)$.

Die Beweise zu diesem Satz und weitere Einzelheiten zu den Aussagen findet man bei Doetsch, [9, 10].

Der Ausdruck $\displaystyle\int_0^t f(x)g(t-x)dx$ wird als "Faltung" der Funktionen f und g bezeichnet, und man verwendet dafür das Symbol $f*g$. Es ist $f*g = g*f$. Die wichtigsten Regeln über Laplace-Transformationen sind die Faltungsregel (Punkt e) und die Differenzierungsregel (Punkt c). $f(+0)$ hat die Bedeutung $\lim_{\substack{t \to 0 \\ t \geq 0}} f(t)$. Ist $f(t)$ an der Stelle $t = 0$ (rechtsseitig) stetig, so ist also $f(+0) = f(0)$.

Für das asymptotische Verhalten von Originalfunktion und Bildfunktion bestehen die folgenden Zusammenhänge.

(5.2) <u>Satz:</u> Es sei $f^*(s)$ die Laplace-Transformierte der Funktion $f(t)$. Dann gilt

a) wenn $\lim_{t \to 0} f(t)$ existiert, so ist $\lim_{t \to 0} f(t) = \lim_{s \to \infty} sf^*(s)$;

b) wenn $\lim_{t \to \infty} f(t)$ existiert, so ist $\lim_{t \to \infty} f(t) = \lim_{s \to 0} sf^*(s)$.

(Beweis s. Doetsch [10]).

Mit Hilfe der Laplace-Transformation kann man auch die Momente der Verteilung einer Zufallsgröße $T \geq 0$ berechnen:

(5.3) <u>Folgerung:</u> Es sei $f(t)$ die Dichte zu einer Zufallsgröße $T \geq 0$. Dann gilt: Existiert das k-te Moment μ_k zu T, so ist $\mu_k = (-1)^k \left.\dfrac{d^k f^*(s)}{ds^k}\right|_{s=0}$.

Beweis: Nach Definition ist $\mu_k = \int\limits_0^\infty t^k f(t)\,dt$. Wir definieren $f_k^*(s) :=$

$$= \int\limits_0^\infty t^k e^{-st} f(t)\,dt.$$ Da $\mu_k \geq f_k^*(s)$ für $s \geq 0$, konvergiert $f_k^*(s)$ für alle

$s \geq 0$. Es ist $f_k^*(0) = \mu_k$ und $f_{k+1}^*(s) = -\dfrac{d}{ds} f_k^*(s)$. Wir wollen zeigen:

$$f_k^*(s) = (-1)^k \frac{d^k f^*(s)}{ds^k} \quad (k = 0,1,2,\ldots).$$

a) Sei $f_{k-1}^*(s) = (-1)^{k-1} \dfrac{d^{k-1} f^*(s)}{ds^{k-1}}$. Dann folgt $f_k^*(s) = -\dfrac{d}{ds} f_{k-1}^*(s) =$

$= (-1)^k \dfrac{d^k f^*(s)}{ds^k}$. Damit folgt $\mu_k = f_k^*(0) = (-1)^k \dfrac{d^k f^*(s)}{ds^k}\bigg|_{s=0}$. $\bullet$

Von besonderer praktischer Bedeutung ist die Laplace-Transformation der Funktion $t^n e^{-\lambda t}$:

(5.4) Folgerung: Die Funktion $f(t) := \begin{cases} t^n e^{-\lambda t} & \text{für } t \geq 0 \\ 0 & \text{für } t < 0 \end{cases}$ hat die Laplace-Transformierte $f^*(s) = \dfrac{n!}{(s+\lambda)^{n+1}}$ $(n = 0,1,2,\ldots; \ \lambda \geq 0)$.

Beweis: Für $n = 0$ ist $f^*(s) = \int\limits_0^\infty e^{-st} e^{-\lambda t}\,dt = \dfrac{1}{s+\lambda}$. Wir setzen $f_i^*(s) :=$

$= \int\limits_0^\infty t^i e^{-(s+\lambda)t}\,dt$ für $i = 0,1,2,\ldots$. Dann ist $f_{i+1}^*(s) = -\dfrac{d}{ds}$

$f_n^*(s) = f^*(s)$. Es sei bewiesen: $f_{n-1}^*(s) = \dfrac{(n-1)!}{(s+\lambda)^n}$. Dann folgt

$$f_n^*(s) = -\frac{d}{ds} f_{n-1}^*(s) = \frac{n(n-1)!}{(s+\lambda)^{n+1}} = \frac{n!}{(s+\lambda)^{n+1}}, \text{ also } f^*(s) = \frac{n!}{(s+\lambda)^{n+1}}.$$ $\bullet$

Im Zusammenhang mit der Rücktransformation einer Bildfunktion wollen wir noch eine sehr einfache Beziehung betrachten:

Für $a \neq b$ kann man den Ausdruck $\dfrac{1}{(s-a)(s-b)}$ umformen zu $\dfrac{1}{(s-a)(s-b)} =$

$= \dfrac{1}{a-b}\left(\dfrac{1}{s-a} - \dfrac{1}{s-b}\right)$. Da die Originalfunktion zu $\dfrac{1}{s-a}$ die Funktion e^{at}

ist, ergibt sich: Zur Bildfunktion $\dfrac{1}{(s-a)(s-b)}$ gehört die Originalfunktion $\dfrac{1}{a-b}(e^{at} - e^{bt})$ (falls $a \neq b$).

Für ein paar häufig vorkommende Bildfunktionen $f^*(s)$ stellen wir die Originalfunktionen zusammen. Sie ergeben sich aus der Folgerung (5.4).

$f^*(s)$	$\frac{1}{s}$	$\frac{1}{s^2}$	$\frac{1}{s^k}$ $(k>0,\text{ganz})$	$\frac{1}{s-a}$	$\frac{1}{(s-a)^2}$	$\frac{1}{(s-a)(s-b)}$ $(a \neq b)$
$f(t)$	1	t	$\frac{1}{(k-1)!}\,t^{k-1}$	e^{at}	te^{at}	$\frac{1}{a-b}(e^{at}-e^{bt})$

Ausführliche Tabellen zur Laplace-Transformation finden sich bei Doetsch [9].

1.6 Erneuerungsprozesse

Wir betrachten eine Folge von unabhängigen, nichtnegativen Zufallsgrößen $X_0, X_1, X_2, \ldots$

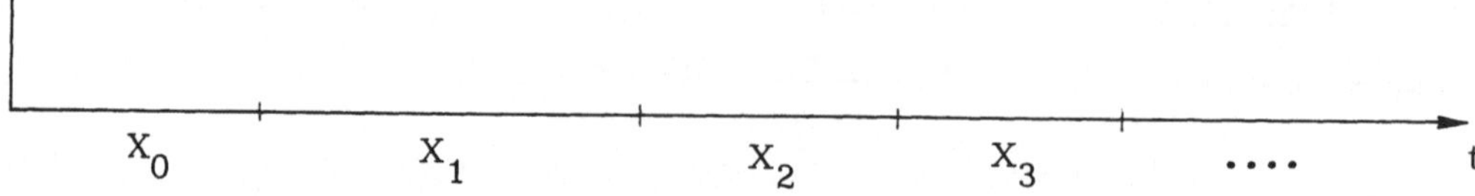

Wenn $X_0 = t$ ist, so spricht man von der "1. Erneuerung bei t",
im Fall $X_0 + X_1 = t$ spricht man von der "2. Erneuerung bei t", ...
im Fall $X_0 + X_1 + \ldots + X_{k-1} = t$ von der "k-ten Erneuerung bei t".
Man interessiert sich nun dafür, wie viele Erneuerungen bis zu einem Zeitpunkt t vorkommen, und für die mittlere Anzahl von Erneuerungen bis t.
Es sei $N(t)$ die Anzahl der Erneuerungen bis t (einschließlich). Dann gilt also:

$$N(t) = k \text{ genau dann, wenn } \sum_{i=0}^{k-1} X_i \leq t < \sum_{i=0}^{k} X_i.$$

Mit $H(t)$ wollen wir die mittlere Anzahl von Erneuerungen bis t (einschließlich) bezeichnen. Dann ist also $H(t) = EN(t)$.
Man nennt die Folge $X_0, X_0 + X_1, X_0 + X_1 + X_2, \ldots$ (also die Folge, die aus den Zeitpunkten der einzelnen Erneuerungen besteht) einen <u>Erneuerungsprozeß</u>, falls $X_1, X_2, X_3, \ldots$ alle die gleiche Verteilung mit der Verteilungsfunktion $F(t)$ besitzen.

Der Erwartungswert $H(t)$ heißt dann die <u>Erneuerungsfunktion</u> des Prozesses.

Wenn $H(t)$ differenzierbar ist, so heißt die Ableitung $h(t) := \dfrac{dH(t)}{dt}$ die <u>Erneuerungsdichte</u> des Prozesses.

(6.1) <u>Definition</u>:

a) Eine Folge $X_0, X_1, X_2, \ldots$ von unabhängigen, nicht negativen Zufallsgrößen bildet einen "einfachen <u>Erneuerungsprozeß</u>", falls jedes X_i die gleiche Verteilungsfunktion $F_{X_i}(t) = F(t)$ besitzt $(i = 0,1,2,\ldots)$.

b) Sie bildet einen "<u>allgemeinen Erneuerungsprozeß</u>" , falls $F_{X_i}(t) = F(t)$

   für $i = 1,2,3,\ldots$ erfüllt ist.

(d.h. bei einem allgemeinen Erneuerungsprozeß braucht die Verteilungsfunktion $F_{X_0}(t)$ nicht mit $F(t)$ übereinzustimmen.)

Es sind auch die Ausdrücke "gewöhnlicher Erneuerungsprozeß" (statt einfacher Erneuerungsprozeß) und "modifizierter Erneuerungsprozeß" (statt allgemeiner Erneuerungsprozeß) üblich.

Zur <u>Existenz der Erneuerungsdichte</u> entnimmt man dem Buch "Störmer: Semi-Markow-Prozesse..." [36] die folgenden Aussagen:

Existieren die Dichte f_0 von X_0 und f von X_i $(i = 1,2,\ldots)$, so existiert auch eine Funktion $h(x)$ mit der Eigenschaft $H(t) = \displaystyle\int_0^t h(x)\,dx$ für alle $t \geq 0$.

Ist außerdem die Dichte f_0 fast überall beschränkt und stetig, so ist $h(t) = H'(t)$ an jeder Stetigkeitsstelle von $f_0(t)$.

Da wir die X_i immer als stetig voraussetzen werden (im Sinn der Definition aus Abschn. 1.3), brauchen wir uns über die Existenz der Erneuerungsdichte $h(t)$ im folgenden also keine Gedanken mehr zu machen.

(6.2) <u>Satz</u>: Es sei ein einfacher Erneuerungsprozeß von stetigen Zufallsgrößen $X_0, X_1, X_2, \ldots$ gegeben. Die Verteilungsfunktionen der X_i seien $F_{X_i}(t) = F(t)$ für $i = 0,1,2,\ldots$; die Verteilungsdichte sei $f(t)$, die Erneuerungsfunktion $H(t)$, die Erneuerungsdichte $h(t)$. Ferner mögen $F^*(s)$, $f^*(s)$, $H^*(s)$ und $h^*(s)$ die zugehörigen Laplace-Transformierten bezeichnen. Dann gilt

a) $H(t) < \infty$ für alle $t \geq 0$,

b) $H(t) = \displaystyle\int_0^t f(x)H(t - x)\,dx + F(t),$

c) $H^*(s) = \dfrac{F^*(s)}{1 - sF^*(s)} = \dfrac{f^*(s)}{s(1 - f^*(s))}$,

d) $h^*(s) = \dfrac{f^*(s)}{1 - f^*(s)}$.

__Beweis:__ a) Der Beweis hierzu findet sich bei Feller [13].

b) Wir bezeichnen mit $N(t)$ wieder die Anzahl der Erneuerungen bis t (einschließlich) und definieren $p_k(t) := p(N(t) \geq k)$. Dann ist $p_0(t) = 1$ für alle $t \geq 0$ und $p_1(t) = F(t)$. Für $k > 0$ gilt: Bis t kommen genau dann mindestens k Erneuerungen vor, wenn es ein $x \leq t$ gibt, so daß die 1. Erneuerung bei x stattfindet und während $(x,t]$ mindestens $k - 1$ Erneuerungen vorkommen, d.h. $p_k(t) = \int\limits_0^t f(x) p_{k-1}(t - x)dx$. Für $H(t)$ gilt nun nach

Definition $H(t) = \sum\limits_{k=1}^{\infty} k p(N(t) = k)$. Wegen a) und der Folgerung (3.9)

ergibt sich daraus $H(t) = \sum\limits_{k=1}^{\infty} p(N(t) \geq k) = \sum\limits_{k=1}^{\infty} p_k(t)$. Damit ist

$$H(t) - F(t) = \sum_{k=2}^{\infty} p_k(t) = \sum_{k=2}^{\infty} \int_0^t f(x) p_{k-1}(t-x)dx = \sum_{k=1}^{\infty} \int_0^t f(x) p_k(t-x)dx.$$

Da die Reihe $\sum p_k(t - x)$ nach a) gleichmäßig konvergent ist, darf man Integral und Summenzeichen vertauschen, so daß folgt $H(t) - F(t) =$

$$= \int_0^t f(x) \sum_{k=1}^{\infty} p_k(t - x)dx = \int_0^t f(x) H(t - x)dx.$$

c) Aus dem Faltungssatz für die Laplace-Transformation (s. Satz (5.1)) folgt für $H^*(s)$ wegen b): $H^*(s) = f^*(s)H^*(s) + F^*(s)$, also $H^*(s) = \dfrac{F^*(s)}{1 - f^*(s)}$.

Da $F(0) = 0$ ist, gilt ferner nach Satz (5.1): $f^*(s) = sF^*(s)$ und damit

$$H^*(s) = \frac{F^*(s)}{1 - sF^*(s)} = \frac{f^*(s)}{s(1 - f^*(s))} \ .$$

d) Aus b) ergibt sich $H(0) = F(0)$. Damit ist $h^*(s) = sH^*(s) = \dfrac{f^*(s)}{1 - f^*(s)}$.

(6.3) <u>Folgerung:</u> Zu den stetigen Zufallsgrößen $X_0, X_1, X_2, \ldots$ sei ein allgemeiner Erneuerungsprozeß mit der Erneuerungsfunktion $H(t)$ und der Erneuerungsdichte $h(t)$ gegeben. Die Verteilungsfunktionen der X_i seien $F_{X_0}(t) := F_0(t)$ und $F_{X_i}(t) = F(t)$ für $i = 1, 2, \ldots$, die zugehörigen Wahrscheinlichkeitsdichten seien $f_0(t) = dF_0(t)/dt$ und $f(t) = dF(t)/dt$. Dann gilt

a) $H(t) < \infty$ für alle $t \geq 0$,

b) $H(t) = \displaystyle\int_0^t f(x) H(t-x) dx + F_0(t)$,

c) die Laplace-Transformierten genügen der Beziehung $H^*(s) = \dfrac{F_0^*(s)}{1 - sF^*(s)} = \dfrac{f_0^*(s)}{s(1 - f^*(s))}$,

d) existiert die Erneuerungsdichte $h(t)$, so ist ihre Laplace-Transformierte

$$h^*(s) = \frac{f_0^*(s)}{1 - f^*(s)}.$$

<u>Beweis:</u> Der Folge $X_1, X_2, X_3, \ldots$ entspricht ein einfacher Erneuerungsprozeß. Seine Erneuerungsfunktion sei $\widetilde{H}(t)$. Dann gilt $H(t) = \displaystyle\int_0^t f_0(x) \cdot \widetilde{H}(t-x) dx + F_0(t)$. Da $\widetilde{H}(t-x) < \infty$, folgt daraus zunächst $H(t) < \infty$, also a).

Für die Laplace-Transformierten ergibt sich $H^*(s) = f_0^*(s)\widetilde{H}^*(s) + F_0^*(s) = sF_0^*(s)\widetilde{H}^*(s) + F_0^*(s)$. Nach Satz (6.2) folgt $H^*(s) = F_0^*(s)\left[s\dfrac{F^*(s)}{1 - sF^*(s)} + 1 \right] = \dfrac{F_0^*(s)}{1 - sF^*(s)} = \dfrac{f_0^*(s)}{s(1 - f^*(s))}$, also c).

Falls $h(t)$ existiert, ist $h^*(s) = sH^*(s) = \dfrac{f_0^*(s)}{1 - f^*(s)}$, d.h. es gilt d). Aus c) folgt weiter: $H^*(s) = \dfrac{F_0^*(s)}{1 - f^*(s)}$, also $H(t) - \displaystyle\int_0^t f(x) H(t-x) dx = F_0(t)$,

d.i. b). $\bullet$

Der am häufigsten verwendete Erneuerungsprozeß ist der sogenannte Poisson-Prozeß.

(6.4) Definition: Der Poisson-Prozeß ist ein einfacher Erneuerungsprozeß mit der Verteilungsfunktion $F(t) = 1 - e^{-\lambda t}$, $(\lambda > 0)$.

(6.5) Folgerung: Für den Poisson-Prozeß mit $F(t) = 1 - e^{-\lambda t}$ gilt: $H(t) = \lambda t$ und $h(t) = \lambda$.

Beweis: Aus $F(t) = 1 - e^{-\lambda t}$ folgt $F^*(s) = \dfrac{1}{s} - \dfrac{1}{\lambda + s} = \dfrac{\lambda}{s(\lambda + s)}$ und damit

$f^*(s) = \dfrac{\lambda}{\lambda + s}$. Nach Satz (6.2) gilt deshalb $H^*(s) = \dfrac{f^*(s)}{s(1 - f^*(s))} =$

$= \dfrac{\dfrac{\lambda}{\lambda + s}}{s\left(1 - \dfrac{\lambda}{\lambda + s}\right)} = \dfrac{\lambda}{s^2}$ und damit (nach Abschn. 1.5): $H(t) = \lambda t$. Daraus folgt

$h(t) = \dfrac{dH(t)}{dt} = \lambda$.

Wenn ein Poisson-Prozeß vorliegt, so ist die mittlere Anzahl von Erneuerungen während eines Zeitintervalls also $H(t + x) - H(t) = \lambda x$ und damit unabhängig vom Anfangspunkt t. Die Verteilung der Anzahl von Erneuerungen während $(0, t]$ ist bei einem Poisson-Prozeß eine Poisson-Verteilung (s. Abschn. 2.2.4).

(6.6) Definition: Ein allgemeiner Erneuerungsprozeß heißt stationär, wenn gilt $F_0(t) = \dfrac{1}{\mu} \displaystyle\int_0^t [1 - F(x)]\, dx$.

(6.7) Folgerung: Für einen stationären Erneuerungsprozeß gilt
a) die Erneuerungsfunktion ist $H(t) = t/\mu$;
b) ist der Prozeß ein einfacher Erneuerungsprozeß, so ist es ein Poisson-Prozeß.

Beweis: Aus $F_0(t) = \dfrac{1}{\mu} \displaystyle\int_0^t [1 - F(x)]\, dx$ folgt nach Abschnitt 1.5: $F_0^*(s) =$

$= \dfrac{1}{\mu s}\left[\dfrac{1}{s} - F^*(s)\right]$. Nach Folgerung (6.3) gilt deshalb: $H^*(s) = \dfrac{F_0^*(s)}{1 - sF^*(s)} =$

$= \dfrac{1 - sF^*(s)}{\mu s^2(1 - sF^*(s))} = \dfrac{1}{\mu s^2}$, also $H(t) = \dfrac{t}{\mu}$.

b) Ist $F_0(t) = F(t)$, so folgt $F^*(s) = \frac{1}{\mu s}\left[\frac{1}{s} - F^*(s)\right]$, also $F^*(s) =$

$= \frac{1}{\mu s^2}\,\frac{1}{1 + \frac{1}{\mu s}} = \frac{1}{s(\mu s+1)}$. Damit ist $f^*(s) = \frac{1}{\mu s+1}$, also $f(t) = \frac{1}{\mu}\,e^{-t/\mu}$. $\bullet$

Besonders interessante Aussagen der Erneuerungstheorie enthalten die sogenannten Grenzwertsätze. Sie betreffen das asymptotische Verhalten von Erneuerungsfunktion und Erneuerungsdichte und besagen, daß sich das Verhalten eines beliebigen allgemeinen Erneuerungsprozesses mit $t \to \infty$ dem Verhalten des zugehörigen stationären Erneuerungsprozesses nähert.

(6.8) <u>Satz:</u> $H(t)$ sei die Erneuerungsfunktion eines allgemeinen Erneuerungsprozesses zu den stetigen Zufallsgrößen $X_0, X_1, X_2, \ldots$. Ferner sei $\mu := EX_i$ $(i = 1, 2, \ldots)$. Dann gilt

a) für jedes $x > 0$ ist $\lim_{t \to \infty} [H(t + x) - H(t)] = \frac{x}{\mu}$,

b) $\lim_{t \to \infty} \frac{H(t)}{t} = \frac{1}{\mu}$,

c) falls die Dichte $h(t) = \frac{dH(t)}{dt}$ existiert, gilt $\lim_{t \to \infty} h(t) = \frac{1}{\mu}$.

Die Beweise zu den Punkten a), b) und c) dieses Satzes finden sich bei Feller [13] und Störmer [36].

In der Literatur zur Erneuerungstheorie sind bei der Formulierung der Grenzwertsätze die sogenannten "gitterförmigen" Verteilungen ausgenommen bzw. gesondert betrachtet. Da wir den Satz (6.8) nur für stetige Verteilungen formulieren, erübrigt sich hier diese Unterscheidung.

1.7 Markowsche Prozesse

(7.1) <u>Definition:</u> Die Menge $T \neq \emptyset$ sei ein Intervall der reellen Achse. Dann heißt eine Familie $\{X_t : t \in T\}$ von Zufallsgrößen X_t, die zu ein und demselben Wahrscheinlichkeitsraum $[M, \mathfrak{A}, p]$ gehören, <u>stochastischer Prozeß</u> (mit stetiger Zeit).

Wenn die X_t diskrete Zufallsgrößen sind, spricht man von einem "<u>diskreten stochastischen Prozeß</u>". Wir wollen hier voraussetzen, daß die X_t nur die Werte $0, 1, 2, 3, \ldots$ annehmen. Diese Zahlen werden dann die "<u>Zustände</u>" des Prozesses genannt.

(7.2) <u>Definition:</u> Ein diskreter stochastischer Prozeß $\{X_t,\ t \in T\}$ mit den möglichen Zuständen $0,1,2,\ldots$ heißt (diskreter) <u>Markowscher Prozeß</u>, wenn für beliebige Zeitpunkte $t_1 < t_2 < \ldots < t_n \in T$ ($n \in \mathbb{N}$) und für beliebige Zahlen $i_1, i_2, \ldots, i_{n-2}, i, j \in \{0,1,2,\ldots\}$ folgende Bedingung erfüllt ist: $p(X_{t_n} = j \mid X_{t_{n-1}} = i,\ X_{t_{n-2}} = i_{n-2}, \ldots, X_{t_1} = i_1) = p(X_{t_n} = j \mid X_{t_{n-1}} = i)$.

Diese Bedingung nennt man auch <u>Markow-Eigenschaft</u>; die bedingten Wahrscheinlichkeiten $p(X_{t_n} = j \mid X_{t_{n-1}} = i)$ heißen <u>Übergangswahrscheinlichkeiten</u>. Sie geben also die Wahrscheinlichkeit dafür an, daß zum Zeitpunkt t_n ein Zustand j vorliegt, wenn zu einem (früheren) Zeitpunkt t_{n-1} der Zustand i vorgelegen hat.

Wir werden von jetzt an voraussetzen $T := [0, \infty)$.

Hängen alle Übergangswahrscheinlichkeiten nur von der Differenz $t_n - t_{n-1}$ ab, so heißt der Prozeß ein <u>homogener Markowscher Prozeß</u>.

Bei der Behandlung von Markowschen Prozessen werden uns besonders die sogenannten "<u>absoluten Wahrscheinlichkeiten</u>" $P_k(t) := p(X_t = k)$ interessieren.

(7.3) <u>Folgerung:</u> In einem homogenen diskreten Markowschen Prozeß mit den möglichen Zuständen $1,2,\ldots n$ seien die Übergangswahrscheinlichkeiten $p_{ij}(t) := p(X_t = j \mid X_0 = i)$. Dann folgt

a) für jedes s mit $0 < s < t$ und alle i,k ist $p_{ik}(t) = \displaystyle\sum_{j=1}^{n} p_{ij}(s) p_{jk}(t - s)$,

b) $P_k(t) = \displaystyle\sum_{i=1}^{n} P_i(0) p_{ik}(t)$.

Die Aussage a) ist ein Spezialfall der sogenannten Gleichung von Chapman und Kolmogoroff. a) und b) ergeben sich nach dem Satz von der totalen Wahrscheinlichkeit.

Ist der Anfangszustand $X_0 = i$ vorgegeben, so ist $P_j(0) = 0$ für $j \neq i$ und $P_i(0) = 1$ und damit $P_k(t) = p(X_t = k \mid X_0 = i) = p_{ik}(t)$.

(7.4) <u>Satz:</u> Es sei ein homogener diskreter Markowscher Prozeß mit den Zuständen $1,2,\ldots,n$ und den Übergangswahrscheinlichkeiten $p_{ij}(t)$ gegeben. Es seien die beiden Voraussetzungen erfüllt

1. $p_{ij}(t)$ ist stetig an der Stelle $t = 0$,

2. $p_{ij}(t)$ ist differenzierbar für alle $t \geq 0$.

Es bezeichne a_{ji} die Ableitung von $p_{ij}(t)$ an der Stelle $t = 0$. Dann gilt für die zeitlichen Ableitungen $\dot{p}_{ik}$ und $\dot{P}_k$

a) $\dot{p}_{ik}(t) = \sum_{j=1}^{n} a_{kj} p_{ij}(t)$ für alle i,k,

b) $\dot{P}_k(t) = \sum_{j=1}^{n} a_{kj} P_j(t)$ für alle k.

Beweis: Für $h \geq 0$ ist nach (7.3.a): $p_{ik}(t + h) = \sum_{j=1}^{n} p_{ij}(t) p_{jk}(h)$ und

für $t \geq h$: $p_{ik}(t) = \sum_{j=1}^{n} p_{ij}(t - h) p_{jk}(h)$. Daraus folgt $\dfrac{p_{ik}(t + h) - p_{ik}(t)}{h} =$

$\sum_{j \neq k} p_{ij}(t) \dfrac{p_{jk}(h)}{h} + p_{ik}(t) \dfrac{p_{kk}(h) - 1}{h}$ und $\dfrac{p_{ik}(t) - p_{ik}(t - h)}{h} =$

$= \sum_{j \neq k} p_{ij}(t - h) \dfrac{p_{jk}(h)}{h} + p_{ik}(t - h) \dfrac{p_{kk}(h) - 1}{h}$. Nach der Voraussetzung

1 ist $p_{jk}(0) = \begin{cases} 0 & \text{für } j \neq k \\ 1 & \text{für } j = k \end{cases}$. Mit 2 ergibt sich dann

$\dot{p}_{jk}(0) = \lim_{h \to 0} \dfrac{p_{jk}(h) - p_{jk}(0)}{h} = \lim_{h \to 0} \dfrac{p_{jk}(h)}{h}$ für $j \neq k$ und

$\dot{p}_{kk}(0) = \lim_{h \to 0} \dfrac{p_{kk}(h) - p_{kk}(0)}{h} = \lim_{h \to 0} \dfrac{p_{kk}(h) - 1}{h}$. Damit ist

$\lim_{h \to 0} \dfrac{p_{ik}(t + h) - p_{ik}(t)}{h} = \sum_{j \neq k} \dot{p}_{jk}(0) p_{ij}(t) + \dot{p}_{kk}(0) p_{ik}(t) =$

$= \sum_{j=1}^{n} \dot{p}_{jk}(0) p_{ij}(t)$ und analog

$\lim_{h \to 0} \dfrac{p_{ik}(t) - p_{ik}(t - h)}{h} = \sum_{j=1}^{n} \dot{p}_{jk}(0) p_{ij}(t)$, also $\dot{p}_{ik}(t) = \sum_{j=1}^{n} \dot{p}_{jk}(0) p_{ij}(t) =$

$= \sum_{j=1}^{n} a_{kj} p_{ij}(t)$, das ist a).

Nach (7.3.b) ist nun weiter $P_k(t) = \sum\limits_{i=1}^{n} P_i(0)p_{ik}(t)$, also $\dot{P}_k(t) =$

$$= \sum_{i=1}^{n} P_i(0)\dot{p}_{ik}(t) = \sum_{i=1}^{n} P_i(0) \sum_{j=1}^{n} a_{kj}p_{ij}(t) = \sum_{j=1}^{n} a_{kj} \sum_{i=1}^{n} P_i(0)p_{ij}(t) =$$

$$= \sum_{j=1}^{n} a_{kj}P_j(t).$$

Zur Darstellung der Gleichung b) verwendet man häufig die folgende Matrizen-Schreibweise:

Es bezeichne A die Matrix $A = \begin{pmatrix} a_{11} & a_{12} & \cdots & a_{1n} \\ a_{21} & a_{22} & \cdots \cdot \\ \vdots & & & \\ a_{n1} \cdots & & & a_{nn} \end{pmatrix}$ und $P(t)$ den

Vektor $P(t) = \begin{pmatrix} P_1(t) \\ P_2(t) \\ \vdots \\ P_n(t) \end{pmatrix}$.

Dann ist nach den Regeln der Matrizen-Multiplikation $A \cdot P(t)$ ein Vektor

mit den Komponenten $\sum\limits_{j=1}^{n} a_{ij}P_j(t) = \dot{P}_i(t)$ für $i = 1,2,\ldots,n$. Also ist

$\underline{\dot{P}(t) = A\,P(t)}$.

Wir wollen uns jetzt noch einmal klarmachen, welche Bedeutung die Elemente a_{ij} der Matrix A haben. Nach Satz (7.4) ist $a_{ij} = \dot{p}_{ji}(0)$, also

$a_{ij} = \lim\limits_{h \to 0} \dfrac{p_{ji}(h) - p_{ji}(0)}{h}$. Nach Definition ist $p_{ji}(h) = p(X_h = i \mid X_0 = j) = p(X_{t+h} = i \mid X_t = j)$. Das gilt für jedes $t \geq 0$, da der Markowsche Prozeß als homogen vorausgesetzt ist.

Für $j \neq i$ ergibt sich damit $a_{ij} = \lim\limits_{h \to 0} \dfrac{p_{ji}(h)}{h} = \lim\limits_{h \to 0} \dfrac{p(X_{t+h} = i \mid X_t = j)}{h}$.

$a_{ij} dt$ hat also die Bedeutung $p(X_{t+dt} = i \mid X_t = j)$, ist also die bedingte Wahrscheinlichkeit für einen Übergang vom Zustand j zum Zustand i während des Intervalls $(t, t + dt)$.

Nun zu dem Fall $j = i$: $a_{ii} = \lim_{h \to 0} \dfrac{p_{ii}(h) - 1}{h}$, also $a_{ii} dt = - \{1 - p(X_{t+dt} = i \mid X_t = i)\}$. Aus der Beziehung $\sum_{j=1}^{n} p_{ij}(h) = 1$ für alle i und für $h \geq 0$

folgt $\sum_{j=1}^{n} \dot{p}_{ij}(h) = 0$, speziell $\sum_{j=1}^{n} a_{ji} = \sum_{j=1}^{n} \dot{p}_{ij}(0) = 0$.

In A ist also jeweils die Summe aller Elemente einer Spalte gleich 0.

(7.5) <u>Satz:</u> In einem homogenen diskreten Markowschen Prozeß mit den Zuständen $1, 2, \ldots, n$ sei die "Anfangsverteilung" $P(0) = \begin{pmatrix} P_1(0) \\ P_2(0) \\ \vdots \\ P_n(0) \end{pmatrix}$

vorgegeben. Dann existiert genau eine Lösung des Gleichungssystems $\dot{P}(t) = A P(t)$, und zwar ist $P(t) = e^{At} P(0)$, wobei die Matrix e^{At} definiert ist als $e^{At} = \sum_{i=0}^{\infty} \dfrac{t^i}{i!} A^i = I + tA + \dfrac{t^2}{2} A^2 + \ldots$

Der Beweis dieses Satzes findet sich bei Zurmühl [39].

(7.6) <u>Satz:</u> In einem homogenen diskreten Markowschen Prozeß mit endlich vielen Zuständen sei die folgende Bedingung erfüllt:
Es gibt ein endliches $t_0 \in T$, so daß $p_{ij}(t_0) > 0$ ist für alle i und j.
Dann folgt: Für alle i und j existieren die Grenzwerte $\lim_{t \to \infty} p_{ij}(t)$ und $\lim_{t \to \infty} P_j(t)$, und es ist $\lim_{t \to \infty} p_{ij}(t) = \lim_{t \to \infty} P_j(t)$.

Einen Beweis dieses Satzes kann man bei Lahres [25] nachlesen.

Die Beziehung $\lim_{t \to \infty} p_{ij}(t) = \lim_{t \to \infty} P_j(t)$ bedeutet, daß die Grenzwerte der absoluten Wahrscheinlichkeiten $P_j(t)$ unabhängig sind vom Anfangszustand (i).

Falls die Grenzwerte der $P_j(t)$ existieren, sagen wir: Es existiert ein "stationärer Zustand", dem der Prozeß asymptotisch zustrebt. Die Grenzwerte der $P_j(t)$ selbst nennen wir eine "stationäre Lösung".

Der folgende Satz zeigt, wie man die stationäre Lösung berechnen kann, ohne das Differential-Gleichungssystem zu lösen, und welche Eigenschaften die stationäre Lösung noch besitzt.

(7.7) <u>Satz:</u> Das Gleichungssystem $\dot{P}(t) = A\,P(t)$ möge die stationäre Lösung $\widetilde{P} = \lim\limits_{t \to \infty} P(t)$ besitzen. Dann gilt

a) $\lim\limits_{t \to \infty} e^{At} = (\widetilde{P}, \widetilde{P}, \ldots, \widetilde{P})$,

b) $A \cdot \widetilde{P} = 0$,

c) $\widetilde{P} = e^{At} \cdot \widetilde{P}$ für alle $t \geq 0$.

<u>Beweis:</u> Wir betrachten einen Anfangsvektor $P(0)$, der folgendermaßen

definiert ist: $P(0) = \begin{pmatrix} P_1(0) \\ \vdots \\ P_n(0) \end{pmatrix}$ mit $P_k(0) = 1$ und $P_j(0) = 0$ für $j \neq k$.

Ferner setzen wir zur Abkürzung $B := \lim\limits_{t \to \infty} e^{At}$ und $B = (b_{ij})$. Dann ist $\widetilde{P} = \lim\limits_{t \to \infty} P(t) = B \cdot P(0)$ die k-te Spalte von B. Da das für alle k gilt, folgt: B besteht aus lauter gleichen Spalten, und diese sind gleich $\widetilde{P}$. Aus $\lim\limits_{t \to \infty} P(t) = \widetilde{P}$ und $\dot{P}(t) = A \cdot P(t)$ folgt: $\lim\limits_{t \to \infty} \dot{P}(t)$ ist der Nullvektor.

Also folgt $0 = \lim\limits_{t \to \infty} \dot{P}(t) = A \cdot \lim\limits_{t \to \infty} P(t) = A \cdot \widetilde{P}$.

Zum Beweis von c) betrachten wir den Ausdruck $e^{At}\widetilde{P} - \widetilde{P}$. Es ist

$$e^{At}\widetilde{P} - \widetilde{P} = \sum_{i=1}^{\infty} \frac{t^i}{i!} A^i \widetilde{P} = \sum_{i=1}^{\infty} \frac{t^i}{i!} A^{i-1} (A \cdot \widetilde{P}) = 0 \text{ nach b). Also folgt:}$$

$e^{At}\widetilde{P} = \widetilde{P}$.
$\hspace{14cm} \bullet$

Die Beziehung b) dieses Satzes gibt an, daß man, um die stationäre Lösung zu erhalten, nur ein lineares Gleichungssystem zu lösen braucht, nämlich das System $A \cdot \widetilde{P} = 0$. Die Beziehung c) besagt, in Verbindung mit Satz

(7.5), folgendes: Ist der Anfangsvektor $P(0)$ gleich $\tilde{P}$, so stimmt die Lösung $P(t)$ für jedes t mit $\tilde{P}$ überein, d.h. bei geeigneter Anfangsverteilung $P(0)$ ist das System für __alle__ $t \geq 0$ im stationären Zustand.
Eine analoge Eigenschaft gibt es bei den Erneuerungsprozessen (s.Abschn. 1.6).

(7.8) __Definition__: Ein Zustand i soll "absorbierender Zustand" heißen, wenn $p_{ii}(t) = 1$ für alle $t \geq 0$ ist.

Wenn also ein absorbierender Zustand einmal erreicht worden ist, so wird er mit der Wahrscheinlichkeit 1 nicht mehr verlassen.

(7.9) __Folgerung__: Der Zustand i ist genau dann ein absorbierender Zustand, wenn die i-te Spalte der Matrix A gleich 0 ist.

__Beweis__: Es sei i ein absorbierender Zustand. Dann ist
$$p(X_{t+h} = i \mid X_t = i) = 1 \text{ und } p(X_{t+h} = j \mid X_t = i) = 0 \text{ für alle } h \geq 0 \text{ und } j \neq i.$$

Aus $a_{ji} = \lim_{h \to 0} \dfrac{p(X_{t+h} = j \mid X_t = i)}{h}$ für $j \neq i$ folgt damit $a_{ji} = 0$ für $j \neq i$,

und aus $a_{ii} = -\displaystyle\sum_{j \neq i} a_{ji}$ folgt $a_{ii} = 0$.

Nun sei umgekehrt $a_{ji} = 0$ für alle j, d.h. $\dot{p}_{ij}(0) = 0$. Aus $\dot{p}_{ij}(0) =$

$= \dfrac{p_{ij}(dt) - p_{ij}(0)}{dt}$ folgt $p_{ij}(dt) = p_{ij}(0) = \begin{cases} 1 & \text{für } j = i, \\ 0 & \text{für } j \neq i. \end{cases}$ Nach $(7.3.a)$

ist $p_{ii}(t + dt) = \displaystyle\sum_{j=1}^{n} p_{ij}(dt) p_{ji}(t) = p_{ii}(t)$. Damit ist $\dot{p}_{ii}(t) = 0$ für alle t,

also $p_{ii}(t) = p_{ii}(0) = 1$ für alle $t \geq 0$. ●

2 Die Zuverlässigkeit einer Einheit

Wenn man Untersuchungen zur Zuverlässigkeit einer Beobachtungseinheit
durchführt, geht man davon aus, daß die Einheit zwei mögliche Zustände
besitzt: intakt und ausgefallen. Dabei kann "Ausfallen" z.B. das Überschrei-
ten vorgegebener Toleranzgrenzen bedeuten. Statt der Ausdrücke intakt und
ausgefallen werden auch die Ausdrücke funktionsfähig und defekt bzw. nicht
funktionsfähig verwendet.

Es sind prinzipiell zwei Fälle zu unterscheiden: reparierbare und nichtre-
parierbare Einheiten. Wenn wir von einer <u>nichtreparierbaren</u> Einheit sprechen, meinen wir damit: Fällt die Einheit aus, so kann sie nicht mehr in
den Zustand "intakt" gelangen. Ob Reparaturen oder Auswechselvorgänge
technisch unmöglich sind oder aus wirtschaftlichen Erwägungen unterblei-
ben, spielt dabei keine Rolle. Die Zuverlässigkeit einer nichtreparierbaren
Einheit wird charakterisiert durch eine Zufallsgröße $T \geqq 0$, die sogenannte
"Lebensdauer" (s. Abschn.2.1). – Statt "nichtreparierbar" wird auch der
Ausdruck "ohne Reparaturen" verwendet.

Eine "<u>reparierbare</u>" Einheit kann nach einem Ausfall wieder in den Zustand
"intakt" gelangen, sei es durch Auswechseln oder durch eine Reparatur.
Man verwendet auch den Ausdruck "instandzusetzende Einheit". Die Zuverlässigkeit einer reparierbaren Einheit charakterisiert man durch die Zufallsgrößen Ausfallabstand und Ausfalldauer. Dabei bedeutet der "Ausfallabstand" die Zeitspanne vom jeweiligen Einsatzbeginn der Einheit bis zum
nächsten Ausfall, und die "Ausfalldauer" bedeutet die Zeitspanne von einem
Ausfall bis zum nächsten Wiedereinsatz. Statt Ausfalldauer wird auch das
Wort "Reparaturzeit" verwendet. Es ist aber zu beachten, daß darin die Zeit
für Fehlersuche, Fehlerdiagnose, den Reparaturvorgang selbst u.ä. enthalten ist.

Der Begriff "Einheit" soll im Sinn von Betrachtungseinheit verwendet werden. Technisch kann ein Bauelement, eine Baugruppe, irgendein Gerät oder
eine Anlage damit gemeint sein. Ob man eine technische Anlage als Einheit

oder als System (s. Abschn.3) behandelt, hängt unter anderem von der
Reparaturstrategie ab, die zu berücksichtigen ist. Wenn die Bedeutung
"Teil eines System" hervorgehoben werden soll, wird statt "Einheit" meist
das Wort "Komponente" verwendet (s.Abschn.3).

2.1 Lebensdauer-Verteilungen

2.1.1 Definitionen und Eigenschaften

In der Zuverlässigkeitstheorie spielt eine bestimmte Klasse von stetigen
Wahrscheinlichkeitsverteilungen eine Rolle, nämlich die Verteilungen von
Zufallsgrößen T mit der Eigenschaft $T \geq 0$. Man nennt T auch "Lebensdauer", und ihre Verteilung bezeichnet man als "Lebensdauer-Verteilung".
Ist $T = x$, so spricht man von einem "Ausfall zum Zeitpunkt x". Damit bezeichnet $F(t) := p(T \leq t)$ (definiert für alle $t \geq 0$) die Wahrscheinlichkeit
für einen Ausfall während $[0,t]$. Für eine Klasse gleichartiger Bauteile,
Geräte oder Anlagen dienen die jeweilige Lebensdauer-Verteilung und damit zusammenhängende Größen zur Charakterisierung ihrer Zuverlässigkeit.

Eine Lebensdauer-Verteilung F besitzt immer die Eigenschaften
$F(0) = 0$,
$F(\infty) = 1$,
aus $x < y$ folgt $F(x) \leq F(y)$
(vergl. Kap.1, Folgerung (3.3)).
Anschaulich bedeuten die drei Eigenschaften:
1. Das betrachtete Gerät ist zum Zeitpunkt 0 sicher intakt.
2. Es ist nach "unendlich langer Zeit" mit Sicherheit ausgefallen.
3. Ist es bis zum Zeitpunkt x ausgefallen, so auch bis zu einem Zeitpunkt
   $y > x$.

Neben der - monoton steigenden - Lebensdauer-Verteilung $F(t)$ spielt in
der Zuverlässigkeitsrechnung die Funktion $R(t) = 1 - F(t)$ eine wichtige
Rolle. $R(t)$ ist monoton fallend (also keine Verteilungsfunktion). Man
nennt $R(t)$ auch "Zuverlässigkeitsfunktion" (R von reliability=Zuverläs-
sigkeit).

Jede Zuverlässigkeitsfunktion $R(t)$ besitzt die Eigenschaften
$R(0) = 1$,
$R(\infty) = 0$,
aus $x < y$ folgt $R(x) \geq R(y)$.
$R(t)$ hat folgende Bedeutung: $R(t) = p(T > t) = p(\text{kein Ausfall bis } t) =$
$= p$ (das Gerät überlebt bis mindestens t) und ist, wie $F(t)$, definiert für alle
$t \geq 0$.

Die Dichte $f(t) := dF(t)/dt$ heißt auch "Ausfalldichte".
Neben den drei Größen $F(t)$, $R(t)$ und $f(t)$ ist schließlich noch die sogenannte Ausfallrate $\lambda(t)$ wichtig:

$$\lambda(t) := \frac{f(t)}{1 - F(t)} \ .$$

Die Bedeutung der Ausfallrate geht hervor aus $\lambda(t)dt = p(t < T \leq t + dt \,|\, T > t)$.
Es ist also $\lambda(t)dt$ die Wahrscheinlichkeit für einen Ausfall im Intervall
$(t, t + dt)$ unter der Bedingung, daß kein Ausfall bis t stattgefunden hat.
Wenn man nun eine der vier Funktionen $F(t)$, $R(t)$, $f(t)$, $\lambda(t)$ kennt, so
lassen sich daraus immer die übrigen drei berechnen. Es sei z.B. der Verlauf von $\lambda(t)$ bekannt. Dann erhält man die übrigen Größen folgendermaßen:

$$\text{Aus } \lambda(t) = \frac{f(t)}{R(t)} = -\frac{1}{R(t)} \frac{dR(t)}{dt} = -\frac{d}{dt} \ln R(t) \text{ folgt } \ln R(t) = -\int_0^t \lambda(x)dx$$

(da $R(0) = 1$ und $\ln 1 = 0$). Daraus folgt $R(t) = \exp\left(-\int_0^t \lambda(x)dx \right)$. $F(t)$

und $f(t)$ erhält man damit als $F(t) = 1 - R(t) = 1 - \exp\left(-\int_0^t \lambda(x)dx \right)$ und

$$f(t) = \lambda(t)R(t) = \lambda(t) \exp\left(-\int_0^t \lambda(x)dx \right) .$$

Wir betrachten noch die Laplace-Transformierten der Funktionen $f(t)$, $F(t)$
und $R(t)$ und erhalten

a) $f^*(0) = \int_0^\infty f(t)dt = 1$,

b) $F^*(s) = \mathscr{L}\left(\int_0^t f(x)dx \right) = \frac{1}{s} f^*(s)$ nach (1.5.1.d),

36

c) $R^*(s) = \mathscr{L}(1 - F(t)) = \frac{1}{s}(1 - f^*(s))$.

Umgekehrt ist

d) $f^*(s) = sF^*(s)$ (in Übereinstimmung mit (1.5.1.c), da $F(0) = 0$ ist).

Wir wollen nun geeignete relative Häufigkeiten suchen, die eine anschauliche Deutung der Wahrscheinlichkeiten $R(t)$ und $F(t)$ ermöglichen. Dazu gehen wir aus von den Überlegungen von Abschnitt 1.4: Wird ein Versuch, der das Ergebnis E_o haben kann, n mal unabhängig durchgeführt, so gilt $p(E_o) = E(\frac{m}{n})$, wenn m die Anzahl der Versuche mit Ergebnis E_o bedeutet.

1. Anwendung:

Wir beobachten n gleichartige Geräte bis zum Zeitpunkt t. E_o sei das Ereignis: Gerät überlebt bis t; m := Anzahl der Geräte, die bis t überleben.
Dann ist $R(t) = p(E_o) = E(\frac{m}{n})$, d.h.
die <u>Überlebenswahrscheinlichkeit</u> $R(t)$ stimmt überein mit dem mittleren Anteil überlebender Geräte.
Mit anderen Worten: Der Quotient m/n ist ein erwartungstreuer Schätzwert für $R(t)$.

2. Anwendung:

Unter den gleichen Voraussetzungen wie bei der 1. Anwendung folgt $F(t) =$
$= p(\overline{E}_o) = E(\frac{n-m}{n})$, d.h.
die Lebensdauer-Verteilung $F(t)$ stimmt überein mit dem mittleren Anteil der bis t ausgefallenen Geräte.
Damit ist der Quotient $(n-m)/n$ auch ein erwartungstreuer Schätzwert für $F(t)$.

(1.1) <u>Folgerung:</u> Ist $F(t)$ die Lebensdauer-Verteilung einer Zufallsgröße T, bedeutet ferner $f(t) = dF(t)/dt$ und $R(t) = 1 - F(t)$, so gilt für den Erwartungswert $\overline{T}$ von T:

$$\overline{T} = \int\limits_0^\infty tf(t)dt = \int\limits_0^\infty R(t)dt.$$

$\overline{T}$ ist die <u>mittlere Lebensdauer</u>.
Die Folgerung (1.1) ist das stetige Analogon zur Folgerung (3.8) aus Kapitel 1. Den Beweis findet man z.B. bei Störmer [35].

<u>2.1.2 Die Exponentialverteilung</u>

Die am häufigsten verwendete Lebensdauer-Verteilung ist die Exponentialverteilung. Ihre Verteilungsfunktion ist definiert als

$$F(t) = \begin{cases} 0 & \text{für} \quad t < 0 \\ 1 - e^{-\lambda t} & \text{für} \quad t \geq 0 \end{cases} \qquad (\text{Parameter} \ \lambda > 0).$$

Man sieht leicht ein, daß damit für $t \geq 0$ gilt

$$R(t) = 1 - F(t) = e^{-\lambda t},$$

$$f(t) = \frac{dF(t)}{dt} = \lambda e^{-\lambda t},$$

$$\lambda(t) = \frac{f(t)}{R(t)} = \lambda.$$

Die Anfangsmomente $E(T^k)$ der Exponentialverteilung erhalten wir mit

Hilfe der Folgerung (1.5.4): Die Funktion $g(t) := \begin{cases} t^k e^{-\lambda t} & \text{für} \quad t \geq 0, \\ 0 & \text{für} \quad t < 0 \end{cases}$

hat die Laplace-Transformierte $g^*(s) = \int\limits_0^\infty e^{-st} t^k e^{-\lambda t} dt = \dfrac{k!}{(\lambda + s)^{k+1}}$.

Nun ist das k-te Moment zur Exponentialverteilung

$$E(T^k) = \int\limits_0^\infty \lambda t^k e^{-\lambda t} dt = \lambda g^*(0) = \frac{\lambda k!}{\lambda^{k+1}} \ , \ \text{also} \ E(T^k) = \frac{k!}{\lambda^k} \ (k = 1,2,3,\ldots)$$

Speziell für die mittlere Lebensdauer $\overline{T}$ bedeutet das:

$$\overline{T} = E(T) = \frac{1}{\lambda} \ ,$$

und für die Varianz σ^2 erhalten wir daraus

$$\sigma^2 = ET^2 - \overline{T}^2 = \frac{2}{\lambda^2} - \frac{1}{\lambda^2} = \frac{1}{\lambda^2} \ .$$

Eine sehr wichtige Eigenschaft ist die Konstanz der Ausfallrate. Darauf
geht die nächste Folgerung im einzelnen ein:

(1.2) <u>Folgerung</u>: Es sei $T \geq 0$ eine stetige Zufallsgröße. Dann sind folgende Aussagen gleichbedeutend:

1. T ist exponentiell verteilt,

2. die Ausfallrate $\lambda(t)$ ist konstant,

3. für alle $t, x \geq 0$ ist $p(T \geq t + x \, | \, T \geq x) = p(T \geq x)$.

Beweis: Daß 2 aus 1 folgt, haben wir gerade gesehen. Nun sei 2 gegeben,

d.h. $\lambda(t) = \lambda$ für alle t. Dann folgt $R(t) = \exp\left(-\int_0^t \lambda(x)dx\right) = \exp(-\lambda t)$,

also 1.

Sei wieder 1 erfüllt. Dann ist $p(T \geq t + x \mid T \geq t) = \dfrac{R(t+x)}{R(t)} = \dfrac{\exp(-\lambda(t+x))}{\exp(-\lambda t)} =$

$= \exp(-\lambda x) = p(T \geq x)$. Es gilt also 3.

Umgekehrt sei jetzt 3 erfüllt. Dann gilt: $p(T \geq t + x) = p(T \geq t)p(T \geq x)$,
d.h. $R(t + x) = R(t)R(x)$. Damit ist $f(t + x) = R(x)f(t)$ und schließlich
$\lambda(t + x) = f(t + x)/R(t + x) = f(t)/R(t) = \lambda(t)$. Also ist $\lambda(t)$ konstant, d.h.
es ist 2 erfüllt. ●

Die Exponentialverteilung ist anwendbar bei Geräten oder Bauelementen von
gleichbleibender Lebenserwartung; denn die Wahrscheinlichkeit, innerhalb
eines Intervalls $(t, t + x)$ auszufallen, ist unabhängig von t (vorausgesetzt,
bis t hat der Ausfall noch nicht stattgefunden).
Um den Verlauf einer Lebensdauer-Verteilung zu beschreiben, ist es günstig,
ihre Ausfallrate und ihre Ausfalldichte zu betrachten. Die Exponentialverteilung hat konstante Ausfallrate und monoton fallende Ausfalldichte. Wie
aus (1.2) hervorgeht, besitzen alle anderen Lebensdauer-Verteilungen nicht-
konstante Ausfallraten.

2.1.3 Die Bedeutung der Ausfallrate

(1.3) Folgerung: Sei $T \geq 0$ eine stetige Zufallsgröße und $\lambda(t)$ ihre Ausfallrate. Dann gilt
a) $\lambda(t)$ ist genau dann monoton steigend, wenn die Größe $p(T \geq t+x \mid T \geq x)$
   für alle $x \geq 0$ monoton fallend mit t ist,
b) $\lambda(t)$ ist genau dann monoton fallend, wenn die Größe $p(T \geq t+x \mid T \geq x)$ für
   alle $x \geq 0$ monoton steigend mit t ist.

Beweis: 1.) Nach Definition von $\lambda(t)$ gilt:

$$\lambda(t)dt = \frac{p(t \leq T \leq t+dt)}{p(T \geq t)} = \frac{p(T \geq t) - p(T \geq t+dt)}{p(T \geq t)} = 1 - \frac{p(T \geq t+dt)}{p(T \geq t)} =$$

$$= 1 - p(T \geq t+dt \mid T \geq t).$$

Ist also $p(T \geq t+x \mid T \geq t)$ monoton fallend (steigend) in t für alle $x \geq 0$, so
gilt das speziell für $x = dt$. Damit ist dann $\lambda(t)$ monoton steigend (fallend).

2.) Aus $p(T \geq t+x \mid T \geq t) = \dfrac{R(t+x)}{R(t)} = \exp\left(-\int\limits_{t}^{t+x} \lambda(z)\,dz\right)$ folgt: Ist $\lambda(z)$ mo-

noton steigend (fallend), so ist $\exp\left(-\int\limits_{t}^{t+x} \lambda(z)\,dz\right)$ monoton fallend (stei-

gend) in t für alle $x \geq 0$, d.h. $p(T \geq t+x \mid T \geq t)$ ist dann monoton fallend (steigend). $\bullet$

Nun bedeutet die Aussage

"$p(T \geq t+x \mid T \geq t)$ monoton fallend mit t":

Die Wahrscheinlichkeit, daß das betreffende Gerät im Alter t noch um x Zeiteinheiten älter wird, nimmt mit wachsendem t ab, d.h. es treten Verschleißerscheinungen auf. Eine steigende Ausfallrate bedeutet also Verschleiß.

Andererseits bedeutet die Aussage

"$p(T \geq t+x \mid T \geq x)$ monoton steigend mit t":

Die Wahrscheinlichkeit, daß das betreffende Gerät im Alter t noch um x Zeiteinheiten älter wird, nimmt mit wachsendem Alter t zu. Eine fallende Ausfallrate bedeutet also zunehmende Lebenserwartung ("Kinderkrankheiten").

In der Praxis legt man häufig zu Grunde, daß ein Gerät zuerst fallende, dann gleichbleibende und schließlich steigende Ausfallrate aufweist. Man spricht von einer "Badewannenkurve" der Ausfallrate.

2.1.4 Weitere spezielle Lebensdauer-Verteilungen

Wir wollen in diesem Abschnitt noch drei Lebensdauer-Verteilungen betrachten, die neben der Exponentialverteilung Verwendung finden.

1. Die Weibull-Verteilung

Sie ist eine stetige Verteilung mit den Parametern $a > 0$ und $b > 0$. Die Verteilungsfunktion F ist definiert als
$$F(t) = \begin{cases} 0 & \text{für } t < 0, \\ 1 - \exp(-bt^a) & \text{für } t \geq 0. \end{cases}$$

Daraus folgt für Zuverlässigkeitsfunktion $R(t)$, Ausfalldichte $f(t)$ und Ausfallrate $\lambda(t)$: $R(t) = \exp(-bt^a)$ für $t \geq 0$, $f(t) = abt^{a-1}\exp(-bt^a)$ für $t \geq 0$, $\lambda(t) = abt^{a-1}$ für $t \geq 0$.

Für den speziellen Wert a = 1 ist die Weibull-Verteilung eine Exponentialverteilung mit dem Parameter λ = b. Ist a > 1, so ist die Ausfallrate monoton steigend, ist a < 1, so ist die Ausfallrate monoton fallend.
Weibull-Verteilungen können also Verwendung finden zur Beschreibung von
Verschleiß-Erscheinungen als auch zur Beschreibung von "Kinderkrankheiten".
Die Dichte nimmt im Fall a > 1 bei $t_0 = [(a - 1)/ab]^{1/a}$ ihr Maximum an,
ist bis t_0 monoton steigend und nach t_0 monoton fallend. Im Fall a < 1 ist
sie monoton fallend.

2. Die Lognormal-Verteilung

Eine stetige Zufallsgröße $T \geq 0$ heißt logarithmisch normalverteilt mit den
Parametern μ (reelle Zahl) und $\sigma > 0$, wenn ihre Dichte f(t) definiert ist

$$\text{als } f(t) = \begin{cases} 0 & \text{für} \quad t \leq 0, \\[2ex] \dfrac{1}{\sqrt{2\pi}\,\sigma t} \exp\left(-\dfrac{(\ln t - \mu)^2}{2\sigma^2}\right) & \text{für} \quad t > 0. \end{cases}$$

Der Name "Lognormal-Verteilung" oder "logarithmische Normalverteilung"
rührt daher, daß der Logarithmus ln T von T in diesem Fall eine Gaußsche
Normalverteilung besitzt (die wir hier nicht behandeln wollen. Literatur:
Bücher der Wahrscheinlichkeitsrechnung oder mathematischen Statistik).

Die mittlere Lebensdauer $\overline{T}$ ist $\overline{T} = \exp\left(\mu + \dfrac{\sigma^2}{2}\right)$. Die Dichte f(t) besitzt

ein Maximum bei $t_0 = e^\mu$. (Weitere Einzelheiten zur Lognormal-Verteilung
s. bei Störmer [35] und Barlow/Proschan [2].)

3. Die Erlang-Verteilung

Eine stetige Verteilung heißt Erlang-Verteilung mit den Parametern k und
α (k natürliche Zahl, $\alpha > 0$), wenn die Funktion R(t) die Gestalt hat

$$R(t) = e^{-\alpha t} \sum_{i=0}^{k-1} \frac{(\alpha t)^i}{i!} \; .$$

Die Dichte f(t) erhält man daraus als $f(t) = -\dfrac{dR(t)}{dt} = \alpha \dfrac{(\alpha t)^{k-1}}{(k-1)!} e^{-\alpha t}$.

Die Ausfallrate $\lambda(t)$ ist $\lambda(t) = \dfrac{f(t)}{R(t)} = \dfrac{\alpha \dfrac{(\alpha t)^{k-1}}{(k-1)!}}{\displaystyle\sum_{i=0}^{k-1} \dfrac{(\alpha t)^i}{i!}} \; .$

Für $k = 1$ stimmt die Erlang-Verteilung mit der Exponentialverteilung mit Parameter $\lambda = \alpha$ überein. Für $k > 1$ ist die Ausfallrate monoton steigend, und es ist $\lambda(t) < \alpha$ für alle $t > 0$. Für $k > 1$ besitzt die Ausfalldichte genau ein Maximum, und zwar an der Stelle $t_0 = (k - 1)/\alpha$.

Die Erlang-Verteilung ist ein Spezialfall der sogenannten Gamma-Verteilung. (Dabei kann der Parameter k irgendeine reelle Zahl > 0 sein. An Stelle der Fakultät kommt dann die Gammafunktion vor.)

Anwendung findet die Erlang-Verteilung bei dem Modell der <u>kalten Reserve</u>: Es liegen k Bauteile vor, deren Lebensdauern T_i exponentiell verteilt sind mit den Ausfallraten α, $(i = 1, 2, \ldots, k)$. Das i-te Bauteil kann nicht ausfallen, solange noch die ersten $i-1$ intakt sind. Dann bezeichnet $T = T_1 + T_2 + \ldots + T_k$ den Zeitpunkt, zu dem das letzte der k Bauteile ausfällt. Die Verteilung von T ist nun eine Erlang-Verteilung mit den Parametern k und α. Das zeigt die nächste Folgerung:

(1.4) <u>Folgerung:</u> Seien $T_1, T_2, \ldots, T_k$ unabhängige nichtnegative Zufallsgrößen mit den Verteilungsfunktionen $F_{T_i}(t) = 1 - e^{-\alpha t}$ $(i = 1, 2, \ldots, k)$. Dann besitzt $T := T_1 + T_2 + T_k$ als Verteilung die Erlang-Verteilung mit den Parametern k und α, d.h.

$$F_T(t) = 1 - e^{-\alpha t} \sum_{i=0}^{k-1} \frac{(\alpha t)^i}{i!}.$$

<u>Beweis:</u> Für $k = 1$ ist $T = T_1$, also $F_T(t) = 1 - e^{-\alpha t} = 1 - e^{-\alpha t} \sum_{i=0}^{0} \frac{(\alpha t)^i}{i!}$.

Für $k > 1$ führen wir den Beweis mit Hilfe vollständiger Induktion: Die Verteilung von $T_0 := T_1 + T_2 + \ldots + T_{k-1}$ ist nach Induktionsannahme

$$F_{T_0}(t) = 1 - e^{-\alpha t} \sum_{i=0}^{k-2} \frac{(\alpha t)^i}{i!}.$$ Aus $T = T_0 + T_k$ folgt weiter: $1 - F_T(t) = p(T_0 + T_k > t)$. Nun ist T genau dann größer als t, wenn gilt: Entweder ist $T_k > t$ oder es existiert ein x mit $0 \le x \le t$ und $T_k = x$ und $T_0 > t - x$,

also $$1 - F_T(t) = 1 - F_{T_k}(t) + \int_0^t f_k(x)(1 - F_{T_0}(t-x))\,dx,$$

$$\left(f_k(x) := \frac{dF_{T_k}(x)}{dx} = \alpha e^{-\alpha x} \right).$$

Das läßt sich umformen zu

$$1 - F_T(t) = e^{-\alpha t} + \int_0^t f_k(t-x)(1 - F_{T_0}(x))\,dx =$$

$$= e^{-\alpha t} + \int_0^t \alpha e^{-\alpha(t-x)} e^{-\alpha x} \sum_{i=0}^{k-2} \frac{(\alpha x)^i}{i!}\,dx =$$

$$= e^{-\alpha t} + \alpha e^{-\alpha t} \sum_{i=0}^{k-2} \frac{\alpha^i x^{i+1}}{(i+1)!} = e^{-\alpha t} \sum_{i=0}^{k-1} \frac{(\alpha x)^i}{i!} .$$

Da sich also eine Erlang-verteilte Größe T deuten läßt als Summe von k (voneinander unabhängigen) exponentiell verteilten Größen T_i mit dem Parameter α, kann man leicht den Erwartungswert $\overline{T}$ und die Varianz σ^2 von T ermitteln: Es ist $\overline{T} = \sum_{i=1}^{k} E(T_i) = k \cdot \frac{1}{\alpha}$ und $\sigma^2 = \sum_{i=1}^{k} E(T_i - \overline{T}_i)^2 = k \cdot \frac{1}{\alpha^2}$.

In Abschnitt 2.2.4 wird gezeigt, welcher Zusammenhang besteht zwischen der (stetigen) Erlang-Verteilung und der (diskreten) Poisson-Verteilung.

2.2 Diskrete Verteilungen mit Anwendungen in der Zuverlässigkeitsrechnung

2.2.1 Die Null-Eins-Verteilung

Wenn eine Zufallsgröße gegeben ist, die nur zwei Werte annehmen kann, so spricht man von einer Zwei-Punkt-Verteilung. Die Null-Eins-Verteilung ist eine spezielle Zwei-Punkt-Verteilung, und zwar für den Fall, daß die beiden möglichen Werte 0 und 1 sind.

Es sei X eine Zufallsgröße vom diskreten Typ mit $p(X = 1) = p$ und $p(X = 0) = q = 1 - p$. Dann heißt die Verteilung von X Null-Eins-Verteilung mit dem Parameter p.

Zufallsgrößen, die diese Verteilung besitzen, sind die sogenannten Indikatorfunktionen (s. Abschn.3.2.1). Dabei ist p die Wahrscheinlichkeit für ein Ereignis E. $p = p(E)$.

Erwartungswert $\overline{X}$ und Varianz σ_X^2 einer Null-Eins-Verteilung erhält man folgendermaßen:

$$\overline{X} = 1 \cdot p + 0 \cdot q = p;$$
$$\sigma_X^2 = (1 - p)^2 p + (0 - p)^2 q = q^2 p + p^2 q = pq(q + p) = pq.$$

Die Beziehung $\overline{X} = p$ zeigt, wie man jede Wahrscheinlichkeit $p = p(E)$ als Erwartungswert einer Zufallsgröße deuten kann (vergl. auch Abschn. 1.4). Die Null-Eins-Verteilung mit dem Parameter p ist ein (sehr einfacher) Spezialfall einer Binomialverteilung, nämlich der Binomialverteilung mit den Parametern p und n = 1 (s. Abschn. 2.2.2).

2.2.2 Die Binomialverteilung

Es sei eine Summe von n voneinander unabhängigen Zufallsgrößen $X_1, X_2, \ldots, X_n$ gegeben: $X = X_1 + X_2 + \ldots + X_n$. Jede der Zufallsgrößen X_i besitze eine Null-Eins-Verteilung mit dem Parameter p. Dann heißt die Verteilung von X <u>Binomialverteilung</u> mit den Parametern p und n (oder auch Bernoulli-Verteilung).

Die Einzelwahrscheinlichkeiten einer Binomialverteilung mit den Parametern p und n sind $p(X = k) = \binom{n}{k} p^k (1 - p)^{n-k}$, $(k = 0, 1, 2, \ldots, n)$.

Für k = 0 hat man z.B. $p(X = 0) = p(X_1 = 0) p(X_2 = 0) \ldots p(X_n = 0) = (1 - p)^n$. Für $k > 0$ kann man die obige Beziehung durch vollständige Induktion beweisen.

Die Ausdrücke $\binom{n}{k}$ heißen <u>Binomial-Koeffizienten.</u> Man berechnet sie auf Grund der folgenden Beziehungen:

$$\binom{n}{0} = 1 \quad \text{für} \quad n > 0,$$

$$\binom{n}{k} = \frac{n!}{k!(n-k)!} \quad \text{für} \quad 0 \leq k \leq n,$$

$$\binom{n}{k} = \frac{n-k+1}{k} \binom{n}{k-1}, \quad 0 < k \leq n,$$

$$\binom{n}{k} = \frac{n(n-1)(n-2)\ldots(n-k+1)}{1 \cdot 2 \cdot 3 \ldots \cdot k}.$$ (In diesem Ausdruck enthalten Zähler und Nenner gleich viele Faktoren).

Den <u>Erwartungswert</u> $\overline{X}$ und die <u>Varianz</u> σ_X^2 einer binomial-verteilten Zufallsgröße erhält man nach Folgerung (1.3.10) aus den entsprechenden Größen der Null-Eins-Verteilung: $\overline{X} = \sum_{i=1}^{n} \overline{X}_i = np$; $\sigma_X^2 = \sum_{i=1}^{n} \sigma_{X_i}^2 = npq = np(1-p)$.

Zum <u>Verlauf</u>: Solange $k < (n+1)p$ ist, ist $p(X = k) > p(X = k - 1)$, also
$p(X = k)$ streng monoton steigend mit k. Für $k > (n + 1)p$ ist $p(X = k) <$
$< p(X = k - 1)$, also $p(X = k)$ streng monoton fallend mit k;

$$\text{denn:} \quad \frac{p(X=k)}{p(X=k-1)} = \frac{\binom{n}{k} p^k (1-p)^{n-k}}{\binom{n}{k-1} p^{k-1} (1-p)^{n-k+1}} = \frac{n-k+1}{k} \cdot \frac{p}{(1-p)} \quad . \text{ Es ist also ge-}$$

nau dann $p(X = k) > p(X = k - 1)$, wenn $(n - k + 1)p > k(1 - p)$, d.h.
$(n + 1)p > k$ ist. Entsprechend ist genau dann $p(X = k) < p(X = k - 1)$,
wenn $(n - k + 1)p < k(1 - p)$, d.h. $(n + 1)p < k$ ist.

<u>Anwendbar</u> ist die Binomialverteilung in dem folgenden Fall: Ein Versuch
wird n-mal unabhängig durchgeführt. Jedesmal interessiert man sich dafür,
ob das Ergebnis E oder $\overline{E}$ auftritt, und die Wahrscheinlichkeit p(E) ist
gleichbleibend p(E) = p. Dann ist X die Anzahl der Versuche mit Ergebnis
E. Man nennt das Ergebnis E auch "Erfolg", so daß also gilt: Die Binomialverteilung beschreibt die Anzahl der erfolgreichen Versuche, wenn Insgesamt n unabhängig durchgeführte Versuche betrachtet werden.
Die Binomialverteilung spielt eine wichtige Rolle in der Wahrscheinlichkeitsrechnung und mathematischen Statistik, z.B. in der statistischen Qualitätskontrolle. Liegt z.B. eine Gesamtheit von N Bauelementen vor und sind M
davon fehlerhaft, so ist - bei zufälligem Herausgreifen eines Elementes -
die Wahrscheinlichkeit, ein fehlerhaftes zu erhalten: p = M/N. Wenn man
n mal ein Element herausgreift (und es danach wieder zurücklegt), so ist
die Anzahl X der beobachteten fehlerhaften Stücke binomial verteilt mit den
Parametern p = M/N und n. Der Erwartungswert von X ist dabei np = nM/N,
d.h. im Mittel wird das Verhältnis Anzahl beobachteter fehlerhafter Stücke:
Anzahl aller geprüften Stücke gleich $\overline{X}/n$ = M/N sein (was man natürlich erwartet).
Wenn der Parameter p unbekannt ist, kann man ihn abschätzen auf Grund
von Beobachtungen: Hat man z.B. bei der Prüfung von n Bauelementen x
fehlerhafte beobachtet, so wird man annehmen, daß $p \approx x/n$ ist. Man sagt:
x/n ist ein Schätzwert für p. Dieser Schätzwert besitzt die Eigenschaft der
"Erwartungstreue", d.h. $E\left(\dfrac{x}{n}\right) = p$, denn: $E\left(\dfrac{x}{n}\right) = \dfrac{1}{n} E(x) = \dfrac{1}{n} np = p$.
Das folgende Beispiel soll zeigen, mit welcher Wahrscheinlichlichkeit eine
"ungefähre Übereinstimmung" zwischen dem wahren Parameter p und dem
Schätzwert m/n vorliegt.

Beispiel: Der wahre Parameter p sei 0,2, die Anzahl durchgeführter Versuche sei a) n = 10, b) n = 50. Die Anzahl von erfolgreichen Versuchen ist die Zufallsgröße X, der beobachtete Wert sei x. Wir betrachten die Wahrscheinlichkeit P dafür, daß X/n und p sich um höchstens 0,02 unterscheiden, also $P = p(- 0,02 \leqslant p - \frac{X}{n} \leqslant 0,02) = p(n(p - 0,02) \leqslant X \leqslant n(p + 0,02)) = p(0,18n \leqslant X \leqslant 0,22n)$.

a) Für n = 10 ist

$$P = p(1,8 \leqslant X \leqslant 2,2) = p(X = 2) = \binom{n}{2} p^2 (1 - p)^{n-2} = \binom{10}{2} 0,2^2 0,8^8 = 0,30$$

b) Für n = 50 ist

$$P = p(9 \leqslant X \leqslant 11) = p(X = 9) + p(X = 10) + p(X = 11) =$$

$$= \binom{50}{9} 0,2^9 0,8^{41} + \binom{50}{10} 0,2^{10} 0,8^{40} + \binom{50}{11} 0,2^{11} 0,8^{39} = 0,40.$$

Die Wahrscheinlichkeit, daß der Schätzwert x/n sich um höchstens 0,02 von dem wahren Parameter p = 0,2 unterscheidet, ist also bei n = 10 Versuchen 0,30, bei n = 50 Versuchen 0,40. $\qquad\qquad \circ$

In der Zuverlässigkeitsrechnung gibt es z.B. die folgenden beiden Anwendungen der Binomialverteilung:

1. Es seien n gleichartige Bauteile gegeben. Ihre Lebensdauer sei exponentiell verteilt mit Parameter λ. Wie wahrscheinlich ist es, daß mindestens k der n Bauteile das Alter t erreichen?

Für ein Bauteil ist die Wahrscheinlichkeit, das Alter t zu erreichen, $p = e^{-\lambda t}$. Die Anzahl X derjenigen Bauteile, die das Alter t erreichen, besitzt eine Binomialverteilung mit den Parametern $p = e^{-\lambda t}$ und n; also ist

$$p(X = i) = \binom{n}{i} (e^{-\lambda t})^i (1 - e^{-\lambda t})^{n-i} \quad (i = 0,1,2,\ldots,n) \text{ und damit } p(X \geq k) =$$

$$= \sum_{i=k}^{n} \binom{n}{i} (e^{-\lambda t})^i (1 - e^{-\lambda t})^{n-i}.$$ Nun seien n = 10 Bauteile gegeben. Der

Zeitpunkt t sei $1/\lambda$ und k = 5. Dann ist $p(X \geq 5) = \sum_{i=5}^{10} \binom{10}{i} (e^{-1})^i \times$

$\times (1 - e^{-1})^{10-i} = 0,29$. Die Wahrscheinlichkeit, daß von 10 Bauteilen mindestens 5 das Alter $1/\lambda$ (= mittlere Lebensdauer eines Bauteils) erreichen, beträgt also 0,29.

2. Es sei ein sogenanntes "m aus n-System" gegeben. Das ist ein System, das aus n gleichartigen, voneinander unabhängigen Komponenten besteht und das genau dann funktionsfähig ist, wenn mindestens m der Komponenten intakt sind. Die Intaktwahrscheinlichkeit einer Komponente sei p. Wie groß ist die Wahrscheinlichkeit für Funktionsfähigkeit des Systems?

Die Anzahl der intakten Komponenten besitzt eine Binomialverteilung mit den Parametern p und n. Damit ist die Wahrscheinlichkeit dafür, daß das System

funktioniert, gleich $p(X \geq m) = \sum_{k=m}^{n} \binom{n}{m} p^m (1 - p)^{n-m}$.

Wenn z.B. m = 3 und n = 4 ist, so ergibt sich: $p(X \geq 3) = \binom{4}{3} p^3 (1 - p) + \binom{4}{4} p^4 = 4p^3 - 3p^4$. Ein solches 3 aus 4-System wählt man, um in einem System aus ursprünglich 3 Komponenten die Zuverlässigkeit zu erhöhen. Immer wenn eine der 3 ursprünglichen Komponenten ausfällt, kann dafür die 4. Komponente eingesetzt werden (sofern sie heil und nicht schon für eine andere eingesprungen ist).

Das System aus nur 3 Komponenten besitzt eine Funktionswahrscheinlichkeit von p^3. Für p = 0,999 erhält man z.B. eine Erhöhung von p^3 = 0,9970 auf $p(X \geq 3)$ = 0,999994.

2.2.3 Die geometrische Verteilung

Die geometrische Verteilung ist durch folgende Einzelwahrscheinlichkeiten definiert: $p(X = k) = (1 - p)p^k$ (k = 0,1,2,...). Für den Parameter p gilt dabei: $0 < p < 1$.

Geht man von einer Reihe gleichartiger, unabhängiger Versuche aus, wobei p = p(E) wieder (wie im Fall der Binomialverteilung, s. 2.2.2) als Erfolgswahrscheinlichkeit bezeichnet wird, so hat X in diesem Fall die Bedeutung: "Anzahl der erfolgreichen Versuche vor dem ersten Mißerfolg ". Für k = 0 ist z.B. $p(X = 0) = 1 - p = p(\overline{E})$, für k > 0 ist $p(X = k) = p \cdot p(X = k - 1)$. Erwartungswert $\overline{X}$ und Varianz σ_X^2 der geometrischen Verteilung erhält man als $\overline{X} = \dfrac{p}{1 - p}$ und $\sigma_X^2 = \dfrac{p}{(1 - p)^2}$.

Für die Verteilungsfunktion kann man einen einfachen Ausdruck angeben:

$$F(k) = 1 - p^{k+1} \text{ für } k = 0,1,2,..., \text{ denn: } F(k) = p(X \leq k) = \sum_{i=0}^{k} p(X = i) =$$

$$= (1 - p) \sum_{i=0}^{k} p^i = 1 - p^{k+1}.$$

Es ist $1 - p^{k+1} = 1 - p$(die ersten k+1 Versuche sind Erfolge) = p (unter den ersten k+1 Versuchen ist ein Mißerfolgt), das ist also die Wahrschein-

lichkeit, daß die Anzahl der erfolgreichen Versuche vor dem ersten Mißerfolg kleiner oder gleich k ist.

Zum __Verlauf__ der Einzelwahrscheinlichkeiten: Es ist $\dfrac{p(X = k)}{p(X = k-1)} = p < 1$,

so daß also $p(X = k)$ streng monoton fallend in Abhängigkeit von k ist.

Die geometrische Verteilung hat folgende charakteristische __Eigenschaft__:
$p(X \geq k + 1 \mid X \geq k) = p(X \geq 1)$ für $k, l > 0$.

$\underline{\text{Beweis:}}\ p(X \geq k + 1 \mid X \geq k) = \dfrac{p(X \geq k+1)}{p(X \geq k)} = \dfrac{1 - F(k+1-1)}{1 - F(k-1)} =$

$$= \frac{p^{k+1}}{p^{k}} = p^{l} = 1 - F(l-1) = p(X \geq 1).\qquad\bullet$$

Diese Eigenschaft stellt das diskrete Analogon dar zu der Eigenschaft der
Exponentialverteilung: $p(T \geq x+y \mid T \geq x) = p(T \geq y)$.

__Anwendung__ findet die geometrische Verteilung z.B. auch in der statistischen Qualitätskontrolle: Ein Kollektiv von Bauteilen möge einen bestimmten Anteil von defekten Bauteilen enthalten. Es sei $q := 1 - p$ die Wahrscheinlichkeit, ein defektes herauszugreifen.

Dann ist $p(X = k) = qp^{k}$ die Wahrscheinlichkeit, daß beim k+1. Ziehen das
defekte Bauteil vorkommt. Im Mittel wird man dann das erste defekte nach
$p/(1 - p)$ Zügen erhalten.

Es sei z.B. $p = 0,9$. Dann folgt:

a) Im Mittel erhält man das erste defekte Bauteil nach $0,9/(1 - 0,9) = 9$
   Zügen.

b) Die Wahrscheinlichkeit, unter 10 gezogenen Bauteilen mindestens 1 defektes zu erhalten, ist $p(X \leq 9) = F(9) = 1 - p^{10} = 0,65$.

Umgekehrt kann man - bei bekanntem Parameter p - ausrechnen, wie viele
Züge mindestens notwendig sind, damit mit einer Wahrscheinlichkeit S ein
defektes Bauteil unter den gezogenen ist.

Der Anteil der nicht defekten Bauteile an allen vorhandenen sei $90\,\%$. Die
Wahrscheinlichkeit S sei $0,95$. Dann folgt: $0,95 = p$ (unter den ersten k
gezogenen Bauteilen ist ein defektes) $= F(k-1) = 1 - p^{k} = 1 - 0,9^{k}$. Daraus
folgt $0,9^{k} = 0,05$ und daraus $k = \log 0,05/(\log 0,9) = 28,4$.

Ist also in der Gesamtheit aller Bauteile jedes 10. defekt, so muß man -
bei rein zufälligem Ziehen - 29 Bauteile prüfen, um mit einer Wahrscheinlichkeit von $0,95$ ein defektes zu erhalten.

(__Vorausgesetzt__ ist hierbei: __Entweder__ "Ziehen mit Zurücklegen", d.h.
sind n Bauteile insgesamt und m defekte Bauteile vorhanden, so ist bei

jedem Ziehen die Wahrscheinlichkeit p = m/n. <u>Oder:</u> Das Kollektiv ist so
groß, daß durch die Entnahme eines Bauteils die Wahrscheinlichkeit p für
die nächsten Züge praktisch unverändert bleibt.)

2.2.4 Die Poisson-Verteilung

Die <u>Poisson-Verteilung</u> ist definiert durch die Einzelwahrscheinlichkeiten

$$p(X = k) = \frac{\mu^k}{k!} \, e^{-\mu} \quad (k = 0,1,2,\ldots).$$

Für den Parameter μ ist dabei $\mu > 0$ vorauszusetzen.
<u>Erwartungswert</u> und <u>Varianz</u> der Poisson-Verteilung sind $\overline{X} = \mu$ und $\sigma_X^2 = \mu$.

Zum <u>Verlauf:</u> Solange $k < \mu$ ist, ist $p(X = k) > p(X = k-1)$, d.h. $p(X = k)$
streng monoton steigend mit wachsendem k. Für $k > \mu$ ist $p(X = k) <$
$p(X = k-1)$, d.h. $p(X = k)$ ist streng monoton fallend mit wachsendem k,
denn

$$\frac{p(X=k)}{p(X=k-1)} = \frac{\mu}{k} \, , \quad \text{also} \quad
\begin{cases}
p(X=k) > p(X=k-1), & \text{falls } \frac{\mu}{k} > 1, \text{ d.h. } k < \mu \\[2mm]
p(X=k) < p(X=k-1), & \text{falls } \frac{\mu}{k} < 1, \text{ d.h. } k > \mu.
\end{cases}$$

Näherungsweise stimmt die Poisson-Verteilung mit einer Binomialverteilung überein. Dabei gilt für die Parameter: n groß, p klein und $np = \mu$.
Daher wird die Poisson-Verteilung auch als "Verteilung seltener Ereignisse" bzeichnet. Eine wichtige Rolle spielt die Poisson-Verteilung in der War-
teschlangen-Theorie sowie bei der Beschreibung des radioaktiven Zerfalls.
In der Zuverlässigkeitstheorie findet sie Verwendung, wenn es um die Anzahl von Ausfällen geht. Zunächst besteht die folgende Beziehung:

(2.1) <u>Folgerung:</u> Es sei X eine Poisson-verteilte diskrete Zufallsgröße
mit dem Parameter αt und T eine Erlang-verteilte Zufallsgröße mit den
Parametern k und α. Dann gilt

$$p(T \le t) = p(X \ge k) = 1 - e^{-\alpha t} \sum_{i=0}^{k-1} \frac{(\alpha t)^i}{i!}$$

<u>Beweis:</u> Nach Abschnitt 2.1.4 ist $p(T \le t) = 1 - e^{-\alpha t} \sum\limits_{i=0}^{k-1} \dfrac{(\alpha t)^i}{i!}$. Anderer-

seits ist $p(X \ge k) = 1 - p(X \le k-1) = 1 - \sum\limits_{i=0}^{k-1} e^{-\alpha t} \dfrac{(\alpha t)^i}{i!}$. ●

Wir erinnern uns nun daran, daß eine Erlang-verteilte Größe (Parameter
k und α) gedeutet werden kann als k-fache Summe von exponentiell verteilten Größen (Parameter α). Damit können wir folgendes Modell behandeln: Es wird ein Bauteil mit exponentiell verteilter Lebensdauer (Ausfallrate λ) betrachtet. Nach einem Ausfall wird es sofort durch ein heiles
gleichartiges Bauteil ersetzt, dieses nach einem Ausfall ebenfalls usw.
Nun bezeichne X die Anzahl solcher Ausfälle bis zum Zeitpunkt t.

Die Verteilung von X ist dann eine Poisson-Verteilung mit dem Parameter

$$\mu = \lambda t, \text{ also } p(X = k) = p(k \text{ Ausfälle bis zum Zeitpunkt } t) = \frac{(\lambda t)^k}{k!} \, e^{-\lambda t}.$$

Ein Zusammenhang besteht auch zur Erneuerungstheorie: Jeden Ausfall
kann man als Erneuerung in einem einfachen Erneuerungsprozeß sehen.
Der Erneuerungsprozeß ist ein Poisson-Prozeß (vergl. Def. (1.6.4)).
In Übereinstimmung mit der Folgerung (1.6.5) gilt nun: Die mittlere An-
zahl von Ausfällen während $(0,t)$ ist $\overline{X} = \lambda t$. Damit erhält der Parameter
λ einer Exponentialverteilung die anschauliche Bedeutung:
λ = mittlere Anzahl von Ausfällen pro Zeiteinheit.
Beobachtet man insgesamt n Elemente, von denen jedes bei einem Ausfall
sofort durch ein heiles ersetzt wird, so ist $n \lambda t$ die mittlere Gesamtzahl
von Ausfällen während $(0,t)$.
Diese Beziehung kann man dazu benutzen, um für eine Bauteile-Art einen
Schätzwert ihrer Ausfallrate λ zu erhalten: Eine Gruppe von n Bauelementen wird während der Zeit $(0,t)$ beobachtet. Es wird die Anzahl der
Ausfälle gezählt und jedes ausgefallene Bauteil sofort durch ein heiles ersetzt. Wenn m die Anzahl von Ausfällen in $(0,t)$ ist, so gilt: $\overline{m} = n \lambda t$,
also $\lambda = \dfrac{m}{nt}$. Man kann also m/nt als Schätzwert für λ verwenden. Dieser
Schätzwert ist erwartungstreu.

Die Poisson-Verteilung spielt noch eine Rolle bei der Lagerhaltung, d.h.
wenn es darum geht, zu einer vorgegebenen Anzahl gleichartiger Bauteile
ein geeignet großes Lager von Reserve-Bauteilen anzulegen.

2.3 Das Verhalten einer reparierbaren Einheit

Während das Verhalten eines technischen Gerätes ohne Reparaturen sich
allein durch seine Lebensdauer-Verteilung beschreiben läßt, wird bei einem

Gerät mit Reparaturen die Zuverlässigkeit zusätzlich durch die Art und
Dauer der Instandhaltungsmaßnahmen beeinflußt. Bezüglich der Reparaturen kann man entweder voraussetzen, daß sie jeweils konstante Zeit erfordern oder daß die Reparaturzeiten - so wie die Lebensdauern - irgendeiner Wahrscheinlichkeitsverteilung genügen. Mit dem Ausdruck "Reparaturzeit" soll hier die jeweilige Ausfalldauer gemeint sein. Sie umfaßt also die
Zeit für Fehlersuche, Wegezeit des Reparaturpersonals, des Reparieren
oder Auswechseln usw.

Wenn von einer reparierbaren "Einheit" die Rede ist, so soll das hier folgendes bedeuten:

a) Nach jeder Reparatur ist das betrachtete Gerät in dem gleichen Zustand
   (z.B. neuwertig). Nach jeder Reparatur genügt also die Intaktzeit (= Ausfallabstand) ein und derselben Verteilung.

b) Nach jedem Ausfall genügt die Reparaturzeit ein und derselben Verteilung
   (evtl. gleichbleibende Konstante).

2.3.1 Konstante Reparaturzeiten

In diesem Abschnitt wollen wir folgenden alternierenden Prozeß betrachten:

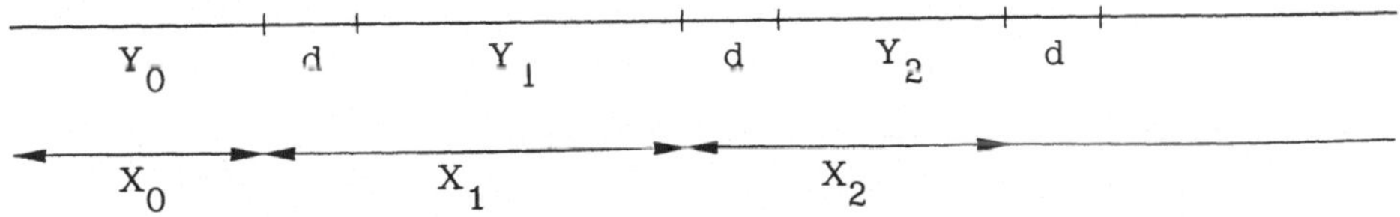

Es seien $Y_0, Y_1, Y_2, \ldots$ nichtnegative, stetige, unabhängige Zufallsgrößen,
wobei $F_Y = F_{Y_i}$ für $i = 1,2,3,\ldots$ vorausgesetzt wird. d sei eine Konstante. Dazu wird die Folge $X_0, X_1, X_2, \ldots$ definiert als
$X_0 := Y_0$, $X_i := d + Y_i$ für $i = 1,2,\ldots$
Dann gehört zu $X_0, X_1, X_2, \ldots$ ein allgemeiner Erneuerungsprozeß. Wenn
die Y_i die Intaktzeiten einer Einheit bedeuten und d die Reparaturdauer,
so haben die Erneuerungen zu $X_0, X_1, X_2, \ldots$ die Bedeutung: Ausfälle der
betrachteten Einheit. Die zugehörige Erneuerungsfunktion $H(t)$ gibt die
mittlere Anzahl von Ausfällen während $(0,t]$ an.

(3.1) <u>Folgerung</u>: Es sei $F_Y := F_{Y_i}$ die Verteilungsfunktion der Y_i für
$i = 1,2,3,\ldots$ und $F_X := F_{X_i}$ die Verteilungsfunktion der X_i für $i = 1,2,\ldots$

Ferner sei $H(t)$ die zu $X_0, X_1, X_2, \ldots$ gehörende Erneuerungsfunktion.
Dann gilt

a) $H^*(s) = \dfrac{F^*_{Y_0}(s)}{1 - se^{-sd}F^*_Y(s)}$;

b) bezeichnet u den Erwartungswert $u = EY_i$ $(i = 1,2,\ldots)$, so gilt für

jedes $x > 0$ die asymptotische Eigenschaft $\lim\limits_{t \to \infty} (H(t+x) - H(t)) = \dfrac{x}{u+d}$;

c) existiert die Erneuerungsdichte $h(t)$, so ist $\lim\limits_{t \to \infty} h(t) = \dfrac{1}{u+d}$.

Beweis: Für $i = 1,2,\ldots$ ist $F_{X_i}(t) = p(X_i \leq t) = p(Y_i + d \leq t) = p(Y_i \leq t-d)$.
Für $t \leq d$ ist damit $F_{X_i}(t) = 0$; für $t \geq d$ ist $F_{X_i}(t) = F_{Y_i}(t-d)$. Die Laplace-Transformierte $F^*_{X_i}(s)$ erhält man aus der Definition:

$$F^*_{X_i}(s) = \int\limits_0^\infty e^{-st}F_{X_i}(t)dt = \int\limits_d^\infty e^{-st}F_{X_i}(t)dt = \int\limits_d^\infty e^{-st}F_{Y_i}(t-d)dt =$$

$$= \int\limits_0^\infty e^{-s(x+d)}F_{Y_i}(x)dx = e^{-sd}F^*_{Y_i}(s).$$

Nach 1.6.3 ist $H^*(s) = \dfrac{F^*_{X_0}(s)}{1 - sF^*_X(s)}$, also $H^*(s) = \dfrac{F^*_{Y_0}(s)}{1 - se^{-sd}F^*_Y(s)}$.

Nach 1.6.8 gilt weiter $\lim\limits_{t \to \infty} (H(t+x) - H(t)) = \dfrac{x}{EX_1}$ und $\lim\limits_{t \to \infty} h(t) = \dfrac{1}{EX_1}$.

Aus $EX_1 = d + EY_1 = d + u$ folgen also b) und c). ●

Es bezeichne $a(t)$ die Verfügbarkeit der betrachteten Einheit und $\bar{a}(t)$ ihre
Nichtverfügbarkeit, d.h. $a(t) := p($die Einheit ist intakt zum Zeitpunkt t$)$
und $\bar{a}(t) := 1 - a(t)$. Die Einheit ist genau dann nicht intakt zum Zeitpunkt
t, wenn während $(t-d,t)$ ein Ausfall stattgefunden hat, d.h. wenn die Anzahl $N(t-d)$ der Ausfälle bis t-d um 1 kleiner ist als die Anzahl $N(t)$ der
Ausfälle bis t, d.h. $\bar{a}(t) = p(N(t) - N(t-d) = 1) = EN(t) - EN(t-d) =$
$= H(t) - H(t-d)$ (für $t > d$).

(3.2) <u>Folgerung:</u> Für die Verfügbarkeit $a(t)$ existiert der Grenzwert $\lim_{t \to \infty} a(t)$, und es gilt: $\lim_{t \to \infty} a(t) = \dfrac{u}{u+d}$.

<u>Beweis:</u> Für $t > d$ ist $\bar{a}(t) = H(t) - H(t-d)$, also folgt nach (3.1.b):
$\lim_{t \to \infty} \bar{a}(t) = \lim_{t \to \infty} (H(t) - H(t-d)) = \dfrac{d}{u+d}$. Damit ist $\lim_{t \to \infty} a(t) = 1 - \dfrac{d}{u+d} =$

$= \dfrac{u}{u+d}$. ●

Wir werden die Buchstaben u (für mittlere Intaktzeit), d (für konstante oder mittlere Reparaturzeit) und a (für Verfügbarkeit) noch häufig benutzen. Sie stammen von den englischen Ausdrücken "up time", "down time" und "availability" (= Verfügbarkeit).

Im folgenden Abschnitt werden wir sehen, daß die asymptotischen Aussagen der Folgerungen (3.1.b und c) und (3.2) auch Gültigkeit haben, wenn die Reparaturzeiten nicht konstant sind sondern Zufallsgrößen $Z_0, Z_1, Z_2, \ldots$, die einen allgemeinen Erneuerungsprozeß definieren.

2.3.2 Alternierende Erneuerungsprozesse

In diesem Abschnitt wird die Reparaturzeit als nicht konstant angenommen, und wir betrachten folgendes Modell eines alternierenden <u>Erneuerungspro-</u><u>zesses:</u> Die Zufallsgrößen $Y_0, Y_1, Y_2, \ldots, Z_0, Z_1, Z_2, \ldots$ seien nichtnegativ, stetig und voneinander unabhängig. Die Folge $Y_0, Y_1, Y_2, \ldots$ soll einen allgemeinen Erneuerungsprozeß definieren mit $F_Y := F_{Y_i}$ für $i = 1, 2, \ldots$, ebenso die Folge $Z_0, Z_1, Z_2, \ldots$ mit $F_Z := F_{Z_i}$ für $i = 1, 2, \ldots$. Dazu betrachten wir die Folge $X_0, X_1, X_2, \ldots$, in der die X_i definiert sind als $X_i = Y_i + Z_i$ für alle $i \geq 1$ oder $X_i = Z_i + Y_{i+1}$ für alle $i \geq 1$. X_0 sei nichtnegativ.

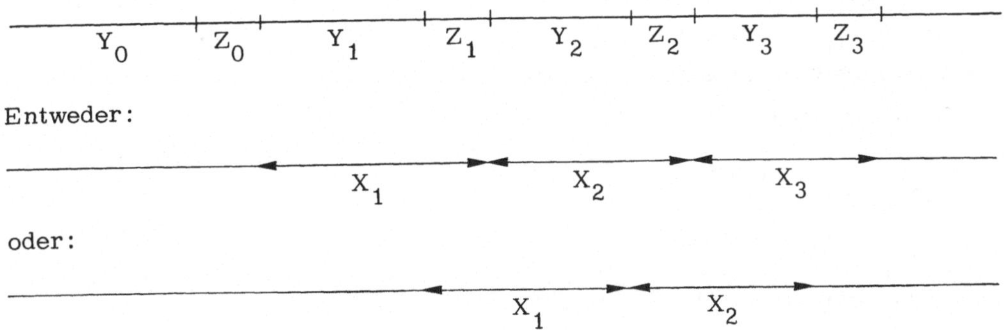

Entweder:

oder:

Dann definiert die Folge $X_0, X_1, X_2, \ldots$ auch einen allgemeinen Erneuerungsprozeß mit $F_X := F_{X_i}$ für $i \geq 1$.

Unter den Y_i wollen wir uns die Intaktzeiten eines Gerätes vorstellen, unter den Z_i die Reparaturzeiten. Dann sind die zu $X_0, X_1, X_2, \ldots$ gehörenden Erneuerungen entweder die Ereignisse "Beendigung einer Reparatur" (falls $X_i = Y_i + Z_i$) oder "Ausfall des Gerätes" (falls $X_i = Z_i + Y_{i+1}$).

Die Verteilungsfunktion F_X der X_i $(i \geq 1)$ ist gegeben durch die Verteilungsfunktionen F_Y und F_Z: Sind f_Y und f_Z die zugehörigen Dichten, so

$$\text{ist } F_X(t) = p(X_i \leq t) = p(Y_i + Z_i \leq t) = p(Z_i + Y_{i+1} \leq t) = \int_0^t f_Y(x) F_Z(t-x)\,dx.$$

Damit ist für die Laplace-Transformierten $F_X^*(s) = f_Y^*(s) F_Z^*(s) = \frac{1}{s} f_Y^*(s) f_Z^*(s)$.

Bei den betrachteten Folgen $X_0, X_1, X_2, \ldots$ sind zwei Fälle zu unterscheiden:

1. Der Anfangszustand ist eindeutig vorgegeben.

2. Mit der Wahrscheinlichkeit p_1 liegt bei $t = 0$ der Zustand "intakt" vor, mit der Wahrscheinlichkeit $p_0 = 1 - p_1$ der Zustand "ausgefallen" (d.h. die Einheit wird repariert).

Wir werden in diesem Abschnitt den 1. Fall betrachten und im nächsten Abschnitt auf den 2. Fall eingehen, der insbesondere zur Definition stationärer alternierender Prozesse benötigt wird.

(3.3) <u>Folgerung:</u> Die Folgen $Y_0, Y_1, Y_2, \ldots$ und $Z_0, Z_1, Z_2, \ldots$ von stetigen Zufallsgrößen mögen je einen allgemeinen Erneuerungsprozeß definieren. Es sei $F_Y := F_{Y_i}$, $F_Z := F_{Z_i}$, $u := EY_i$ und $d := EZ_i$ für

$i = 1, 2, 3, \ldots$

Ferner sei $X_0, X_1, X_2, \ldots$ eine Folge mit

$X_i = Y_i + Z_i$ für alle $i \geq 1$ oder

$X_i = Z_i + Y_{i+1}$ für alle $i \geq 1$.

$H(t)$ sei die Erneuerungsfunktion zu $X_0, X_1, X_2, \ldots$ und $h(t)$ die Erneuerungsdichte. Dann gilt:

a) $H^*(s) = \dfrac{F_{X_0}^*(s)}{1 - f_Y^*(s) f_Z^*(s)}$,

b) $\lim\limits_{t \to \infty} (H(t+x) - H(t)) = \dfrac{x}{u+d}$ für alle $x > 0$,

c) $\lim\limits_{t \to \infty} \dfrac{H(t)}{t} = \dfrac{1}{u + d}$,

d) $\lim\limits_{t \to \infty} h(t) = \dfrac{1}{u + d}$.

__Beweis__: Nach der Folgerung (1.6.3) ist $H^*(s) = \dfrac{F^*_{X_0}(s)}{1 - sF^*_X(s)}$. Da $F^*_X(s) =$

$= \dfrac{1}{s} f^*_Y(s) f^*_Z(s)$ ist, folgt daraus die Behauptung a). Aus $EX_i = EY_i + EZ_i =$
$= u + d$ $(i \geq 1)$ folgen b), c) und d) nach Satz (1.6.8). $\qquad\bullet$

Wir betrachten nun zuerst den Fall, daß __zum Zeitpunkt t = 0 die Einheit in-__
__takt__ ist und daß die Reparaturzeit nach dem ersten Ausfall Z_0 wie die übrigen Reparaturzeiten die Verteilung F_Z besitzt. Wir interessieren uns für
die mittlere Anzahl $H(t)$ von Ausfällen bis t,
die mittlere Anzahl $\widetilde{H}(t)$ von Reparaturen bis t,
die Verfügbarkeit $a(t)$ der Einheit.

(3.4) __Folgerung:__ Die Folge $X_0, X_1, X_2, \ldots$ mit $X_0 = Y_0$, $X_i = Z_{i-1} + Y_i$
für $i \geq 1$ definiert einen alternierenden Erneuerungsprozeß. Es sei $F_{Z_0} = F_Z$.
Dann gilt

a) $\widetilde{H}^*(s) = H^*(s) f^*_Z(s)$,

b) $\lim\limits_{t \to \infty} (\widetilde{H}(t+x) - \widetilde{H}(t)) = \lim\limits_{t \to \infty} (H(t+x) - H(t)) = \dfrac{x}{u + d}$ für alle $x > 0$,

c) $\lim\limits_{t \to \infty} \dfrac{\widetilde{H}(t)}{t} = \lim\limits_{t \to \infty} \dfrac{H(t)}{t} = \lim\limits_{t \to \infty} \widetilde{h}(t) = \lim\limits_{t \to \infty} h(t) = \dfrac{1}{u + d}$,

d) $a(t) = 1 - H(t) + \widetilde{H}(t)$,

e) $\lim\limits_{t \to \infty} a(t) = \dfrac{u}{u + d}$.

Beweis: $H(t)$ ist die Erneuerungsfunktion zur Folge $X_0, X_1, X_2, \ldots$, also

gilt nach (3.3) $H^*(s) = \dfrac{F^*_{Y_0}(s)}{1 - f^*_Y(s) f^*_Z(s)}$.

$\widetilde{H}(t)$ ist die Erneuerungsfunktion zu der Folge $Y_0 + Z_0,\ Y_1 + Z_1, Y_2 + Z_2, \ldots$

Daraus ergibt sich $\widetilde{H}^*(s) = \dfrac{F^*_{Y_0}(s) f^*_Z(s)}{1 - f^*_Y(s) f^*_Z(s)} = H^*(s) f^*_Z(s)$, das ist a).

b) und c) ergeben sich aus der Folgerung (3.3).

Die Einheit ist genau dann ausgefallen zum Zeitpunkt t, wenn die Anzahl $N(t)$ der Ausfälle bis t um 1 größer ist als die Anzahl $\tilde{N}(t)$ der Reparaturen bis t, also $\bar{a}(t) = p(N(t) - \tilde{N}(t) = 1) = E(N(t) - \tilde{N}(t)) = H(t) - \tilde{H}(t)$, also $a(t) = 1 - H(t) + \tilde{H}(t)$, das ist d). Nach b) und d) existiert der Grenzwert $\lim_{t \to \infty} a(t)$. Damit ist $\lim_{t \to \infty} a(t) = \lim_{s \to 0} sa^*(s)$. Nun ist $\lim_{s \to 0} s\bar{a}^*(s) =$

$$= \lim_{s \to 0} s(H^*(s) - \tilde{H}^*(s)) = \lim_{s \to 0} sH^*(s)(1 - f_Z^*(s)). \text{ Wegen } \frac{1 - f_Z^*(s)}{s} =$$

$$= R_Z^*(s) \text{ und } \lim_{s \to 0} R_Z^*(s) = d \text{ folgt } \lim_{t \to \infty} \bar{a}(t) = \lim_{s \to 0} s^2 H^*(s) R_Z^*(s) =$$

$$= d \lim_{t \to \infty} h(t) = \frac{d}{u + d} \text{ , also } \lim_{t \to \infty} a(t) = \frac{u}{u + d} \text{ .} \qquad \bullet$$

Wir wollen nun voraussetzen, daß Intaktzeiten und Reparaturzeiten <u>exponentiell verteilt</u> sind: Es sei $F_{Y_0}(t) = F_Y(t) = 1 - e^{-\lambda t}$ und $F_Z(t) = 1 - e^{-\rho t}$ (λ, ρ Parameter > 0).

Die Größe ρ heißt - in Analogie zur Ausfallrate λ - auch <u>Reparaturrate.</u> Mit der mittleren Reparaturzeit d besteht der Zusammenhang $d = 1/\rho$. Nach Abschnitt 1.5 gilt für die Laplace-Transformierten der Dichten f_Y und f_Z: $f_Y^*(s) = \frac{\lambda}{\lambda + s}$ und $f_Z^*(s) = \frac{\rho}{\rho + s}$. Dann folgt also

$$H^*(s) = \frac{F_Y^*(s)}{1 - f_Y^*(s)f_Z^*(s)} = \frac{\frac{\lambda}{\lambda + s}}{s\left(1 - \frac{\lambda}{\lambda + s}\frac{\rho}{\rho + s}\right)} = \frac{\lambda(\rho + s)}{s^2(\lambda + \rho + s)} \text{ und daraus}$$

$$h^*(s) = \frac{\lambda(\rho + s)}{s(\lambda + \rho + s)} = \lambda\left(\frac{1}{\lambda + \rho + s} + \frac{\rho}{\lambda + \rho}\left(\frac{1}{s} - \frac{1}{\lambda + \rho + s}\right)\right) =$$

$$= \lambda\left(\frac{\rho}{\lambda + \rho}\frac{1}{s} + \frac{\lambda}{\lambda + \rho}\frac{1}{\lambda + \rho + s}\right) \text{ , also } h(t) = \frac{\lambda}{\lambda + \rho}(\rho + \lambda e^{-(\lambda + \rho)t}) \text{ und } H(t) =$$

$$= \frac{\lambda}{\lambda + \rho}\left(\rho t + \frac{\lambda}{\lambda + \rho}(1 - e^{-(\lambda + \rho)t})\right).$$

Das ist also die mittlere Anzahl von Ausfällen bis t. Man erkennt, daß für großes t die Größen $H(t)/t$ und $h(t)$ gegen $\lambda\rho/(\lambda + \rho)$ streben; das ist $1/(u+d)$.

Nach (3.4.a) gilt weiter: $\tilde{H}^*(s) = H^*(s)f_Z^*(s) = \frac{\rho}{\rho + s}\frac{\lambda(\rho + s)}{s^2(\lambda + \rho + s)} = \frac{\lambda\rho}{s^2(\lambda + \rho + s)}$,

also $\tilde{h}^*(s) = \frac{\lambda\rho}{\lambda + \rho}\left(\frac{1}{s} - \frac{1}{\lambda + \rho + s}\right)$, damit $\tilde{h}(t) = \frac{\lambda\rho}{\lambda + \rho}(1 - e^{-(\lambda + \rho)t})$ und damit

$\tilde{H}(t) = \frac{\lambda\rho}{\lambda + \rho}\left(t - \frac{1}{\lambda + \rho}(1 - e^{-(\lambda + \rho)t})\right)$. Das ist die mittlere Anzahl von Reparaturen bis t.

Zur Bestimmung der Verfügbarkeit verwenden wir nun (3.4.d): Es ist

$$H(t) - \widetilde{H}(t) = \frac{\lambda}{(\lambda+\rho)^2}(\lambda(1-e^{-(\lambda+\rho)t}) + \rho(1-e^{-(\lambda+\rho)t})) = \frac{\lambda}{\lambda+\rho}(1-e^{-(\lambda+\rho)t}),$$

also $a(t) = 1 - H(t) + \widetilde{H}(t) = 1 - \frac{\lambda}{\lambda+\rho}(1-e^{-(\lambda+\rho)t})$, $\quad a(t) = \frac{\rho}{\lambda+\rho} + \frac{\lambda}{\lambda+\rho}e^{-(\lambda+\rho)t}$

Daraus sieht man sofort: $\displaystyle\lim_{t\to\infty} a(t) = \frac{\rho}{\lambda+\rho} = \frac{u}{u+d}$ in Übereinstimmung mit (3.4.e).

Wir kehren zu beliebigen stetigen Verteilungen F_Y, F_Z und F_{Z_0} zurück und betrachten den Fall, daß die Einheit zum Zeitpunkt $\underline{t = 0\ \text{ausgefallen}}$ ist. Wir interessieren uns wieder für

die mittlere Anzahl $H(t)$ von Ausfällen bis t,

die mittlere Anzahl $\widetilde{H}(t)$ von Reparaturen bis t,

die Verfügbarkeit $a(t)$.

Analog zur Folgerung (3.4) gilt dann:

(3.5) <u>Folgerung</u>: Die Folge $X_0, X_1, X_2, \ldots$ mit $X_0 = Z_0$, $X_i = Y_i + Z_i$ ($i \geq 1$) definiere einen alternierenden Erneuerungsprozeß. Dann gilt:

a) $H^*(s) = \widetilde{H}^*(s)f_Y^*(s)$,

b) $\displaystyle\lim_{t\to\infty}(H(t+x) - H(t)) = \lim_{t\to\infty}(\widetilde{H}(t+x) - \widetilde{H}(t)) = \frac{x}{u+d}$,

c) $\displaystyle\lim_{t\to\infty}\frac{H(t)}{t} = \lim_{t\to\infty}h(t) = \lim_{t\to\infty}\frac{\widetilde{H}(t)}{t} = \lim_{t\to\infty}\widetilde{h}(t) = \frac{1}{u+d}$,

d) $a(t) = \widetilde{H}(t) - H(t)$,

e) $\displaystyle\lim_{t\to\infty}a(t) = \frac{u}{u+d}$.

<u>Beweis:</u> Zur Folge $X_0 = Z_0$, $X_1 = Y_1 + Z_1$, $X_2 = Y_2 + Z_2, \ldots$ gehört die Erneuerungsfunktion $\widetilde{H}(t)$, zur Folge $X_0 = Z_0 + Y_1$, $X_1 = Z_1 + Y_2$, $X_2 = Z_2 + Y_2, \ldots$ die Erneuerungsfunktion $H(t)$. Damit ist

$$\widetilde{H}^*(s) = \frac{F_{Z_0}^*(s)}{1 - f_Y^*(s)f_Z^*(s)} \quad \text{und} \quad H^*(s) = \frac{F_{Z_0}^*(s)f_Y^*(s)}{1 - f_Y^*(s)f_Z^*(s)} = \widetilde{H}^*(s)f_Y^*(s).$$

Es gilt also a).

b) und c) folgen nach (3.3).

In diesem Fall kann die Differenz zwischen der Anzahl $\widetilde{N}(t)$ von Reparaturen und der Anzahl $N(t)$ nur 0 oder 1 sein. $\widetilde{N}(t) - N(t) = 1$ bedeutet, daß die Einheit intakt ist. Also folgt: $a(t) = p(\widetilde{N}(t) - N(t) = 1) = \widetilde{H}(t) - H(t)$, das ist d).

e) ergibt sich wie der entsprechende Punkt in (3.4). $\qquad\bullet$

2.3.3 Stationäre alternierende Prozesse

Während wir im vorigen Abschnitt vorausgesetzt haben, daß der Anfangszustand eindeutig vorgegeben war, nehmen wir jetzt an, daß zum Zeitpunkt
$t = 0$ mit einer Wahrscheinlichkeit p_1 die Einheit intakt ist und daß sie mit
einer Wahrscheinlichkeit $p_0 = 1 - p_1$ ausgefallen ist. Damit können wir jetzt
praktisch zwei verschiedene Prozesse betrachten, den Prozeß 1 und den
Prozeß 0.

Die mittlere Anzahl von Ausfällen im i-ten Prozeß sei $H_i(t)$,
die mittlere Anzahl von Reparaturen im i-ten Prozeß sei $\tilde{H}_i(t)$,
die Verfügbarkeit im i-ten Prozeß sei $a_i(t)$ $(i = 1,0)$.
Dann resultieren daraus die mittlere Anzahl $H(t)$ von Ausfällen, $\tilde{H}(t)$ von
Reparaturen und die Verfügbarkeit $a(t)$ insgesamt als

$$H(t) = p_1 H_1(t) + p_0 H_0(t),$$
$$\tilde{H}(t) = p_1 \tilde{H}_1(t) + p_0 \tilde{H}_0(t) \quad \text{und}$$
$$a(t) = p_1 a_1(t) + p_0 a_0(t).$$

Man erkennt daraus, daß sich die Grenzwertsätze, die für die Einzelpro-
zesse gültig sind, auf den Gesamtprozeß übertragen lassen, so daß also
insbesondere gilt

$$\lim_{t \to \infty} (H(t+x) - H(t)) = \lim_{t \to \infty} (\tilde{H}(t+x) - \tilde{H}(t)) = \frac{x}{u + d} \text{ für alle } x > 0,$$

$$\lim_{t \to \infty} h(t) = \lim_{t \to \infty} \tilde{h}(t) = \lim_{t \to \infty} \frac{H(t)}{t} = \lim_{t \to \infty} \frac{\tilde{H}(t)}{t} = \frac{1}{u + d},$$

$$\lim_{t \to \infty} a(t) = \frac{u}{u + d}.$$

Wenn p_1 den Wert 1 oder 0 hat, liegt wieder der Fall vor, daß der Anfangszustand eindeutig vorgegeben ist (s. vorigen Abschnitt).

(3.6) <u>Folgerung:</u> $Y_0, Y_1, Y_2, \ldots$ und $Z_0, Z_1, Z_2, \ldots$ seien einfache Erneuerungsprozesse. Mit der Wahrscheinlichkeit p_1 möge der Prozeß 1 vorliegen, der definiert ist durch $X_0 = Y_0$, $X_i = Z_{i-1} + Y_i$ $(i \geq 1)$. Mit der
Wahrscheinlichkeit $p_0 = 1 - p_1$ möge der Prozeß 0 vorliegen, der definiert
ist durch $X_0 = Z_0$, $X_i = Y_i + Z_i$ $(i \geq 1)$. $H(t)$ sei die mittlere Anzahl von
Ausfällen bis t, $\tilde{H}(t)$ die mittlere Anzahl von Reparaturen bis t, $a(t)$ die
Verfügbarkeit, $1(t)$ die Erneuerungsdichte zu $Y_0, Y_1, Y_2, \ldots$. Dann gilt
a) $H^*(s) = a^*(s) 1^*(s)$,
b) sind die Y_i exponentiell verteilt mit der Ausfallrate λ, so ist $h(t) =$
   $= \lambda a(t)$,
c) sind die Z_i exponentiell verteilt mit der Reparaturrate ρ, so ist
   $\tilde{h}(t) = \rho (1 - a(t)).$

Beweis: Nach $(1.6.3)$ ist $l^*(s) = \dfrac{f_Y^*(s)}{1 - f_Y^*(s)}$; und falls $f_Y(t) = \lambda e^{-\lambda t}$ ist,

folgt $l^*(s) = \lambda/s$.

1. Zunächst sei $X_0 = Y_0$ und $X_i = Z_{i-1} + Y_i$ für $i \geq 1$. Die zugehörigen Funktionen seien $H_1(t)$, $\widetilde{H}_1(t)$ und $a_1(t)$.

Dann ist nach (3.4) $a_1^*(s) = \dfrac{1}{s} - H_1^*(s)(1 - f_Z^*(s)) = \dfrac{1}{s} - \dfrac{f_Y^*(s)(1-f_Z^*(s))}{s(1-f_Y^*(s)f_Z^*(s))} =$

$= \dfrac{1}{s} \dfrac{1-f_Y^*(s)}{1-f_Y^*(s)f_Z^*(s)}$ und damit $a_1^*(s)l^*(s) = \dfrac{f_Y^*(s)}{s(1-f_Y^*(s)f_Z^*(s))} = H_1^*(s)$.

2. Jetzt sei $X_0 = Z_0$, $X_i = Y_i + Z_i$ für $i \geq 1$. Die zugehörigen Funktionen seien $H_0(t)$, $\widetilde{H}_0(t)$ und $a_0(t)$. Dann ist nach (3.5) $a_0^*(s) = \widetilde{H}_0^*(s) - H_0^*(s) =$
$= \widetilde{H}_0^*(s)(1 - f_Y^*(s))$ und damit $a_0^*(s)l^*(s) = \widetilde{H}_0^*(s)f_Y^*(s) = H_0^*(s)$.

Insgesamt folgt aus 1. und 2.: $H^*(s) = p_1 H_1^*(s) + p_0 H_0^*(s) = p_1 a_1^*(s)l^*(s)+$
$+ p_0 a_0^*(s)l^*(s) = a^*(s)l^*(s)$, also gilt a).

Daraus folgt für $l^*(s) = \lambda/s$: $H^*(s) = a^*(s)\lambda/s$, $h^*(s) = sH^*(s) - \lambda a^*(s)$

und damit $h(t) = \lambda a(t)$, also b).

Die Behauptung c) ergibt sich analog zu b).   ●

Wir betrachten nun die folgenden beiden Prozesse:

Prozeß 1: $Y_0, X_{11}, X_{12}, \ldots$ mit $F_{X_{1i}} = F_X$ für $i \geq 1$

Prozeß 0: $Z_0, X_{01}, X_{02}, \ldots$ mit $F_{X_{0i}} = F_X$ für $i \geq 1$

Es sei $F_X^*(s) = F_Y^*(s)f_Z^*(s)$ und mit $u := EY_i$ und $d := EZ_i$ $(i \geq 1)$ sei

$$F_{Y_0}(t) = \frac{1}{u}\int_0^t (1 - F_Y(x))\,dx \quad \text{und} \quad F_{Z_0}(t) = \frac{1}{d}\int_0^t (1 - F_Z(x))\,dx. \quad \text{Ferner sei}$$

$p_1 = \dfrac{u}{u + d}$, also $p_0 = \dfrac{d}{u + d}$.

(3.7) <u>Definition</u>: Die angegebenen Größen p_1, F_{Y_0} und F_{Z_0} definieren einen <u>stationären alternierenden Erneuerungsprozeß</u> (s. Störmer [35]).

(3.8) <u>Folgerung</u>: Ein stationärer alternierender Erneuerungsprozeß hat folgende Eigenschaften:

a) Die mittlere Anzahl von Ausfällen bis t ist $H(t) = \dfrac{t}{u + d}$ (für alle $t \geq 0$).

b) Die mittlere Anzahl von Reparaturen bis t ist $\widetilde{H}(t) = \dfrac{t}{u + d}$ (für alle $(t \geq 0)$.

c) Die Verfügbarkeit $a(t)$ ist gleich $\dfrac{u}{u + d}$ (für alle $t \geq 0$).

59

$\underline{\text{Beweis:}}$ Aus der Definition von F_{Y_0} und F_{Z_0} ergibt sich

$$F_{Y_0}^*(s) = \frac{1}{us^2}(1 - f_Y^*(s)) \quad \text{und} \quad F_{Z_0}^*(s) = \frac{1}{ds^2}(1 - f_Z^*(s)).$$ Wir verwenden

nun die Bezeichnungen H_1, H_0, $\widetilde{H}_1$, $\widetilde{H}_0$, a_1 und a_0 wie in dem Beweis von

(3.6). Damit ist $H_1^*(s) = \dfrac{F_{Y_0}^*(s)}{1 - f_Y^*(s)f_Z^*(s)} = \dfrac{1}{us^2} \dfrac{1 - f_Y^*(s)}{1 - f_Y^*(s)f_Z^*(s)}$ und

$$H_0^*(s) = \frac{F_{Z_0}^*(s)f_Y^*(s)}{1 - f_Y^*(s)f_Z^*(s)} = \frac{1}{ds^2} \frac{(1 - f_Z^*(s))f_Y^*(s)}{1 - f_Y^*(s)f_Z^*(s)} \quad , \text{ also } H^*(s) = p_1 H_1^*(s) +$$

$$+ (1 - p_1)H_0^*(s) = \frac{1}{(u+d)s^2} \frac{1 - f_Y^*(s) + f_Y^*(s)(1 - f_Z^*(s))}{1 - f_Y^*(s)f_Z^*(s)} = \frac{1}{(u+d)s^2} \quad , \text{ also}$$

$H(t) = \dfrac{t}{u+d}$, d.i. a).

Ferner ist $\widetilde{H}_1^*(s) = \dfrac{F_{Y_0}^*(s)f_Z^*(s)}{1 - f_Y^*(s)f_Z^*(s)}$ und $\widetilde{H}_0^*(s) = \dfrac{F_{Z_0}^*(s)}{1 - f_Y^*(s)f_Z^*(s)}$,

also $\widetilde{H}^*(s) = \dfrac{1}{s^2(u+d)(1 - f_Y^*(s)f_Z^*(s))} [(1 - f_Y^*(s))f_Z^*(s) + 1 - f_Z^*(s))] =$

$$= \frac{1}{s^2(u+d)} \quad , \text{ also } \widetilde{H}(t) = \frac{t}{u+d} \text{ , d.i. b)}$$

Schließlich ist nach den Folgerungen (3.4) und (3.5) $a_1(t) = 1 - H_1(t) + \widetilde{H}_1(t)$
und $a_0(t) = \widetilde{H}_0(t) - H_0(t)$. Daraus folgt: $a(t) = p_1 a_1(t) + p_0 a_0(t) = p_1 +$

$+ p_1 \widetilde{H}_1(t) + p_0 \widetilde{H}_0(t) - p_1 H_1(t) - p_0 H_0(t) = p_1 + \widetilde{H}(t) - H(t) = p_1 = \dfrac{u}{u+d}$.

Ein stationärer alternierender Erneuerungsprozeß charakterisiert also ein
reparierbares Gerät, bei dem die Erneuerungsdichten bezüglich Ausfall und
bezüglich Reparatur und die Verfügbarkeit für alle $t \geq 0$ konstant sind.
Jeder alternierende Erneuerungsprozeß, der nicht stationär ist, erfüllt diese Eigenschaften zwar nicht für alle $t \geq 0$ aber asymptotisch, d.h. für $t \to \infty$.
Wenn die Eigenschaften erfüllt sind, sprechen wir vom "stationären Zustand".
Es gilt dafür $h(t) = \widetilde{h}(t) = \dfrac{a(t)}{u} = 1/(u+d)$.

2.3.4 Näherungsformeln für Einheiten mit exponentiell verteilten Lebensdauern

Wir setzen in diesem Abschnitt voraus, daß die betrachtete Einheit eine exponentielle Lebensdauer-Verteilung $F(t) = 1 - e^{-\lambda t}$ besitzt.

(3.9) <u>Folgerung</u>: Die Reparaturzeiten der Einheit mögen (irgend-)eine Verteilung $F_Z(t)$ mit zugehörigem Erwartungswert d besitzen. Dann gilt

a) Die mittlere Anzahl von Ausfällen in einem Intervall $(t, t+x)$ ist $H(t+x) - H(t) \leq \lambda x$

b) Für den stationären Zustand ist $H(t+x) - H(t) \approx \lambda x$, falls $\lambda \ll 1/d$.

c) Es sei $R(t)$ die Zuverlässigkeitsfunktion der Einheit, a ihre stationäre Verfügbarkeit und $\bar{a} := 1 - a$ die stationäre Nichtverfügbarkeit. Dann ist

c.1) $\bar{a} \leq F(d) \leq \lambda d$,

c.2) $1 - \lambda d \leq R(d) \leq a$,

c.3) $\bar{a} \approx F(d) \approx \lambda d$, falls $\lambda \ll 1/d$,

c.4) $a \approx R(d) \approx 1 - \lambda d$, falls $\lambda \ll 1/d$.

<u>Beweis</u>: a) Nach (3.6.b) ist die Erneuerungsdichte $h(t)$ in diesem Fall:

$$h(t) = \lambda a(t). \text{ Daraus folgt } H(t+x) - H(t) = \lambda \int_{t}^{t+x} a(y)dy \leq \lambda x, \text{ da } a(y) < 1$$

für alle y ist.

b) Im stationären Zustand ist $H(t+x) - H(t) = \dfrac{x}{1/\lambda + d} = \dfrac{\lambda x}{1 + \lambda d}$. Daraus folgt: $H(t+x) - H(t) \leq \lambda x$ und $H(t+x) - H(t) \geq \lambda x(1 - \lambda d)$. Falls $\lambda \ll 1$ ist, gilt also $H(t+x) - H(t) \lesssim \lambda x$.

c) Nach (3.3) ist $a = \dfrac{1/\lambda}{1/\lambda + d} = \dfrac{1}{1 + \lambda d}$. Aus $e^{\lambda d} = \displaystyle\sum_{i=0}^{\infty} \dfrac{(\lambda d)^i}{i!} \geq 1 + \lambda d$ folgt

nun $e^{-\lambda d} \leq \dfrac{1}{1 + \lambda d}$, also $R(d) \leq a$ und damit $F(d) = 1 - R(d) \geq 1 - a = \bar{a}$.
Wir betrachten jetzt die Funktion $g(x) := x - 1 + e^{-x}$. Es ist $g(0) = 0$ und $g'(x) = 1 - e^{-x} \geq 0$ für $x \geq 0$. Also ist $g(x) \geq 0$ für $x \geq 0$, d.h. $1 - e^{-x} \leq x$.
Für $x = \lambda d$ erhalten wir: $1 - e^{-\lambda d} = F(d) \leq \lambda d$ und somit $R(d) \geq 1 - \lambda d$.

Für $\lambda d - \bar{a}$ ergibt sich: $\lambda d - \bar{a} = \lambda d - \dfrac{\lambda d}{1 + \lambda d} = \dfrac{(\lambda d)^2}{1 + \lambda d}$. Für $\lambda d \ll 1$ ist also: $\lambda d \approx \bar{a}$, und damit auch $1 - \lambda d \approx a$. $\bullet$

Hiernach läßt sich also aus der Ausfallrate λ und der mittleren Reparaturzeit d sehr leicht die stationäre Verfügbarkeit abschätzen, sowie die mittlere Anzahl von Ausfällen in einem Zeitabschnitt von vorgegebener Länge x.

Die nächste Folgerung enthält Abschätzungen für den Fall, daß auch die Reparaturzeiten exponentiell verteilt sind.

(3.10) <u>Folgerung:</u> Es sei die Reparaturzeit der Einheit exponentiell verteilt: $F_Z(t) = 1 - e^{-t/d}$. Es bezeichne $\bar{a}(t)$ die zeitabhängige und $\bar{a}$ die stationäre Nichtverfügbarkeit. Dann gilt (unter der Voraussetzung $\bar{a}(0) = 0$)

a) $\bar{a}(t) \leq \bar{a}$,

b) für die Lebensdauerverteilung $F(t)$ ist $\bar{a}(t) \leq F(t) \leq \lambda t$.

<u>Beweis:</u> a) Nach Abschnitt 2.3.2 ist $\bar{a}(t) = \dfrac{\lambda}{\lambda + \rho}(1 - e^{-(\lambda+\rho)t})$. Da $e^{(-(\lambda+\rho)t)} \leq 1$ für $t \geq 0$ ist, folgt $\bar{a}(t) \leq \dfrac{\lambda}{\lambda + \rho} = \bar{a}$, also a)

b) Wir setzen $g(t) := F(t) - \bar{a}(t) = 1 - e^{-\lambda t} - \dfrac{\lambda}{\lambda + \rho}(1 - e^{-(\lambda+\rho)t})$. Dann folgt: $g(0) = 0$ und $g'(t) = \lambda e^{-\lambda t} - \lambda e^{-(\lambda+\rho)t} \geq 0$ für $t \geq 0$. Also ist $g(t) \geq 0$ für $t \geq 0$, d.h. $F(t) \geq \bar{a}(t)$. Daß $F(t) \leq \lambda t$ ist, ergibt sich nach (3.9). ●

3 Das Boolesche Modell

3.1 Zuverlässigkeitsschaltbilder

3.1.1 Zum Begriff Zuverlässigkeitsschaltbild

Viele Fragestellungen der Zuverlässigkeitsrechnung beziehen sich auf das
Ausfallverhalten technischer Systeme. "System" meint dabei eine Gesamtheit verschiedener Teile, sogenannter "Komponenten".
Wenn man für ein solches System Zuverlässigkeitsberechnungen durchführen
will, muß man zuerst für alle Komponenten und für das System selbst klä-
ren, was man unter einem Ausfall verstehen will. Ist das geschehen, so
kann man in vielen Fällen ein sogenanntes Zuverlässigkeitsschaltbild aufstellen. Es ist eine graphische Darstellung mit einem Eingang und einem
Ausgang und besteht häufig aus Serien- und Parallelanordnungen der Komponenten, wobei eine Komponente an mehreren Stellen des Schaltbildes vorkommen kann, obwohl sie in dem konkreten System nur einmal vorhanden
ist. Die Verbindungen zwischen Ein- und Ausgang des Schaltbildes stellen
die Möglichkeiten für Funktionsfähigkeit des Systems dar. Das heißt: Das
System ist genau dann funktionsfähig, wenn es in dem Zuverlässigkeitsschaltbild zwischen Ein- und Ausgang eine Verbindung gibt, auf der sämtliche eingezeichneten Komponenten intakt sind.
In der englischsprachigen Literatur heißen die Zuverlässigkeitsschaltbilder
"reliability graphs".

Bevor wir präzisieren, wann die Funktionsmöglichkeiten eines Systems
sich durch ein Zuverlässigkeitsschaltbild darstellen lassen, ein paar einfache Beispiele und Eigenschaften:

Das System möge aus den Komponenten $K_1, K_2, \ldots, K_n$ bestehen.

a) Serien-Anordnung
Ist das System nur dann funktionsfähig, wenn all seine Komponenten funktionsfähig sind, so ist sein Zuverlässigkeitsschaltbild die Serienanordnung

der Komponenten K_i

$$-\!\!-K_1\!\!-\!\!-K_2\!\!-\cdots-\!\!-K_n\!\!-$$

Ein solches System nennt man auch "nichtredundant".

Alle Zuverlässigkeitsschaltbilder, die nicht diese Gestalt haben oder sich nicht auf ein solches reduzieren lassen, stellen "redundante" Systeme dar. Bei redundanten Systemen kann es also vorkommen, daß das System funktionsfähig ist, obwohl nicht alle Systemkomponenten funktionieren.

b) Parallelanordnung

Das Zuverlässigkeitsschaltbild, in dem sämtliche K_i parallel angeordnet sind,

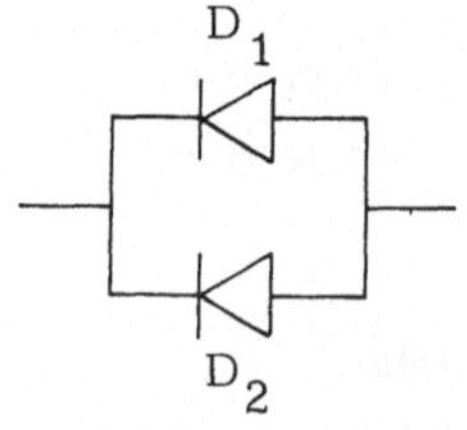

stellt ein System dar, das nur dann ausgefallen ist, wenn sämtliche Komponenten ausgefallen sind.

Es ist zu beachten, daß ein Unterschied bestehen kann zwischen dem Zuverlässigkeitsschaltbild eines Systems und seinem elektrischen Schaltbild; denn das Zuverlässigkeitsschaltbild kann je nach der Ausfallart, für die man sich gerade interessiert, verschiedene Gestalt haben.

Besteht z.B. das System aus zwei elektrisch parallel geschalteten Dioden D_1 und D_2, so ist das elektrische Schaltbild

Betrachtet man die Ausfallart Kurzschluß, so ist das System schon dann ausgefallen, wenn eine der beiden Dioden ausgefallen ist. Das Zuverlässigkeitsschaltbild ist dann also die Serienanordnung

$$-\!\!-\!\!-D_1\!\!-\!\!-D_2\!\!-$$

Betrachtet man dagegen die Ausfallart Leerlauf, so ist das Zuverlässigkeitsschaltbild die Parallelanordnung.

Liegt ein Parallelsystem in unserem Sinn vor, das z.B. aus zwei Rechnern
R_1 und R_2 besteht, so ist ja ein Systemausfall gegeben, wenn beide Rechner
ausgefallen sind. Das Zuverlässigkeitschaltbild ist

$$\boxed{\begin{array}{c} R_1 \\ R_2 \end{array}}\ .$$

Interessiert man sich hierbei aber nicht für die Totalausfälle, sondern z.B.
im Interesse des Wartungspersonals, dafür, daß nicht alles in Ordnung ist,
so ist das Zuverlässigkeitsschaltbild

$$-R_1-R_2-$$

zu verwenden.

c) Das Zuverlässigkeitsschaltbild

$$\boxed{\begin{array}{ccc} K_1 & & K_2 \\ K_1 & & K_3 \\ K_2 & & K_3 \end{array}}$$

stellt ein sogenanntes "2 aus 3-System" dar, das aus den drei Komponenten
K_1, K_2, K_3 besteht (also nicht sechs Komponenten!). Zwischen Eingang
und Ausgang gibt es die drei Verbindungen

$$-K_1-K_2- \qquad -K_1-K_3- \qquad \text{und} \qquad -K_2-K_3-$$

das heißt: Das System funktioniert, wenn irgendwelche zwei der drei Komponenten funktionsfähig sind.

Wann läßt sich nun für die Funktionsmöglichkeiten eines Systems ein Zuverlässigkeitsschaltbild angeben?
Das ist dann der Fall, wenn die folgenden vier Punkte erfüllt sind.
Die Komponenten des Systems seien durchnumeriert und mit $K_1, K_2, \ldots, K_n$
bezeichnet. Es sei N die Menge der Komponentenindizes $N = \{1, 2, \ldots, n\}$.
1. Jede Komponente und das Gesamtsystem besitzen nur je zwei mögliche
   Zustände: intakt - defekt (bzw. funktionsfähig - ausgefallen)

2. Sind alle Komponenten ausgefallen, so ist auch das System ausgefallen.
   Sind alle Komponenten intakt, so ist auch das System intakt.

3. Sei I eine beliebige Teilmenge von N. Die Komponenten K_i, $i \in I$, seien
   intakt, die übrigen Komponenten K_i, $i \notin I$, seien defekt. Dann muß eindeutig feststehen, ob das System funktionsfähig ist oder nicht.

4. Sei $I \subset N$. Das System sei funktionsfähig, falls die K_i, $i \in I$, intakt sind
   und die übrigen defekt. Dann muß das System auch funktionsfähig sein,
   wenn für irgendein $J \supset I$ die Komponenten in den Zuständen sind: K_i,
   $i \in J$, intakt, K_i, $i \notin J$, defekt.

Die Bedingung 4 ist eine Monotonie-Eigenschaft. Sie gewährleistet, daß ein
System durch Reparaturen nicht schlechter werden kann. Die Bedingung 3
schließt ein, daß bei einem System mit mehreren ausgefallenen Komponenten die Reihenfolge der Komponentenausfälle keinen Einfluß auf die Funktionsfähigkeit des Systems haben darf. Die Bedingung 2 schließt die "tri-
vialen" Systeme aus, die, unabhängig vom Zustand ihrer Komponenten, nie
bzw. immer funktionsfähig sind.

Aus den bisherigen Erklärungen geht hervor, daß sich für ein und dasselbe
System im allgemeinen verschiedene Zuverlässigkeitsschaltbilder angeben
lassen.

<u>Beispiel</u>: Das 2 aus 3 - System.
Es läßt sich z.B. durch die folgenden Schaltbilder darstellen:

a)

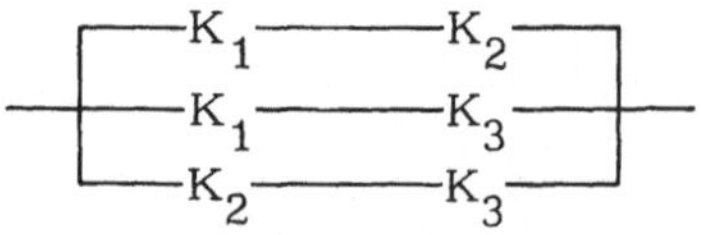

oder b)

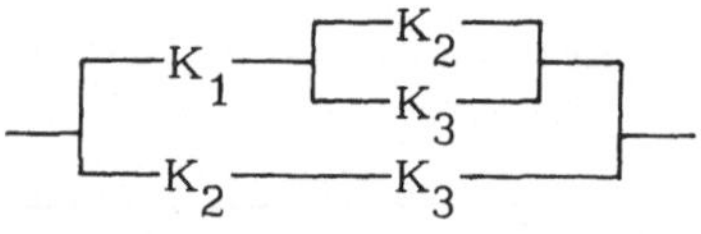

oder c)

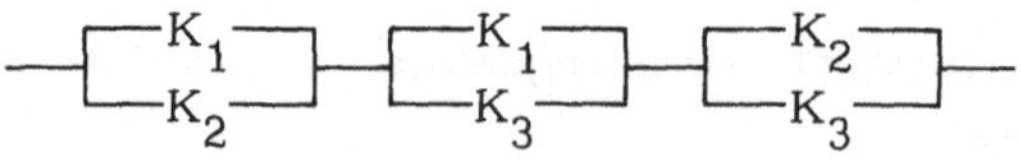

oder d)

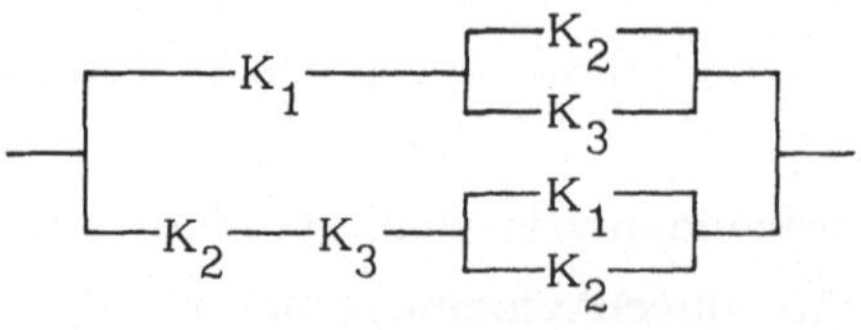

Von besonderem Interesse sind solche speziellen Darstellungen, die entweder
eine Parallelanordnung von Serienschaltungen sind oder ein Serienanordnung
von Parallelschaltungen (im obigen Beispiel die Bilder a) und c)).

Wir wollen noch zwei weitere Beispiele von Zuverlässigkeitschaltbildern
anschließen:

a) 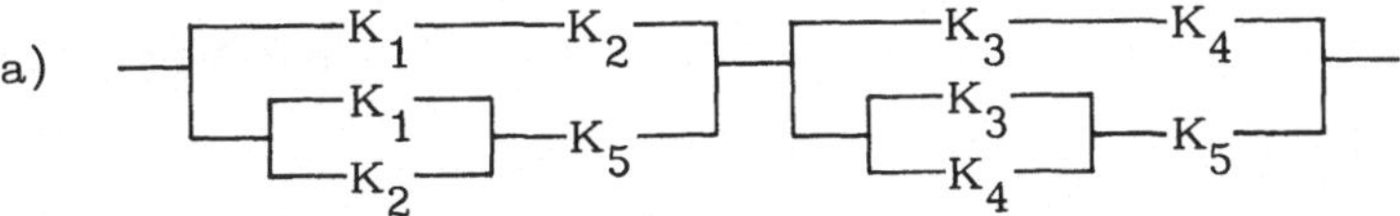

Darunter kann man sich folgendes vorstellen: Das System enthält zwei Ar-
ten von Komponenten: K_1 und K_2 einerseits, K_3 und K_4 andererseits, und
es enthält eine Umschalteinrichtung K_5. Die Komponenten K_1 und K_2 können sich gegenseitig aushelfen, ebenso K_3 und K_4. In einem solchen Fall
muß aber die Umschalteinrichtung K_5 intakt sein. Ist K_5 ausgefallen, so
funktioniert das System, solange alle Komponenten K_1 bis K_4 intakt sind.

b)

Hierzu kann man sich folgendes vorstellen: Das System ist schon dann funktionsfähig, wenn entweder K_1 und K_4 oder K_2 und K_5 intakt sind. Ist von
den Komponenten K_1 und K_2 eine ausgefallen, so kann dafür K_3 einspringen.   ○

3.1.2 Wege und Schnitte

Es gibt verschiedene Mengen, die im Zusammenhang mit Zuverlässigkeits-
schaltbildern eine Rolle spielen. Dazu gehörigen die Wege und Schnitte.
Bezeichnet die Menge N wieder die Menge der Komponentenindizes N = $\{1,
2,\ldots n\}$, so sind Wege und Schnitte spezielle Teilmengen von N.

(1.1) Definition: Eine Teilmenge W von N heißt "Weg des Systems",
wenn bei Funktionsfähigkeit aller Komponenten, K_i, $i \in W$, auch das System
funktionsfähig ist.

Der Begriff "Weg" erinnert zwar an die Verbindung zwischen Eingang und
Ausgang im Zuverlässigkeitsschaltbild, ist aber nicht äquivalent dazu. Während ein System sich durch verschiedene Zuverlässigkeitsschaltbilder darstellen läßt, ist die obige mengentheoretische Definition unabhängig von der

jeweiligen Darstellung. Jeder Verbindung im Zuverlässigkeitsschaltbild läßt sich ein Weg zuordnen, aber das umgekehrte gilt im allgemeinen nicht.

(1.2) <u>Definition</u>: Ein Weg W heißt <u>minimaler Weg</u>, wenn es keinen Weg gibt, der echt in W enthalten ist.

Auf Grund der Eigenschaften der Systeme, die sich durch Zuverlässigkeitsschaltbilder darstellen lassen, ergibt sich:

a) In jedem System ist die Menge N ein Weg.

b) Ist W ein Weg eines Systems und $W \subset V \subset N$, so ist auch V ein Weg des Systems.

c) Zu jedem Weg V gibt es (mindestens) einen minimalen Weg W mit $W \subset V$. Jedes Zuverlässigkeitsschaltbild eines Systems muß damit all diejenigen Verbindungen enthalten, die den minimalen Wegen entsprechen, und kann außerdem noch beliebige weitere Verbindungen enthalten, die nichtminimalen Wegen entsprechen.

<u>Beispiele</u>:

1.) Das System 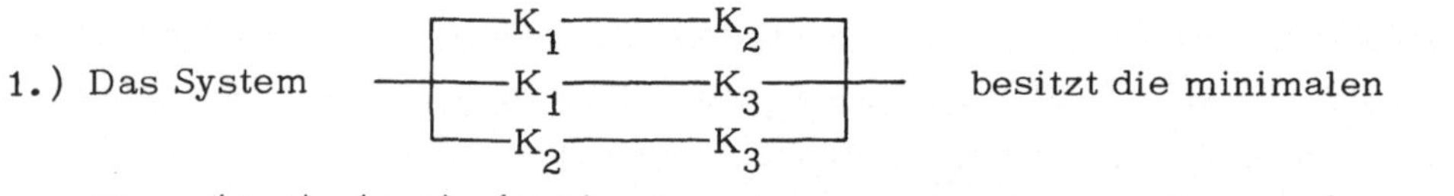 besitzt die minimalen

Wege $\{1,2\}$, $\{1,3\}$, $\{2,3\}$. Der einzige nichtminimale Weg ist $\{1,2,3\}$.

2.) Das System 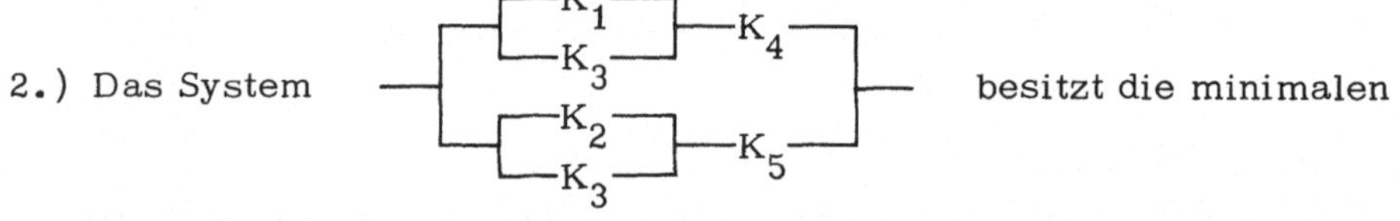 besitzt die minimalen

Wege $\{1,4\}$, $\{2,5\}$, $\{3,4\}$ und $\{3,5\}$. Die übrigen Wege des Systems sind: $\{1,2,4\}$, $\{1,2,5\}$, $\{1,3,4\}$, $\{1,3,5\}$, $\{1,4,5\}$, $\{2,3,4\}$, $\{2,3,5\}$, $\{2,4,5\}$, $\{3,4,5\}$, $\{1,2,3,4\}$, $\{1,2,3,5\}$, $\{1,2,4,5\}$, $\{1,3,4,5\}$, $\{2,3,4,5\}$, $\{1,2,3,4,5\}$. ○

Um aus den minimalen Wegen eines Systems seine sämtlichen Wege zu erhalten, gibt es im Prinzip zwei Möglichkeiten:

a) Man untersucht jede Teilmenge I von N darauf hin, ob es einen minimalen Weg gibt, der in I enthalten ist. Dabei kann man z.B. die Teilmengen I nach der Anzahl der in ihnen enthaltenen Elemente anordnen. Man kann die Teilmengen mit weniger als k_{min} Elementen übergehen, wenn jeder minimale Weg mindestens k_{min} Elemente enthält.

b) Man sucht zu jedem minimalen Weg diejenigen Teilmengen I von N auf,
in denen er enthalten ist (und die noch nicht anderweitig als Wege fest-
gestellt wurden).

In irgendeiner Menge von Wegen eines Systems (z.B. der Menge aller Wege)
die minimalen zu finden, ist sehr einfach: Man numeriert die Wege durch
als $W_1, W_2, W_3, \dots$. Dann vergleicht man jeden Weg W_i mit den nachfol-
genden Wegen W_k, $k > i$. Ist $W_i \subset W_k$, so ist W_k nicht minimal und kann
gestrichen werden. Ist $W_k \subset W_i$, so kann W_i gestrichen werden. Übrig blei-
ben die minimalen Wege.

(1.3) <u>Definition</u>: Eine Teilmenge C von N heißt <u>Schnitt</u> des Systems, wenn
aus dem Nichtfunktionieren aller Komponenten K_i, $i \in C$, das Nichtfunktionieren des Systems folgt.
Ein Schnitt C heißt <u>minimaler Schnitt</u>, wenn es keinen Schnitt gibt, der echt
in C enthalten ist.

Man kann ein System charakterisieren durch
a) Angabe einer Menge $\mathfrak{W}$ von Wegen, die alle minimalen Wege enthält (also
   z.B. durch Angabe seiner minimalen Wege oder durch Angabe aller Wege),
b) Angabe einer Menge $\mathfrak{C}$ von Schnitten, die alle minimalen Schnitte enthält
   (also z.B. durch Angabe seiner minimalen Schnitte oder durch Angabe
   aller Schnitte).

Aus solch einer Menge $\mathfrak{W}$ oder solch einer Menge $\mathfrak{C}$ kann man folgendermaßen ein Zuverlässigkeitsschaltbild erhalten:
a) Für $W \in \mathfrak{W}$, $W = \{i_1, i_2, \dots, i_W\}$, zeichne man die Verbindung

$$-K_{i_1} - K_{i_2} - \cdots - K_{i_W} - \quad , \text{ und man ordne all diese Verbindungen}$$

   parallel zueinander an.
b) Für $C \in \mathfrak{C}$, $C = \{i_1, i_2, \dots, i_C\}$, zeichne man die Anordnung

$$
\begin{array}{c}
-K_{i_1}- \\
-K_{i_2}- \\
\vdots \\
-K_{i_C}-
\end{array}
$$

und füge all diese Anordnungen in Serie aneinander.

<u>Beispiel</u>:

$$-K_1-\left[\begin{array}{c} -K_2- \\ -K_3-K_4- \end{array}\right]-\quad.$$

Wir verwenden die folgende Menge $\mathfrak{W}$ von Wegen: $\{\{1,2\},\ \{1,2,3\},\ \{1,3,4\}\}$, und wir erhalten

$$-\left[\begin{array}{c} -K_1-K_2- \\ -K_1-K_2-K_3- \\ -K_1-K_3-K_4- \end{array}\right]-\ =\ -\left[\begin{array}{c} -K_1-K_2- \\ -K_1-K_3-K_4- \end{array}\right]-\ =$$

$$=\ -K_1-\left[\begin{array}{c} -K_2- \\ -K_3-K_4- \end{array}\right]-\quad.$$

Wir verwenden die folgende Menge $\mathfrak{C}$ von Schnitten: $\{\{1\},\ \{2,3\},\ \{2,4\},\ \{1,3,4\}\}$, und wir erhalten

$$-K_1-\left[\begin{array}{c} -K_2- \\ -K_3- \end{array}\right]-\left[\begin{array}{c} -K_2- \\ -K_4- \end{array}\right]-\left[\begin{array}{c} -K_1- \\ -K_3- \\ -K_4- \end{array}\right]-\ =\ -K_1-\left[\begin{array}{c} -K_2- \\ -K_3- \end{array}\right]-\left[\begin{array}{c} -K_2- \\ -K_4- \end{array}\right]-\ =$$

$$=\ -K_1-\left[\begin{array}{c} -K_2- \\ -K_3-K_4- \end{array}\right]-\quad.$$

$\circ$

Da das System sich also durch Angabe seiner Wege wie auch durch Angabe seiner Schnitte darstellen läßt, muß man auch aus den Wegen die Schnitte erhalten können und umgekehrt. Es gelten die folgenden Zusammenhänge:

(1.4) <u>Satz</u>: Es sei C eine Teilmenge von N. Dann gilt:

a) C ist genau dann ein Schnitt, wenn $\overline{C}$ kein Weg ist.

b) C ist genau dann ein Schnitt, wenn für jeden Weg W gilt $W \cap C \neq \emptyset$.

c) C ist genau dann ein Schnitt, wenn für jeden minimalen Weg W' gilt $W' \cap C \neq \emptyset$.

<u>Beweis</u>:

a) Wir betrachten den Fall $\begin{cases} K_i \text{ ist ausgefallen für } i \in C, \\ K_i \text{ ist intakt für } i \in \overline{C}. \end{cases}$

Ist C ein Schnitt, so folgt: Das System ist ausgefallen, d.h. $\overline{C}$ kann kein Weg sein. Ist $\overline{C}$ kein Weg, so folgt ebenfalls: Das System ist ausgefallen, d.h. C ist ein Schnitt.

b) Sei C ein Schnitt und I eine Teilmenge von N mit $I \cap C = \emptyset$. Dann folgt: $I \subset \overline{C}$. Nach a) ist $\overline{C}$ kein Weg. Deshalb kann auch I kein Weg sein. Also ist für jeden Weg W: $W \cap C \neq \emptyset$. Nun sei $W \cap C \neq \emptyset$ für jeden Weg W. Dann ist $\overline{C}$ kein Weg. Nach a) ist dann C ein Schnitt.

c) Sei C ein Schnitt. Dann ist nach b) $W' \cap C \neq \emptyset$ für jeden minimalen Weg W'. Ist nun W irgendein Weg und $W' \cap C \neq \emptyset$ für jeden minimalen Weg W', so folgt $W \cap C \neq \emptyset$, da es mindestens ein minimales W' gibt mit $W' \subset W$. Also ist C ein Schnitt nach b). ●

Die Eigenschaft c) dieses Satzes gibt an, wie man aus den minimalen Wegen des Systems seine Schnitte erhalten kann: Man entnimmt jedem minimalen Weg jeweils ein Element und fügt diese zu einer Menge zusammen. Diese Mengen sind Schnitte. Durch Hinzufügen weiterer Elemente aus N kann man evtl. weitere Schnitte erhalten.

Beispiel:

$$-K_1 \quad \begin{array}{c} -K_2- \\ -K_3 - K_4- \end{array} -$$

Die minimalen Wege sind $\{1,2\}$ und $\{1,3,4\}$. Man erhält daraus die Schnitte $\{1\}$, $\{1,3\}$, $\{1,4\}$, $\{1,2\}$, $\{2,3\}$, $\{2,4\}$ und $\{1,2,3\}$, $\{1,2,4\}$, $\{1,3,4\}$, $\{2,3,4\}$, $\{1,2,3,4\}$. ○

(1.5) <u>Definition</u>: Seien $W_1, W_2, \ldots, W_k$ Wege. Dann soll ein System "<u>von den W_i, $1 \le i \le k$, aufgespannt</u>" heißen, wenn zu jedem Weg W ein i existiert mit $W_i \subset W$.
Ein solches von den W_i aufgespanntes System wird als $[W_1, W_2, \ldots, W_k]$ oder $[W_i; 1 \le i \le k]$ geschrieben.

Insbesondere ist ein System also immer von seinen minimalen Wegen aufgespannt.

(1.6) <u>Definition</u>: Ein Weg W heißt <u>kritisch bzgl. i</u>, wenn $W \setminus \{i\}$ kein Weg ist.

Anschaulich bedeutet das: Sind die Komponenten K_w, $w \in W$, intakt und die Komponenten K_w, $w \in \overline{W}$, defekt, so führt ein Ausfall der Komponente K_i zu einem Systemausfall.

Kritisch bezüglich i sind damit die minimalen Wege W, die i enthalten.
Häufig gibt es aber noch andere Wege mit dieser Eigenschaft.

Beispiel:

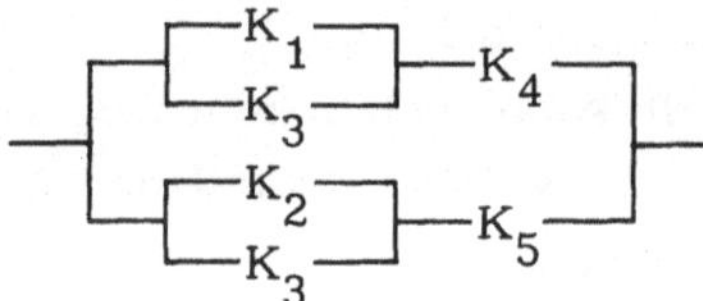

Kritisch bezüglich 1 sind die Wege $\{1,4\}$, $\{1,2,4\}$, $\{1,4,5\}$. Der erste
ist ein minimaler Weg, die beiden anderen sind nichtminimale Wege. Kritisch bezüglich 3 sind die Wege $\{3,4\}$, $\{3,5\}$, $\{1,3,5\}$, $\{2,3,4\}$, $\{3,4,5\}$.

○

Ein Weg ist genau dann kritisch bezüglich i, wenn $W \setminus \{i\}$ keinen minimalen Weg mehr enthält (wobei natürlich nur noch die minimalen Wege betrachtet zu werden brauchen, die i nicht als Element enthalten).

(1.7) <u>Folgerung</u>: Sei $\mathfrak{W}$ die Menge aller Wege, $\mathfrak{W}_i$ die Menge $[W : W$ minimal und $i \notin W]$, $\mathfrak{W}_i$ die Menge aller bezüglich i kritischen Wege. Dann
gilt $\mathfrak{W}_i = \mathfrak{W} \setminus \mathfrak{W}_i$.

Beispiel:

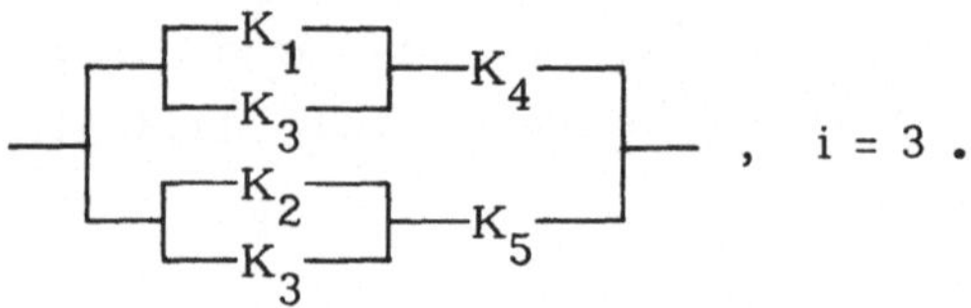

$, \quad i = 3 .$

Wie angegeben sind die Wege dieses Systems: $\{1,4\}$, $\{2,5\}$, $\{3,4\}$, $\{3,5\}$,
$\{1,2,4\}$, $\{1,2,5\}$, $\{1,3,4\}$, $\{1,3,5\}$, $\{1,4,5\}$, $\{2,3,4\}$, $\{2,3,5\}$, $\{2,4,5\}$,
$\{3,4,5\}$, $\{1,2,3,4\}$, $\{1,2,3,5\}$, $\{1,2,4,5\}$, $\{1,3,4,5\}$, $\{2,3,4,5\}$, $\{1,2,$
$3,4,5\}$, Das sind die Elemente der Menge $\mathfrak{W}$.
Die Menge $\mathfrak{W}_i$ ist für i = 3: $\mathfrak{W}_3 = [\{1,4\}, \{2,5\}]$, enthält also die Elemente
$\{1,4\}$, $\{2,5\}$, $\{1,2,4\}$, $\{1,2,5\}$, $\{1,3,4\}$, $\{1,4,5\}$, $\{2,3,5\}$, $\{2,4,5\}$,
$\{1,2,3,4\}$, $\{1,2,3,5\}$, $\{1,2,4,5\}$, $\{1,3,4,5\}$, $\{2,3,4,5\}$, $\{1,2,3,4,5\}$.
Damit ist also $\mathfrak{W} \setminus \mathfrak{W}_3 = \{\{3,4\}, \{3,5\}, \{1,3,5\}, \{2,3,4\}, \{3,4,5\}\} = \mathfrak{W}_3$.

○

Die Größen $\mathfrak{W}$ und $\mathfrak{W}_i$, die in der letzten Folgerung vorkommen, stellen Systeme im Sinne dieses Abschnitts dar; die Menge $\mathfrak{W}_i$ besitzt nicht die Monotonie-Eigenschaft 4, ist also auch kein System im hier behandelten Sinn.

Analog zu den kritischen Wegen lassen sich die kritischen Schnitte definieren.

Die Menge $\mathfrak{W}$ aller Wege eines Systems wird für uns von Bedeutung sein, wenn es um die Wahrscheinlichkeit dafür geht, daß das System funktioniert, insbesondere um die Überlebenswahrscheinlichkeit eines Systems ohne Reparaturen und um die momentane Verfügbarkeit eines Systems mit Reparaturen.

Die Mengen $\mathfrak{W}_i$ aller bezüglich i kritischen Wege, $i = 1, 2, \ldots, n$, sind dann von Bedeutung, wenn es um die Wahrscheinlichkeit für Systemausfälle geht. Häufig kann ein System nur dadurch ausfallen, daß eine einzelne Komponente ausfällt (das heißt: gleichzeitiges Ausfallen mehrerer Komponenten ist so unwahrscheinlich, daß man es ausschließen kann). Dann erfolgen sämtlich Systemausfälle von den kritischen Wegen aus durch den Ausfall der jeweils kritischen Komponente.

3.1.3 Formalisierung des Modells

Abschnitt 3.1.1 enthält vier Bedingungen dafür, daß man die Funktionsmöglichkeiten eines Systems durch ein Zuverlässigkeitsschaltbild darstellen kann. Diese Bedingungen wollen wir nun formalisieren. Die beiden möglichen Zustände des Systems stellen wir dabei durch 0 (defekt) und 1 (intakt) dar. Ist jeder Teilmenge I von N eindeutig entweder der Systemzustand 0 oder der Systemzustand 1 zugeordnet, so bedeutet das mathematisch die Existenz einer <u>Abbildung</u> h von $\mathfrak{P}(N)$ nach $\{0,1\}$.

Insgesamt lassen sich die Punkte 1 - 4 von 3.1.1 folgendermaßen formulieren:

> a) Es gibt eine Abbildung h: $\mathfrak{P}(N) \rightarrow \{0,1\}$,
> b) h ist surjektiv,
> c) ist $I \subset J$, so folgt $h(I) \leq h(J)$.

Die Existenz der Abbildung h garantiert also die Eigenschaften 3 und 1. Die Monotonie-Eigenschaft c) hat die gleiche Bedeutung wie 4. Die Surjektivität (d.h. Abbildung <u>auf</u> $\{0,1\}$) garantiert, daß es Teilmengen $I \subset N$ gibt mit $h(I) = 1$ wie auch solche mit $h(I) = 0$. Nach c) folgt daraus $h(N) = 1$ und $h(\emptyset) = 0$. Damit ist auch die Eigenschaft 2 garantiert.

Als <u>Wege</u> definieren wir diejenigen $I \subset N$, für die $h(I) = 1$ ist. Dann ergeben sich die folgenden weiteren Zusammenhänge zwischen der Abbildung h und den in Abschnitt 3.1.2 eingeführten Begriffen.

(1.8) <u>Folgerung</u>:

a) $C \subseteq N$ ist genau dann ein Schnitt, wenn $h(N \setminus C) = 0$ ist.

b) W ist genau dann ein minimaler Weg, wenn $h(W) = 1$ und $h(V) = 0$ für alle $V \underset{\mathrm{echt}}{\subseteq} W$ ist.

c) C ist genau dann ein minimaler Schnitt, wenn $h(N \setminus C) = 0$ und $h(N \setminus D) = 1$ für alle $D \underset{\mathrm{echt}}{\subseteq} C$ ist.

d) Ein Weg W ist genau dann kritisch bezüglich i, wenn $h(W \setminus \{i\}) = 0$ ist.

e) Ein Schnitt C ist genau dann kritisch bezüglich i, wenn $h(\overline{C} \cup \{i\}) = 1$ ist.

<u>Beweis</u>: Die Punkte b) und d) ergeben sich direkt aus den Definitionen von minimalem und kritischem Weg.

zu a) Nach Satz (1.4) ist C genau dann ein Schnitt, wenn $\overline{C}$ kein Weg ist, d.h. wenn $h(\overline{C}) = 0$ ist.

zu c) Der Schnitt C ist genau dann minimal, wenn für jedes $D \subset C$ gilt: D ist kein Schnitt, also $h(N \setminus D) \neq 0$, also $h(N \setminus D) = 1$.

zu e) Der Schnitt C ist genau dann kritisch bezüglich i, wenn gilt: $C \setminus \{i\}$ ist kein Schnitt, d.h. $h(\overline{C \setminus \{i\}}) = 1$, d.h. $h(\overline{C} \cup \{i\}) = 1$. ●

<u>Beispiel</u>: Wir betrachten das System mit dem Zuverlässigkeitsschaltbild

Die Wege dieses Systems sind $\{1\}$, $\{1,2\}$, $\{1,3\}$, $\{2,3\}$ und $\{1,2,3\}$. $h(I) = 0$ gilt also für die Mengen $I = \emptyset$, $I = \{2\}$ und $I = \{3\}$. Nach Folgerung (1.8.a) müssen die dazu komplementären Mengen die Schnitte des Systems sein. Es sind $J = \{1,2\}$, $J = \{1,3\}$ und $J = \{1,2,3\}$. Man sieht das an dem Zuverlässigkeitsschaltbild bestätigt.

Daß der Schnitt $C := \{1,2,3\}$ kritisch bezüglich 1 ist, erkennt man nach (1.8.e) daran, daß $h(\overline{C} \cup \{1\}) = h(\{1\}) = 1$ ist. ○

Aus der Folgerung (1.8.a) kann man direkt ableiten, daß auch die Schnitte eines Systems die Monotonie-Eigenschaft besitzen:

Ist ein Schnitt C in einer Teilmenge D von N enthalten, so ist auch D ein Schnitt.

denn: Aus $C \subseteq D$ folgt $\overline{D} \subset \overline{C}$. Ist also $h(\overline{C}) = 0$, so folgt $h(\overline{D}) = 0$, d.h. D ist ein Schnitt.

Im Zusammenhang mit den Funktionsmöglichkeiten des Systems und seiner
Komponenten wollen wir nun bestimmte $\underline{\text{Ereignisse A und } A_i}$ betrachten:

A: Funktionsfähigkeit des Systems,

A_i: Funktionsfähigkeit der i-ten Komponente $(i = 1,2,\ldots,n)$.

Eine interessante Bedeutung haben dann die zu $A_1, A_2, \ldots, A_n$ definierten
Minsets C_I (s. 1.1).

Zu $I \subseteq N$ definieren wir

$$C_I := \bigcap_{i \in I} A_i \cap \bigcap_{j \in \bar{I}} \bar{A}_j .$$

Dann ist C_I das Ereignis "Die Komponenten K_i mit $i \in I$ sind intakt, die
übrigen defekt".

Es besteht also eine Äquivalenz zwischen den Teilmengen $I \subseteq N$ und den
Minsets C_I. Wie man zu I das zugehörige Minset erhält, geht aus der Definition von C_I hervor. Umgekehrt kann man zu einem Minset C auch die
zugehörige Menge I angeben: $I = \{i : C \subseteq A_i\}$.

Zwischen den Minsets C_I und den Wegen und Schnitten besteht nun der Zusammenhang:

(1.9) $\underline{\text{Folgerung}}$: a) I ist genau dann ein Weg, wenn $C_I \subseteq A$ ist.

b) I ist genau dann ein Schnitt, wenn $C_{N \setminus I} \subseteq \bar{A}$ ist.

Diese Aussagen ergeben sich direkt aus den Definitionen von Weg und Schnitt.

In Abschnitt 1.1 ist der Begriff definiert "Eine Menge A ist von den Mengen
$A_1, A_2, \ldots, A_n$ erzeugt", und es steht dort die Aussage: Ist A von den A_1,
$A_2, \ldots, A_n$ erzeugt und ist C_I irgendein Minset zu $A_1, A_2, \ldots, A_n$, so folgt
entweder $C_I \cap A = \emptyset$ oder $C_I \subseteq A$.

Wir können nun folgende Beziehung herstellen: Für die oben definierten Ereignisse A und A_i $(i \in N)$ gilt: A ist genau dann von den A_i erzeugt, wenn
die Abbildung $h : \mathfrak{P}(N) \to \{0,1\}$ existiert.

Existiert diese Abbildung h, so gilt: C_I ist genau dann in A enthalten, wenn
$h(I) = 1$ ist. Damit gilt weiter: $A = \bigcup \{C_I : h(I) = 1\}$.

Ist umgekehrt A erzeugt von den A_i, so ist die Abbildung h definiert als

$$h(I) := \begin{cases} 1, & \text{falls } C_I \subseteq A. \\ 0, & \text{falls } C_I \not\subseteq A. \end{cases}$$

(1.10) $\underline{\text{Definition}}$: Es seien $A, A_1, A_2, \ldots, A_n \subseteq M$. Dann soll A "$\underline{\text{monoton}}$
$\underline{\text{erzeugt}}$ von den A_i" heißen, wenn gilt

a) $A \neq \emptyset$,

b) A ist von der A_i $(i = 1, 2, \ldots, n)$ erzeugt,

c) aus $I \subset J \subseteq N$ und $C_I \subset A$ folgt $C_J \subset A$.

(1.11) <u>Folgerung</u>: Es sei A erzeugt von den A_i, $i \in N$. Die zugehörigen Minsets seien mit C_I bezeichnet $(I \subseteq N)$. Die Funktion h: $\mathfrak{P}(N) \to \{0,1\}$

sei definiert als $h(I) := \begin{cases} 1, & \text{falls} \quad C_I \subset A, \\ 0 & \text{sonst.} \end{cases}$ Dann sind die folgenden

beiden Aussagen gleichbedeutend:

1. A ist monoton erzeugt von den A_i,

2. $h \not\equiv 0$ und $h(I) \leqslant h(J)$, falls $I \subset J$.

<u>Beweis</u>: Es sei (1) erfüllt. Dann folgt:

a) $A \neq \emptyset$. Es gibt also ein C_I mit $C_I \subset A$. Also gilt $h \not\equiv 0$.

b) Für $I \subset J$ und $C_I \subset A$ ist auch $C_J \subset A$. Für $h(I) = 1$ folgt damit $h(J) = 1$. Nun sei (2) erfüllt. Ist $h \not\equiv 0$, so gibt es ein I mit $h(I) = 1$, also $C_I \subset A$. Damit ist $A \neq \emptyset$. Es sei $I \subset J$. Dann ist $h(J) = 1$, also $C_J \subset A$. A ist also monoton erzeugt von den A_i.   ●

Mit Hilfe des Begriffs "monoton erzeugt" können wir nun die Eigenschaften neu formulieren, die angeben, wann die Funktionsmöglichkeiten eines Systems durch ein Zuverlässigkeitsschaltbild dargestellt werden können. Es sind die beiden Punkte

(α) A ist monoton erzeugt von den A_i,

(β) $A \neq M$.

Die Eigenschaft (α) bedeutet nach der Folgerung (1.11) die Existenz und Monotonie der Abbildung h. Da $A \neq M$ ist, folgt: Es gibt ein C_I, das nicht in A enthalten ist, d.h. es gibt ein I mit $h(I) = 0$. Da $A \neq \emptyset$ ist, folgt: Es gibt ein C_I, das in A enthalten ist, d.h. es gibt ein I mit $h(I) = 1$. Damit ist die Surjektivität von h gewährleistet.

(1.12) <u>Folgerung</u>: Ist A monoton erzeugt von den A_i und $A \neq M$, so folgt für die Komplemente $\overline{A}$ und $\overline{A}_i$: $\overline{A}$ ist monoton erzeugt von den $\overline{A}_i$.

<u>Beweis</u>: Für alle $I \subseteq N$ sei C_I^* definiert als $C_I^* = \bigcap_{i \in I} \overline{A}_i \cap \bigcap_{j \notin I} A_j$. Dann ist $C_I^* = C_{N \setminus I}$. Aus $A \neq M$ folgt zunächst: $\overline{A} \neq \emptyset$. Nun sei $I \subset J \subseteq N$ und $C_I^* \subset \overline{A}$. Das heißt $C_{N \setminus I} \not\subset A$. Aus $I \subset J$ ergibt sich: $N \setminus J \subset N \setminus I$. Also folgt nach der Definition (1.10): $C_{N \setminus J} \not\subset A$, d.h. $C_J^* \subset \overline{A}$.   ●

Wir wissen von Abschnitt 1.1 her, daß ein von den A_i erzeugtes A darge-stellt werden kann als Vereinigung aller Minsets C_I, die in A enthalten sind (s. Satz 1.1.8). Ist A darüber hinaus monoton erzeugt von den A_i, so gibt es die folgende einfachere Darstellungsart:

(1.13) <u>Folgerung</u>: Es sei A monoton erzeugt von den A_i. $\mathfrak{W}$ sei eine Menge von Wegen, die alle minimalen Wege enthält. Dann ist $A = \bigcup_{I \in \mathfrak{W}} \bigcap_{i \in I} A_i$.

<u>Beweis</u>: Es ist $A = \bigcup_{I \text{ Weg}} C_I$, $C_I = \bigcap_{i \in I} A_i \cap \bigcap_{j \in \bar{I}} \bar{A}_j$. Wir setzen:

$B_I := \bigcap_{i \in I} A_i$ und $B := \bigcup_{I \in \mathfrak{W}} B_I$. Dann ist $B_I = \bigcup_{I \subset J} C_J$. Sei J irgendein

Weg. Dann gibt es einen minimalen Weg $W \in \mathfrak{W}$ mit $W \subset J$. Daraus folgt $C_J \subset B_W \subset B$. Damit gilt $A = \bigcup_{I \text{ Weg}} C_I \subset B$. Nun sei $I \in \mathfrak{W}$. Daraus folgt

$C_J \subset A$ für alle $J \supset I$, und damit $B_I \subset A$. Damit ist $B = \bigcup_{I \in \mathfrak{W}} B_I \subset A$.   ●

Ist A also monoton erzeugt von den A_i, so kann man es folgendermaßen durch die A_i ausdrücken:
a) Man wähle eine Menge $\mathfrak{W}$ von Wegen, die alle minimalen Wege enthält.
b) Zu jedem Weg $W \in \mathfrak{W}$ bilde man den Durchschnitt $D_W := \bigcap_{i \in W} A_i$.
c) Dann ist $A = \bigcup_{W \in \mathfrak{W}} D_W$.

Speziell kann man die Menge $\mathfrak{W}$ wählen als die Menge <u>aller</u> Wege oder als die Menge <u>aller minimalen</u> Wege.

<u>Beispiel</u>: Wir betrachten wieder das durch

$$\boxed{\begin{array}{l} -K_1- \\ -K_2---K_3- \end{array}}$$ dargestellte System.

Die minimalen Wege sind $\{1\}$ und $\{2,3\}$. Damit können wir schreiben:
$A = A_1 \cup A_2 \cap A_3$.   ○

(1.14) <u>Folgerung</u>: $A \neq M$ sei monoton erzeugt von den A_I. $\mathfrak{S}$ sei eine Menge von Schnitten, die alle minimalen Schnitte enthält. Dann gilt $\bar{A} = \bigcup_{C \in \mathfrak{S}} \bigcap_{i \in C} \bar{A}_i$.

<u>Beweis</u>: Nach Folgerung (1.12) ist $\bar{A}$ monoton erzeugt von den $\bar{A}_i$. Die Be-hauptung ergibt sich deshalb aus der Folgerung (1.13).   ●

77

<u>Beispiel</u>: Wir betrachten noch einmal das System

$$\boxed{\begin{array}{c} K_1 \\ K_2 \quad K_3 \end{array}}$$ und darin die Schnitte $\{1,2\}$, $\{1,3\}$ und $\{1,2,3\}$.

Dann erhalten wir: $\displaystyle\bigcup_{C \in \mathfrak{C}} \bigcap_{i \in C} \overline{A}_i = \overline{A}_1 \cap \overline{A}_2 \cup \overline{A}_1 \cap \overline{A}_3 \cup \overline{A}_1 \cap \overline{A}_2 \cap \overline{A}_3 := B.$

Wir wollen bestätigen, daß $B = \overline{A}$ ist. <u>Es ist</u> $B = \overline{A}_1 \cap \overline{A}_2 \cup \overline{A}_1 \cap \overline{A}_3 =$
$= \overline{A}_1 \cap (\overline{A}_2 \cup \overline{A}_3)$ und damit $\overline{B} = A_1 \cup \overline{A}_2 \cup \overline{A}_3 = A_1 \cap A_2 \cup A_3 = A$, also $B = \overline{A}$.
$$\circ$$

Nachdem wir zur Charakterisierung der Funktionsmöglichkeiten eines Systems

1. die Abbildung h und

2. die Ereignisse A_i und A

eingeführt haben, wollen wir nun eine weitere Möglichkeit betrachten:

Zu $I \subset N$ führen wir das <u>Boolesche n-tupel</u> $x_I := (x_{I1}, x_{I2}, \ldots, x_{In})$ ein,

das definiert ist durch $x_{Ij} := \begin{cases} 1, & \text{falls} \quad j \in I \\ 0, & \text{falls} \quad j \notin I \end{cases}$.

Umgekehrt kann man zu einem solchen n-tupel $x = (x_1, x_2, \ldots, x_n)$ die zugehörige Menge I angeben als $I := \{i: x_i = 1\}$.

Das der Menge I entsprechende Minset C_I kann man ebenfalls durch das

n-tupel x ausdrücken. Es ist $\displaystyle C_I = \bigcap_{i=1}^{n} A_i^{x_i} \cap \overline{A}_i^{\,1-x_i}$.

(Dabei soll für ein Ereignis E zur Grundmenge M die Definition gelten:

$$E^{x_i} := \begin{cases} E, & \text{falls} \quad x_i = 1, \\ M, & \text{falls} \quad x_i = 0. \end{cases})$$

Ist I ein Weg, so soll das zugehörige n-tupel $x = x_I$ "<u>Funktionszustand</u>" heißen.

Sind V und W zwei Wege und sind x_V und x_W die zugehörigen Funktionszustände, so gilt:

Es ist genau dann $V \subset W$, wenn $x_{Vi} \leqslant x_{Wi}$ für alle $i \in N$ ist.

Es sei nämlich $V \subset W$ und $x_{Vj} = 1$. Dann ist $j \in V$, damit $j \in W$ und damit $x_{Wj} = 1$, also $x_{Vj} \leqslant x_{Wj}$. Damit ist $x_{Vi} \leqslant x_{Wi}$ für alle $i \in N$.

Nun sei umgekehrt $x_{Vi} \leq x_{Wi}$ für alle $i \in N$. Dann folgt für $j \in V$: $x_{Vj} = 1$, damit $x_{Wj} = 1$ und damit $j \in W$. Also ist $V \subset W$.

Analog zu den minimalen Wegen und den kritischen Wegen kann man auch minimale bzw. kritische Funktionszustände definieren.

Die Funktionszustände sind z.B. dann von Interesse, wenn man einen Zusammenhang herstellen will zwischen dem Booleschen Modell und dem Markowschen Modell.

3.2 Systemfunktionen

3.2.1 Indikatorfunktionen

Es sei irgendeine Menge M gegeben, und wir betrachten Teilmengen A von M.

(2.1) <u>Definition:</u> Eine auf M definierte Funktion $s_A(x)$ heißt "<u>Indikator-</u><u>funktion</u> von A", wenn gilt $s_A(x) = \begin{cases} 1 & \text{für } x \in A, \\ 0 & \text{für } x \in \overline{A}. \end{cases}$

(s. Richter [31]. Statt "Indikatorfunktion" ist gelegentlich auch der Ausdruck "charakteristische Funktion" gebräuchlich.)

<u>Beispiel:</u> Im Abschnitt 3.1.3 wurden die Booleschen n-tupel eingeführt: N bezeichne die Menge $\{1,2,\ldots,n\}$; I sei eine Teilmenge von N; x_I bezeichne das I zugeordnete Boolesche n-tupel, das definiert ist durch

$$x_I = (x_{I1}, x_{I2}, \ldots, x_{In}) \quad \text{und} \quad x_{Ij} = \begin{cases} 1, & \text{falls } j \in I, \\ 0, & \text{falls } j \in N \setminus I. \end{cases}$$

Sieht man sich nun zu I die Indikatorfunktion s_I an, so erkennt man

$$s_i(j) = \begin{cases} 1, & \text{falls } j \in I \\ 0, & \text{falls } j \in N \setminus I \end{cases} = x_{Ij} \ , \quad \text{d.h. man kann das zu } I \subset N \text{ definierte}$$

x_I deuten als n-tupel aus den Bildern der Indikatorfunktion von I. $\quad\quad$ O

Ist A der Durchschnitt zweier Teilmengen B und C von M, so läßt sich $s_A(x)$ durch die Indikatorfunktionen s_B und s_C ausdrücken: $s_A(x) =$ $= s_B(x) s_C(x)$. s_A hat nämlich genau dann den Wert 1, wenn x in B und in C liegt, d.h. wenn s_B und s_C den Wert 1 haben. Man kann auch sagen: Die Indikatorfunktion eines Durchschnitts mehrerer Mengen ist das Infimum der Indikatorfunktionen der beteiligten Mengen.

Entsprechend gilt für die Indikatorfunktion einer Vereinigung $A = \bigcup_i A_i$:

s_A ist das Supremum der Indikatorfunktionen s_{A_i}. Speziell für $A = A_1 \cup A_2$ haben wir: $s_A = s_{A_1} + s_{A_2} - s_{A_1} s_{A_2}$.

Einige Eigenschaften von Indikatorfunktionen faßt der folgende Satz zusammen:

(2.2) <u>Satz:</u> A und B seien Teilmengen der Menge M. Dann gilt

1. $s_{A \cap B} = s_A s_B$,
2. ist $A \cap B = \emptyset$, so ist $s_{A \cup B} = s_A + s_B$,
3. $s_{\overline{A}} = 1 - s_A$,
4. $s_{A \cup B} = s_A + s_B - s_A s_B = s_A + (1 - s_A) s_B$,
5. $s_A s_A = s_A$,
6. es ist genau dann $A \subset B$, wenn für alle $x \in M$ gilt $s_A(x) \leq s_B(x)$.

Die Eigenschaft 5 bezeichnet man als "Idempotenz". Sie beruht auf der Tatsache, daß s_A nur die Werte 1 und 0 annehmen kann.

Die Eigenschaft 4 läßt sich folgendermaßen aus den Eigenschaften 1, 2 und 3 herleiten: $A \cup B = A \cup B'$ mit $B' = \overline{A} \cap B$, $A \cap B' = \emptyset$. Nach 2. ist $s_{A \cup B} = s_A + s_{B'}$. Nach 1. und 3. ist $s_{B'} = (1 - s_A) s_B$, also $s_{A \cup B} = s_A + (1 - s_A) s_B$.

Aus der Eigenschaft 6 ergibt sich: Zwei Mengen A und B stimmen genau dann überein, wenn ihre Indikatorfunktionen übereinstimmen.

In dem folgenden Beispiel benutzen wir die Eigenschaften 1, 2 und 3.

<u>Beispiel 1</u>: Es seien B,C,D irgendwelche Ereignisse.

A: genau eines der Ereignisse B, C, D liegt vor.

Gesucht: s_A in Abhängigkeit von s_B, s_C und s_D.

Es ist $A = B \cap \overline{C} \cap \overline{D} \cup \overline{B} \cap C \cap \overline{D} \cup \overline{B} \cap \overline{C} \cap D$. Daraus folgt

$$s_A = s_B(1 - s_C)(1 - s_D) + (1 - s_B)s_C(1 - s_D) + (1 - s_B)(1 - s_C)s_D =$$
$$= s_B + s_C + s_D - 2s_B s_C - 2s_B s_D - 2s_C s_D + 3s_B s_C s_D. \qquad \bigcirc$$

(2.3) <u>Folgerung:</u> Seien $A, B \subset M$. Dann ist

7. $s_A(1 - s_A s_B) = s_A(1 - s_B)$,
8. $(1 - s_A)(1 - s_A s_B) = 1 - s_A$.

Beispiel 2: Es sei $A = B \cap C \cup B \cap D \cup C \cap D$.

Gesucht: s_A in Abhängigkeit von s_B, s_C und s_D.

Wir setzen: $E = B \cap C$, $F = B \cap D$, $G = C \cap D$. Dann ist

$$s = s_E + (1 - s_E)s_{F \cup G} = s_E + (1 - s_E)[s_F + (1 - s_F)s_G] =$$

$$= s_B s_C + (1 - s_B s_C)[s_B s_D + (1 - s_B s_D)s_C s_D] =$$

$$= s_B s_C + (1 - s_C)s_B s_D + (1 - s_B)s_C s_D = s_B s_C + s_B s_D + s_C s_D - 2 s_B s_C s_D.$$

Wir betrachten Teilmengen $A_1, A_2, \ldots, A_n$ und A von M und setzen von jetzt an:

$s := s_A$ Indikatorfunktion von A,

$s_i := s_{A_i}$ Indikatorfunktion von A_i $(i = 1, 2, \ldots, n)$.

(2.4) <u>Satz</u>: Es sei A erzeugt von den A_i. Die zugehörigen Minsets seien

$$C_I \ (I \subseteq N). \text{ Die Funktion } h(I) \text{ sei definiert als } h(I) := \begin{cases} 1, & \text{falls } C_I \subseteq A, \\ 0, & \text{falls } C_I \not\subseteq A. \end{cases}$$

Dann gilt für die Indikatorfunktion s von A:

a) $\displaystyle s = \sum_{I \subseteq N} h(I) \prod_{i \in I} s_i \prod_{j \notin I} (1 - s_j)$,

b) s ist konstant auf jedem C_I, $I \subseteq N$.

<u>Beweis</u>: Nach dem Satz (1.1.8.c) ist $\displaystyle A = \bigcup_{I \subseteq N} \{C_I : C_I \subseteq A\}$ und damit

$A = \bigcup \{C_I : h(I) = 1\}$. Wegen $C_I \cap C_J = \emptyset$ für $I \neq J$ folgt aus (2.2.(2)):

$\displaystyle s = \sum \{s_{C_I} : h(I) = 1\} = \sum_{I \subseteq N} h(I) s_{C_I}$. Da nach Definition $\displaystyle C_I = \bigcap_{i \in I} A_i \cap$

$\displaystyle \bigcap_{j \in \bar{I}} \bar{A}_j$ ist, folgt aus den Eigenschaften 1. und 2. von (2.2): $s_{C_I} =$

$\displaystyle = \prod_{i \in I} s_i \prod_{j \in \bar{I}} (1 - s_j)$ und damit die Behauptung a).

zu b) Für ein $I \subseteq N$ sei $x \in C_I$. Ist $C_I \subseteq A$, so folgt $s(x) = 1$. Ist $C_I \not\subseteq A$, so folgt $C_I \subseteq \bar{A}$, also $s(x) = 0$. Es ist also

$$s = \begin{cases} 1 \text{ für alle } x \in C_I, \text{ falls } C_I \subseteq A, \\ 0 \text{ für alle } x \in C_I, \text{ falls } C_I \not\subseteq A. \end{cases}$$

Beispiel 3: $A = A_1 \cap (A_2 \cup A_3)$.

Wir berechnen die Indikatorfunktion s zunächst auf Grund der Eigenschaften 1, 2, 3: Aus $A = A_1 \cap A_2 \cup A_1 \cap \bar{A}_2 \cap A_3$ folgt $s = s_1 s_2 + s_1 (1 - s_2)s_3$.

Jetzt wollen wir die Abbildung h betrachten, den obigen Satz anwenden und die Ergebnisse vergleichen. Folgende Minsets C_I liegen in A: $C_{\{1,2\}}$, $C_{\{1,3\}}$, $C_{\{1,2,3\}}$. Es ist also h(I) = 1 für I = $\{1,2\}$, I = $\{1,3\}$ und I = = $\{1,2,3\}$, h(I) = 0 für alle übrigen I $\subset$ $\{1,2,3\}$. Damit ist

$$\sum_{I \in \mathfrak{P}(N)} h(I) \prod_{i \in I} s_i \prod_{j \in \bar{I}} (1 - s_j) = s_1 s_2 (1 - s_3) + s_1 s_3 (1 - s_2) + s_1 s_2 s_3 =$$

$$= s_1 s_2 + s_1 s_3 (1 - s_2) = s. \qquad \bigcirc$$

<u>Bezeichnung:</u> Die Gestalt $s = \sum\limits_{I \in \mathfrak{P}(N)} h(I) \prod\limits_{i \in I} s_i \prod\limits_{j \notin I} (1 - s_j)$ heißt auch <u>disjunktive Normalform</u> von s.

Es ist also <u>z.B.</u> für $A = A_1 \cap A_2 \cup A_1 \cap A_3 \cup A_2 \cap A_3$ die disjunktive Normalform der Indikatorfunktion s von A: $s = s_1 s_2 (1 - s_3) + s_1 (1 - s_2) s_3 + (1 - s_1) s_2 s_3 + s_1 s_2 s_3$.

Durch Ausmultiplizieren erhält man aus der disjunktiven Normalform einer Funktion s die <u>Multilinearform</u>: $s = \sum\limits_{I \in \mathfrak{P}(N)} c_I \prod\limits_{i \in I} s_i$, $(c_I \in \mathbb{Z})$.

Die Multilinearform zu dem s des obigen <u>Beispiels</u> ist damit $s = s_1 s_2 + s_1 s_3 + s_2 s_3 - 2 s_1 s_2 s_3$.
Die Koeffizienten c_I sind hierin also die folgenden ganzen Zahlen:

I	$\prod\limits_{i \in I} s_i$	c_I
$\emptyset$	1	0
$\{1\}$	s_1	0
$\{2\}$	s_2	0
$\{3\}$	s_3	0
$\{1,2\}$	$s_1 s_2$	1
$\{1,3\}$	$s_1 s_3$	1
$\{2,3\}$	$s_2 s_3$	1
$N = \{1,2,3\}$	$s_1 s_2 s_3$	-2

$$\bigcirc$$

Spezielle Indikatorfunktionen s wollen wir "Systemfunktionen" nennen.

(2.5) <u>Definition</u>: Ist A monoton erzeugt von den A_i, $i = 1,2,\ldots,n$, so heißt die Indikatorfunktion $s = s_A$, dargestellt in Abhängigkeit von den $s_i = s_{A_i}$, eine "<u>Systemfunktion</u>".

(2.6) <u>Folgerung</u>: Ist $s = \sum\limits_{I \in \mathfrak{P}(N)} c_I \prod\limits_{i \in I} s_i$ die Multilinearform von s, so gilt

a) für jede Indikatorfunktion s ist $\sum\limits_{I \in \mathfrak{P}(N)} c_I = 1$ oder $\sum\limits_{I \in \mathfrak{P}(N)} c_I = 0$;

b) für jede Systemfunktion s ist $\sum\limits_{I \in \mathfrak{P}(N)} c_I = 1$.

<u>Beweis</u>: Sei s die Indikatorfunktion von $A = \bigcup\limits_{I:h(I)=1} C_I$ (C_I Minsets zu $A_1, A_2, \ldots, A_n$), und damit $h(I) = \begin{cases} 1, & \text{falls } C_I \subseteq A, \\ 0, & \text{falls } C_I \not\subseteq A. \end{cases}$ Es seien (dN)

und (ML) die disjunktive Normalform bzw. Multilinearform von s:

$$(dN) \quad s = \sum\limits_{I \subseteq N} h(I) \prod\limits_{i \in I} s_i \prod\limits_{j \notin I} (1 - s_j),$$

$$(ML) \quad s = \sum\limits_{I \subseteq N} c_I \prod\limits_{i \in I} s_i.$$

Wir betrachten den Fall $s_i = 1$ für alle $i \in N$. Dann folgt aus (dN): $s = h(N)$ und aus (ML): $s = \sum\limits_{I \subseteq N} c_I$, also $\sum\limits_{I \subseteq N} c_I = h(N)$. Da $h(N) \in \{0,1\}$ ist,

folgt also $\sum\limits_{I \subseteq N} c_I = 1$ oder $\sum\limits_{I \subseteq N} c_I = 0$.

Ist s eine Systemfunktion, so ist $A \neq \emptyset$. Also gibt es ein I mit $C_I \subseteq A$. Da A monoton erzeugt ist von den A_i, folgt $C_N \subseteq A$. Das heißt aber: $h(N) = 1$. Also ist für eine Systemfunktion $\sum\limits_{I \subseteq N} c_I = 1$. ●

Sieht man sich die <u>Beispiele</u> dieses Abschnitts an, so findet man eine Bestätigung der Aussagen (a) und (b) dieser Folgerung:

1. $A = B \cap \overline{C} \cap \overline{D} \cup \overline{B} \cap C \cap \overline{D} \cup \overline{B} \cap \overline{C} \cap D$. Hierin ist A erzeugt von B, C und D, aber nicht monoton erzeugt. Es ist $s_A = s_B + s_C + s_D - 2s_B s_C - 2s_B s_D - 2s_C s_D + 3s_B s_C s_D$. Die Summe der Koeffizienten ist also 0.

2. $A = B \cap C \cup B \cap D \cup C \cap D$. Hierin ist A monoton erzeugt von B, C und D. Es ist $s_A = s_B s_C + s_B s_D + s_C s_D - 2s_B s_C s_D$. Die Summe der Koeffizienten ist also 1. ○

__Bemerkung:__ Es gibt Indikatorfunktionen s mit $\sum_{I \subseteq N} c_I = 1$, die keine Systemfunktionen sind.

__Beispiel:__ Es sei $A = A_1 \cap A_2 \cap A_3 \cup (A_1 \cap \overline{A}_2 \cup \overline{A}_1 \cap A_2) \cap \overline{A}_3$. Dafür ist $s = s_1 s_2 s_3 + (s_1 + s_2 - 2 s_1 s_2)(1 - s_3) = s_1 + s_2 - s_1 s_3 - s_2 s_3 - 2 s_1 s_2 + 3 s_1 s_2 s_3$, also $\sum_{I \subseteq N} c_I = 1$. Aber für $I = \{1\}$ und $J = \{1,2\}$ ist $I \subseteq J$, $C_I = A_1 \cap \overline{A}_2 \cap \overline{A}_3 \subseteq A$ und $C_J = A_1 \cap A_2 \cap \overline{A}_3 \not\subseteq A$, d.h. A ist nicht monoton erzeugt von den A_i, d.h. s ist keine Systemfunktion. $\bigcirc$

Wir wollen jetzt noch den Fall betrachten, daß eine Indikatorfunktion __zeitabhängig__ ist: $s = s(t)$. Man hat dann also einen stochastischen Prozeß und kann sich s als Familie von Indikatorfunktionen vorstellen, wobei $s(t)$ zu einem Ereignis A_t gehört. Wir werden von einem solchen A_t sprechen als "Zum Zeitpunkt t liegt A vor".

Dann bekommt für ein Zeitintervall (t_1, t_2) der Ausdruck

$$T_{t_1, t_2} := \int_{t_1}^{t_2} s(t) \, dt$$

die Bedeutung: T_{t_1, t_2} ist der Anteil am Intervall (t_1, t_2), während dessen A vorliegt.

Die Ereignisse A_t, für die wir uns in den späteren Abschnitten interessieren werden, sind speziell

a) A_t = Funktionsfähigkeit eines Gerätes __bis__ zum Zeitpunkt t,

b) A_t = Funktionsfähigkeit eines Gerätes __zum__ Zeitpunkt t.

Bezeichnet nun $a(t)$ die Wahrscheinlichkeit $p(s(t) = 1)$, so gilt nach einem Satz aus der Wahrscheinlichkeitstheorie für den Erwartungswert von T_{t_1, t_2}:

$$\overline{T}_{t_1, t_2} = \int_{t_1}^{t_2} p(s(t) = 1) \, dt = \int_{t_1}^{t_2} a(t) \, dt.$$

Ist $a(t)$ konstant (vergl. "stationärer Zustand", 2.3), so folgt: $\overline{T}_{t_1, t_2} = (t_2 - t_1) a$, falls $a(t) = a$ für alle $t \in (t_1, t_2)$.

Damit ist $a = \dfrac{\overline{T}_{t_1, t_2}}{t_2 - t_1}$, d.h. die stationäre Wahrscheinlichkeit a stimmt überein mit dem mittleren relativen Anteil von (t_1, t_2), während dessen A vorliegt.

3.2.2 Die Systemfunktion eines Systems

Es möge jetzt ein System im Sinne des Abschnitts 3.1 vorliegen. A und A_i seien die Ereignisse

A: das System ist funktionsfähig,

A_i: die i-te Komponente ist funktionsfähig $(i = 1,2,\ldots,n)$.

Dann bezeichnen wir die Indikatorfunktion s von A als "Systemfunktion des Systems".

Man kann s nun aus den minimalen Wegen des Systems gewinnen.

Beispiel 1:

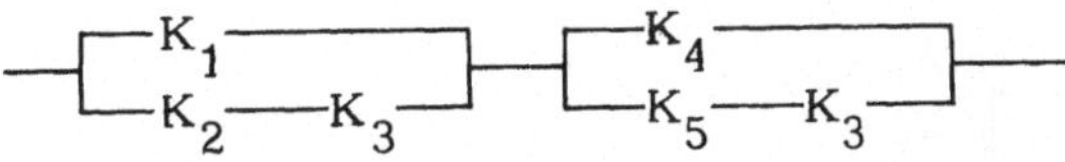

Die minimalen Wege dieses Systems sind $\{1,2,3\}$, $\{1,2,4\}$, $\{1,3,4\}$ und $\{2,3,4\}$. Entsprechend ist $\overline{A} = \overline{A_1 \cap A_2 \cap A_3} \cap \overline{A_1 \cap A_2 \cap A_4} \cap \overline{A_1 \cap A_3 \cap A_4} \cap \overline{A_2 \cap A_3 \cap A_4}$. Daraus folgt $s = 1 - s_{\overline{A}} = 1 - (1 - s_1 s_2 s_3)(1 - s_1 s_2 s_4) \times \times (1 - s_1 s_3 s_4)(1 - s_2 s_3 s_4)$. Durch Ausmultiplizieren unter Berücksichtigung der Idempotenz kann man daraus die Systemfunktion s in der Multilinearform erhalten.

Man kann auch ausgehen von der Beziehung $A = A_1 \cap A_2 \cap A_3 \cup A_1 \cap A_2 \cap A_4 \cup A_1 \cap A_3 \cap A_4 \cup A_2 \cap A_3 \cap A_4 = A_1 \cap A_2 \cap A_3 \cup \overline{A_1 \cap A_2 \cap A_3} \cap [A_1 \cap A_2 \cap A_4 \cup \overline{A_1 \cap A_2 \cap A_4} \cap \{A_1 \cap A_3 \cap A_4 \cup \overline{A_1 \cap A_3 \cap A_4} \cap A_2 \cap A_3 \cap A_4\}])$. Daraus ergibt sich direkt $s = s_1 s_2 s_3 + (1 - s_1 s_2 s_3)[s_1 s_2 s_4 + (1 - s_1 s_2 s_4) \{s_1 s_3 s_4 + (1 - s_1 s_3 s_4)s_2 s_3 s_4\}]$, und Berücksichtigung der Eigenschaften 7 und 8 von Abschnitt 3.2.1 liefert $s = s_1 s_2 s_3 + (1 - s_3)s_1 s_2 s_4 + (1 - s_2)s_1 s_3 s_4 + (1 - s_1)s_2 s_3 s_4 = s_1 s_2 s_3 + s_1 s_2 s_4 + s_1 s_3 s_4 + s_2 s_3 s_4 - 3 s_1 s_2 s_3 s_4$.

○

Beispiel 2: In dem System

sind die minimalen Wege $\{1,4\}$, $\{1,3,5\}$, $\{2,3,4\}$ und $\{2,3,5\}$. Infolgedessen ist $s = s_1 s_4 + (1 - s_1 s_4)[s_1 s_3 s_5 + (1 - s_1 s_3 s_5)\{s_2 s_3 s_4 + (1 - s_2 s_3 s_4)s_2 s_3 s_5\}]$. Wir benutzen die Beziehungen 7 und 8 aus 3.2.1 und erhalten so z.B. $(1 - s_1 s_4)s_2 s_3 s_4 = (1 - s_1)s_2 s_3 s_4$. Daraus folgt $(1-s_1 s_4) \times (1 - s_1 s_3 s_5)s_2 s_3 s_4 = (1 - s_1)s_2 s_3 s_4$. Insgesamt ist damit $s = s_1 s_4 + (1 - s_4)s_1 s_3 s_5 + (1 - s_1)s_2 s_3 s_4 + (1 - s_1)(1 - s_4)s_2 s_3 s_5$. $\qquad\qquad$ O

Im <u>allgemeinen Fall</u> sieht das Verfahren, aus den minimalen Wegen eines Systems seine Systemfunktion s aufzustellen, folgendermaßen aus:
Jedem minimalen Weg W ordnen wir den Ausdruck $s^{(W)} := \prod_{i \in W} s_i$ zu. Dann ist

$$s = 1 - \prod_{\{W:\, W\ \text{minimaler Weg}\}} (1 - s^{(W)}).$$

Sind $W_1, W_2, \ldots, W_m$ die minimalen Wege, so haben wir $s = s^{(W_m)} + (1 - s^{(W_m)})[s^{(W_{m-1})} + \ldots (1 - s^{(W_3)})[s^{(W_2)} + (1 - s^{(W_2)})s^{(W_1)}]\ldots]$.

Wir führen die Multiplikationen schrittweise aus und erhalten die Ergebnisse $s^{(1)}, s^{(2)}, \ldots, s^{(m)} = s$. Dabei ist

$$s^{(1)} = s^{(W_1)},$$
$$s^{(2)} = s^{(W_2)} + (1 - s^{(W_2)})s^{(W_1)},$$
$$s^{(k)} = s^{(W_k)} + (1 - s^{(W_k)})s^{(k-1)}, \quad k = 2, 3, \ldots,$$
$$s = s^{(m)}.$$

Dieses Verfahren eignet sich durch seinen schrittweisen Aufbau auch gut für ein Rechnerprogramm.

Jetzt wollen wir als Abkürzung schreiben $\bar{s} = 1 - s$; $\bar{s}_i = 1 - s_i$ $(i = 1, 2, \ldots, n)$. So wie man aus den minimalen Wegen die Systemfunktion s in Abhängigkeit von den s_i aufstellt, so kann man auch <u>aus den minimalen Schnitten</u> $\bar{s}$ in Abhängigkeit von den $\bar{s}_i$ erhalten.

<u>Beispiel 3:</u> In dem System

sind die minimalen Schnitte $\{1,2\}$, $\{1,3\}$, $\{3,4\}$ und $\{4,5\}$. Damit ist

$$\overline{A} = \overline{A}_1 \cap \overline{A}_2 \cup \overline{A_1 \cap A_3} \cup \overline{A}_3 \cap \overline{A}_4 \cup \overline{A_4 \cap A_5} =$$

$$= \overline{A}_1 \cap \overline{A}_2 \cup \overline{A}_1 \cap \overline{A}_2 \cap [\overline{A_1 \cap A_3} \cup \overline{A}_1 \cap \overline{A}_3 \cap \{\overline{A}_3 \cap \overline{A}_4 \cup \overline{A_3 \cap A_4} \cap \overline{A_4 \cap A_5}\}]$$

Es folgt:

$$\bar{s} = \bar{s}_1\bar{s}_2 + (1-\bar{s}_1\bar{s}_2)[\bar{s}_1\bar{s}_3 + (1-\bar{s}_1\bar{s}_3)\{\bar{s}_3\bar{s}_4 + (1-\bar{s}_3\bar{s}_4)\bar{s}_4\bar{s}_5\}]$$

$$= \bar{s}_1\bar{s}_2 + (1-\bar{s}_2)\bar{s}_1\bar{s}_3 + (1-\bar{s}_1)\bar{s}_3\bar{s}_4 + (1-\bar{s}_1\bar{s}_2)(1-\bar{s}_3)\bar{s}_4\bar{s}_5$$

(was man bei Bedarf noch weiter ausmultiplizieren kann.) ○

Natürlich kann man, wie in 3.2.1., auch bei der Aufstellung der Systemfunktion eines Systems von den Minsets ausgehen, die in der disjunktiven
Normalform vorkommen. Wegen der Monotonie-Eigenschaft der Systemfunktionen kann man aber im allgemeinen jeweils mehrere Minsets zusam-
menfassen. Statt der Minsets $\bigcap\limits_{i=1}^{n} A_i^{x_i} \cap \overline{A}_i^{1-x_i}$ selbst betrachten wir die ihnen zugeordneten n-tupel $x = (x_1, x_2, \ldots, x_n)$. Zwei n-tupel, die sich nur
in einer Stelle unterscheiden, kann man zusammenfassen: z.B. werden
$(1,0,0,1,0)$ und $(1,0,1,1,0)$ zu $(1,0,-,1,0)$, was bedeuten soll:

$$A_1 \cap \overline{A}_2 \cap \overline{A}_3 \cap A_4 \cap \overline{A}_5 \cup A_1 \cap \overline{A}_2 \cap A_3 \cap A_4 \cap \overline{A}_5 = A_1 \cap \overline{A}_2 \cap A_4 \cap \overline{A}_5.$$

<u>Beispiel</u>: Das System

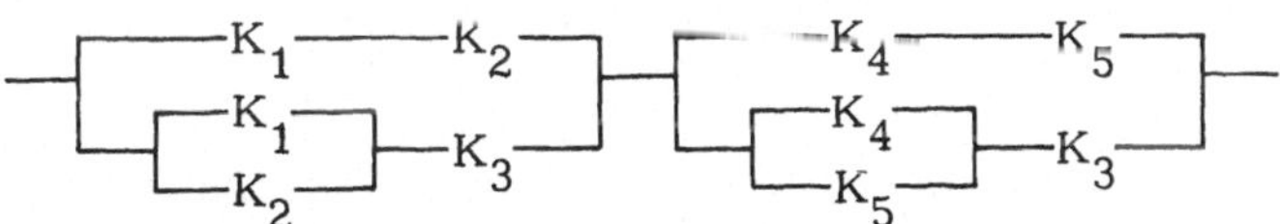

besitzt die folgenden Funktionszustände:

x_1	x_2	x_3	x_4	x_5
1	0	1	1	0
1	0	1	0	1
0	1	1	1	0
0	1	1	0	1
1	1	0	1	1
1	1	1	1	0
1	1	1	0	1
1	0	1	1	1
0	1	1	1	1
1	1	1	1	1

Zusammenfassen verschiedener Zustände ergibt:

x_1	x_2	x_3	x_4	x_5
–	1	1	1	–
1	0	1	1	–
1	–	1	0	1
0	1	1	0	1
1	1	0	1	1

Die Systemfunktion des Systems ist damit $s = s_2 s_3 s_4 + s_1 s_3 s_4 (1 - s_2) +$

$+ s_1 s_3 s_5 (1 - s_4) + s_2 s_3 s_5 (1 - s_1)(1 - s_4) + s_1 s_2 s_4 s_5 (1 - s_3).$ ○

3.2.3 Normale Zerlegung von Indikatorfunktionen

Es seien $A_1, A_2, \ldots, A_n \subseteq M$ und $A \subseteq M$, und A sei erzeugt von den A_i
$(i = 1, 2, \ldots, n)$. Es seien $s_i := s_{A_i}$ (für $i = 1, 2, \ldots, n$) und $s := s_A$ die
Indikatorfunktionen der A_i bzw. von A.

Zu der Indikatorfunktion $s = s_A$ und zu einem $i \in N = \{1, 2, \ldots, n\}$ definieren wir die beiden Indikatorfunktionen s_B und s_C folgendermaßen:

Setzt man $s_i = 1$, so ist $s = s_B$.

Setzt man $s_i = 0$, so ist $s = s_C$.

s_B und s_C lassen sich also darstellen als Funktionen der s_j, $j \in N \setminus \{i\}$.
Ferner gilt:

$s = s_i s_B + (1 - s_i) s_C.$

Ist nämlich $s_i = 1$, so ist $s_i s_B + (1 - s_i) s_C = s_B = s$. Ist $s_i = 0$, so ist
$s_i s_B + (1 - s_i) s_C = s_C = s$.

Wenn B und C die zu s_B und s_C gehörenden Teilmengen von M sind, so
ist $A = A_i \cap B \cup \overline{A}_i \cap C$, und darin sind B und C erzeugt von den A_j,
$j \in N \setminus \{i\}$.

Die Darstellung $s = s_i s_B + (1 - s_i) s_C$ (in der s_B und s_C Funktionen der s_j,
$j \in N \setminus \{i\}$ sind) heißt normale Zerlegung von s bezüglich i (im englischen
"pivotal decomposition"). Die zugehörige Darstellung $A = A_i \cap B \cup \overline{A}_i \cap C$
heißt normale Zerlegung von A bezüglich i.

Von besonderem Interesse sind normale Zerlegungen, wenn s die Systemfunktion eines Systems ist (vergl. 3.2.2). Dann sind B und C die Ereignisse

B: Funktionsfähigkeit des Systems bei intaktem K_i,

C: Funktionsfähigkeit des Systems bei ausgefallenem K_i.

Beispiel: Wir betrachten das System, das dem Zuverlässigkeitsschaltbild

entspricht, und wollen für i = 3 dieses System "zerlegen".

Dem Ereignis B entspricht dann das System

,

dem Ereignis C das System

.

Daraus ergibt sich: $s_B = 1-(1-s_4)(1-s_5)$ und $s_C = 1-(1-s_1s_4)(1-s_2s_5)$,
also $s = s_3[1-(1-s_4)(1-s_5)] + (1-s_3)[1-(1-s_1s_4)(1-s_2s_5)]$. $\qquad$ O

Wie dieses Beispiel zeigt, kann man das Prinzip der normalen Zerlegung
dazu benutzen, zu einem Zuverlässigkeitsschaltbild die Systemfunktion aufzustellen. Dabei ist es manchmal zweckmäßig, die Ereignisse B und C
nach der gleichen Methode noch weiter aufzugliedern.

(2.7) Satz: Es sei A monoton erzeugt von $A_1, A_2, \ldots, A_n$, und $A = A_i$
$\cap B \cup \overline{A}_i \cap C$ sei die normale Zerlegung von A (d.h. B und C sollen erzeugt sein von den A_j, $j \in N \setminus \{i\}$). Dann gilt
a) $C \subset B$, also auch: $s_C \leq s_B$;
b) $C = \emptyset$ oder C ist monoton erzeugt von den A_j, $j \in N \setminus \{i\}$, also: $s_C = 0$
   oder s_C ist Systemfunktion;
c) B ist monoton erzeugt von den A_j, $j \in N \setminus \{i\}$, also: s_B ist Systemfunktion;
d) $\tilde{A} := A \setminus C$ ist das Ereignis "Ein bezüglich i kritischer Zustand liegt vor",
   also: $\tilde{s} = s - s_C = s_i(s_B - s_C)$ ist die dazu gehörige Indikatorfunktion.

Beweis: Zuerst soll bewiesen werden $C \subset A$. Es sei C_I' ein Minset zu den
A_j, $j \in N \setminus \{i\}$ und $C_I' \subset C$. Dann ist $\overline{A}_i \cap C_I' = C_I \subset \overline{A}_i \cap C \subset A$. Damit ist

weiter $C_{I \cup \{i\}} = A_i \cap C_I' \subset A$, also $C_I' = (A_i \cup \overline{A}_i) \cap C_I' \subset A$. Da $C =$
$= \bigcup \{C_I' : C_I' \subset C\}$ ist, folgt $C \subset A$.

zu a) Aus $C \subset A$ folgt $s_C \leq s$. Aus $s = s_i s_B + (1 - s_i) s_C$ folgt weiter
$s - s_C = s_i s_B - s_i s_C = s_i (s_B - s_C) \geq 0$ und damit $s_B - s_C \geq 0$, also $C \subset B$.

zu b) Es sei $C \neq \emptyset$, und C_I' sei ein Minset mit $C_I' \subset C$. Ferner sei $I \subset J$
$\subset N \setminus \{i\}$. Dann ist $\overline{A}_i \cap C_I' = C_I \subset \overline{A}_i \cap C \subset A$. Damit ist $C_J = \overline{A}_i \cap C_J' \subset A$,
also $\overline{A}_i \cap C_J' \subset \overline{A}_i \cap A = \overline{A}_i \cap C$. Also gilt $(1 - s_i) s_{C_J'} \leq (1 - s_i) s_C$, also
$s_{C_J'} \leq s_C$, also $C_J' \subset C$. Falls also $C \neq \emptyset$ ist, ist es monoton erzeugt.

zu c) Aus $s_B \equiv 0$ würde wegen $s_C \leq s_B$ folgen $s = s_i s_B + (1 - s_i) s_C \equiv 0$.
Da s als $s \not\equiv 0$ vorausgesetzt ist, folgt also $s_B \not\equiv 0$. Es sei C_I' ein Minset
mit $C_I' \subset B$ und $I \subset J$. Dann folgt $A_i \cap C_I' = C_{I \cup \{i\}} \subset A_i \cap B \subset A$ und damit
$A_i \cap C_J' = C_{J \cup \{i\}} \subset A$, also $A_i \cap C_J' \subset A_i \cap A = A_i \cap B$. Damit ist $s_i (s_B - s_{C_J'}) \geq 0$, also $s_{C_J'} \leq s_B$, also $C_J' \subset B$, d.h. B ist monoton erzeugt, s_B
also Systemfunktion.

zu d) Es ist $\widetilde{A} = \bigcup \{C_I : i \in I$ und $C_I \subset A$ und $C_{I \setminus \{i\}} \not\subset A\} = \bigcup \{C_I : i \in I$
und $C_I \subset A\} \setminus \bigcup \{C_I : i \in I$ und $C_{I \setminus \{i\}} \subset A\} = (A_i \cap A) \setminus (A_i \cap C)$. Daraus
folgt $\widetilde{s} = s_i s - s_i s_C = s_i s_B - s_i s_C$. Andererseits ist $s - s_C = s_i s_B + (1 - s_i) s_C -$
$- s_C = s_i s_B - s_i s_C$, also $\widetilde{s} = s - s_C$ und damit $\widetilde{A} = A \setminus C$. $\bullet$

<u>Beispiel:</u> Zu dem System

sollen für $i = 2$ die Indikatorfunktionen s_B, s_C und $\widetilde{s}$ angegegeben werden.
Die Systemfunktion s dieses Systems ist $s = s_1 + s_2 s_3 - s_1 s_2 s_3$. Setzt man
$s_2 = 1$, so erhält man daraus: $s_B = s_1 + s_3 - s_1 s_3$. Setzt man $s_2 = 0$, so
erhält man $s_C = s_1$. Damit ist $\widetilde{s} = s - s_C = s_2 s_3 - s_1 s_2 s_3 = (1 - s_1) s_2 s_3$,
in Übereinstimmung mit $\widetilde{A} = \overline{A}_1 \cap A_2 \cap A_3$. $\bigcirc$

Wir erinnern uns an die Folgerung (1.7) des Abschnitts 3.1.2. Sie enthält
die Aussage $\mathfrak{W}_i = \mathfrak{W} \setminus \mathfrak{V}_i$. Darin ist $\mathfrak{W}$ die Menge aller Wege des Systems,
$\mathfrak{V}_i$ die Menge all derjenigen Wege, die einen minimalen Weg W_{min} mit
$i \notin W_{min}$ enthalten, und $\mathfrak{W}_i$ die Menge aller bezüglich i kritischen Wege.
Ordnet man der Menge $\mathfrak{W}$ die Systemfunktion s zu, der Menge $\mathfrak{V}_i$ die Größe
s_C und der Menge $\mathfrak{W}_i$ die Größe $\widetilde{s}$, so erkennt man die Äquivalenz zwischen
der Mengen-Beziehung von (1.7) und dem Ausdruck $\widetilde{s} = s - s_C$ von Satz
(2.7).

Nun betrachten wir zu einem A die normalen Zerlegungen zu sämtlichen $i \in N$.

(2.8) <u>Folgerung:</u> Es sei $A \neq \emptyset$ erzeugt von $A_1, A_2, \ldots, A_n$. Die normalen Zerlegungen bezüglich i seien $A = A_i \cap B_i \cup \overline{A}_i \cap C_i$ (B_i, C_i erzeugt von den A_j, $j \in N \setminus \{i\}$). Dann sind die folgenden beiden Aussagen äquivalent:
1. A ist monoton erzeugt von den A_i, $i \in N$;
2. für alle $i \in N$ ist $C_i \subset A$.

<u>Beweis:</u> Nach dem Beweis von Satz (2.7) folgt aus 1.: $C_i \subset A$, also 2. Nun sei 2. erfüllt. Es sei $I \subset N$, $i \notin I$ und $C_I \subset A$. Wir wollen zeigen, daß dann folgt: $C_{I \cup \{i\}} \subset A$. Aus $i \notin I$ folgt: $C_I \subset \overline{A}_i$. Deshalb läßt sich C_I darstellen als $C_I = \overline{A}_i \cap C_I'$, und es ist $C_{I \cup \{i\}} = A_i \cap C_I'$. Aus $C_I \subset A$ folgt $\overline{A}_i \cap C_I' \subset \overline{A}_i \cap A = \overline{A}_i \cap C_i$, also $C_I' \subset C_i \subset A$. Damit ist auch $C_{I \cup \{i\}} = A_i \cap C_I' \subset A$. ●

(2.9) <u>Folgerung:</u> Es sei s die Systemfunktion eines Systems und $s = s_i s_B$ $+ (1 - s_i) s_C$ die normale Zerlegung von s bezüglich i. Ist $s = \sum\limits_{I \subset N} c_I s_I$

($s_I := \prod\limits_{i \in I} s_i$) die Multilinearform von s, so folgt

a) $s_C = \sum\limits_{I \subset N \setminus \{i\}} c_I s_I$,

b) $\tilde{s} = \sum\limits_{I \subset N \text{ u. } i \in I} c_I s_I$.

<u>Beweis:</u> Man erhält s_C aus s, wenn man $s_i = 0$ setzt, d.h. in $\sum\limits_{I \subset N} c_I s_I$ bleiben nur diejenigen Summanden, für die $i \notin I$ ist, d.h. $s_C = \sum \{c_I s_I : i \notin I\} = \sum \{c_I s_I : I \subset N \setminus \{i\}\}$. Aus $\tilde{s} = s - s_C$ ergibt sich: $s = \sum\limits_{I} c_I s_I - \sum \{c_I s_I : I \subset N \setminus \{i\}\} = \sum \{c_I s_I : i \in I\}$. ●

<u>Beispiel:</u> Das System

$$\begin{array}{ccc} K_1 & & K_2 \\ K_1 & & K_3 \\ K_2 & & K_3 \end{array}$$

hat die Systemfunktion $s = s_1 s_2 + s_1 s_3 + s_2 s_3 - 2 s_1 s_2 s_3$.

Für i = 2 ergibt sich nach (2.9.b): $\tilde{s} = s_1 s_2 + s_2 s_3 - 2 s_1 s_2 s_3 = s_2(s_1 +$
$+ s_3 - 2 s_1 s_3)$ (in Übereinstimmung mit $\tilde{A} = A_2 \cap (A_1 \cap \overline{A}_3 \cup A_3 \cap \overline{A}_1)$. $\circ$

3.3 Intaktwahrscheinlichkeiten

3.3.1 Allgemeine Regeln

Wir gehen in diesem Abschnitt davon aus, daß ein Ereignis A gegeben ist
in Abhängigkeit von den Ereignissen $A_1, A_2, \ldots, A_n$ (d.h. A sei erzeugt
von den A_i). Die Indikatorfunktion s von A möge vorliegen als Funktion
von den Indikatorfunktionen s_i der A_i (i = 1,2,...,n). Dann soll - wenn
möglich - die Wahrscheinlichkeit $p(A) = p(s = 1)$ angegeben werden in Abhängigkeit von den Wahrscheinlichkeiten $p(A_i) = p(s_i = 1) := p_i$. Haben
speziell die Ereignisse A_i und A die Bedeutung

A_i: "die i-te Systemkomponente ist intakt" (i = 1,2,...,n),

A : "das System ist funktionsfähig", so ist p(A) die Intaktwahrscheinlichkeit des Systems und $p(A_i)$ die Intaktwahrscheinlichkeit der i-ten Komponente (i = 1,2,...,n). Spezielle Intaktwahrscheinlichkeiten sind die Überlebenswahrscheinlichkeit und die Verfügbarkeit.

Vorab betrachten wir das folgende

<u>Beispiel</u>: Es seien A_1, A_2, A_3, A_4, A_5 unabhängige Ereignisse zu $[M, \mathfrak{A}, p]$.
Ferner sei $A := A_1 \cap A_2 \cup \overline{A}_1 \cap A_3 \cap \overline{A_4 \cap A_5}$. Bezeichnen s die Indikatorfunktion von A und die s_i die Indikatorfunktionen der A_i (i = 1,2,...,5),
so ist $s = s_1 s_2 + (1 - s_1) s_3 (1 - s_4 s_5)$.
Gesucht: die Wahrscheinlichkeit $p(s = 1)$ in Abhängigkeit von den $p(s_i = 1)$:
$= p_i$ (i = 1,2,...,5).
Wir setzen dazu $E_1 := A_1 \cap A_2$ und $E_2 := \overline{A}_1 \cap A_3 \cap \overline{A_4 \cap A_5}$. Damit ist
$A = E_1 \cup E_2$ und $E_1 \cap E_2 = \emptyset$, also $p(A) = p(E_1) + p(E_2)$. Für $p(E_1)$ ergibt sich direkt $p(E_1) = p(A_1) p(A_2) = p_1 p_2$. Weiter setzen wir $E_3 := \overline{A}_1$
und $E_4 := \overline{A_4 \cap A_5}$. Dann folgt $p(E_3) = 1 - p(A_1) = 1 - p_1$, $p(E_4) = 1 -$
$- p(A_4 \cap A_5) = 1 - p_4 p_5$ und $p(E_2) = p(E_3) p(A_3) p(E_4) = (1 - p_1) p_3 (1 -$
$- p_4 p_5)$. Insgesamt haben wir also $p(s = 1) = p_1 p_2 + (1 - p_1) p_3 (1 - p_4 p_5)$.

○

In diesem Beispiel braucht man also nur jedes s_i durch p_i zu ersetzen,
um aus s die Wahrscheinlichkeit $p(s = 1)$ in Abhängigkeit von den p_i zu

erhalten. Wir wollen untersuchen, wann dieses Verfahren allgemein erlaubt ist. Sicher darf s nicht in einer beliebigen Form gegeben sein. Das erkennt man an dem Beispiel $s = s_1 s_1$. Hierfür ist $p(s = 1) = p(s_1 = 1) = p_1$, was im allgemeinen nicht mit $p_1 p_1$ übereinstimmt.

(3.1) <u>Lemma</u>: Es sei $[M, \mathfrak{A}, p]$ ein Wahrscheinlichkeitsraum, $E, E_1, E_2, \ldots, E_m$ seien Ereignisse, $E, E_i \in \mathfrak{A}$, s und v_i seien die Indikatorfunktionen von E bzw. E_i, α_i seien ganze Zahlen $(i = 1, 2, \ldots, m)$. Dann gilt

a) falls $s = \displaystyle\sum_{i=1}^{m} \alpha_i v_i$ ist, so folgt $p(s = 1) = \displaystyle\sum_{i=1}^{m} \alpha_i p(v_i = 1)$;

b) ist $s = \displaystyle\prod_{i=1}^{m} v_i$ und sind die v_i unabhängig, so folgt $p(s = 1) = \displaystyle\prod_{i=1}^{m} p(v_i = 1)$.

<u>Beweis</u>: Nach Abschnitt 2.2.1 ist $p(s = 1) = Es$ und $p(v_i = 1) = Ev_i$. Nach der Folgerung (1.3.10) gilt ferner:

a) Für $s = \displaystyle\sum_{i=1}^{m} \alpha_i v_i$ ist $E(s) = \displaystyle\sum_{i=1}^{m} \alpha_i E(v_i)$, also $p(s = 1) = \displaystyle\sum_{i=1}^{m} \alpha_i p(v_i = 1)$.

b) Für $s = \displaystyle\prod_{i=1}^{m} v_i$ mit unabhängigen v_i ist $E(s) = \displaystyle\prod_{i=1}^{m} E(v_i)$,

also $p(s = 1) = \displaystyle\prod_{i=1}^{m} p(v_i = 1)$. $\bullet$

(3.2) <u>Satz</u>: Es sei $[M, \mathfrak{A}, p]$ ein Wahrscheinlichkeitsraum. $A_1, A_2, \ldots, A_n$, $E_1, E_2, \ldots, E_m$ und A seien Ereignisse aus $\mathfrak{A}$, und zwar seien die A_i unabhängig voneinander und A sowie jedes E_j sei erzeugt von den A_i $(i = 1, 2, \ldots, n; j = 1, \ldots, m)$. s_i seien die Indikatorfunktionen der A_i $(i = 1, \ldots, n)$, s_j seien die Indikatorfunktionen der E_j $(j = 1, \ldots, m)$, und s sei die Indikatorfunktion von A. Schließlich bezeichne $\mathfrak{S}$ die Menge aller Ausdrücke s, für die man $p(s = 1)$ dadurch erhält, daß man jedes s_i durch $p(s_i = 1)$ ersetzt. Dann gilt

a) für $I \subset \{1, 2, \ldots, n\}$ ist $\displaystyle\prod_{i \in I} s_i \in \mathfrak{S}$;

b) falls $s \in \mathfrak{S}$ ist, folgt auch $1 - s \in \mathfrak{S}$.

c) Es seien $\alpha_1, \alpha_2, \ldots, \alpha_m$ ganze Zahlen. Falls $s^1, s^2, \ldots, s^m \in \mathfrak{S}$ ist,

folgt dann $\displaystyle\sum_{i=1}^{m} \alpha_i s^i \in \mathfrak{S}$.

d) Sind $s^1, s^2, \ldots, s^m$ voneinander unabhängig und $s^j \in \mathfrak{S}$ für $j = 1, 2, \ldots, m$,

so folgt $\displaystyle\prod_{j=1}^{m} s^j \in \mathfrak{S}$.

Dieser Satz enthält also die Aussagen: Erfüllt jeder Summand einer Summe die durch $\mathfrak{S}$ beschriebene Eigenschaft, so gilt das auch für die Summe. Ist ein Produkt aus unabhängigen Faktoren gegeben, in dem jeder Faktor die durch $\mathfrak{S}$ beschriebene Eigenschaft erfüllt, so gilt das auch für das Produkt. Die Unabhängigkeit der Ausdrücke s^j ist dann gegeben, wenn es zu jedem j eine Indexmenge $I_j \subset N$ gibt, so daß gilt: 1. s^j ist nur von solchen s_i abhängig, für die $i \in I_j$ ist, und 2. $I_j \cap I_k = \emptyset$ für alle $j \neq k$.
Der Beweis von Satz (3.2) erübrigt sich nach Lemma (3.1).

Besonders interessant sind die Spezialfälle, daß die Indikatorfunktion s in der Multilinearform oder in der disjunktiven Normalform vorliegt. Die Punkte a) und b) der nächsten Folgerung gehen nicht davon aus, daß die s_i unabhängig sein müssen. a') und b') betreffen den praktisch wichtigen Fall der Unabhängigkeit der s_i.

(3.3) <u>Folgerung</u>: Ist s in der Multilinearform $s = \displaystyle\sum_{I \in \mathfrak{P}(N)} c_I \prod_{i \in I} s_i$
gegeben, so folgt

a) $p(s = 1) = \displaystyle\sum_{I} c_I \, p\left(\prod_{i \in I} s_i = 1 \right)$;

a') sind die s_i unabhängig, so ist $p(s = 1) = \displaystyle\sum_{I} c_I \prod_{i \in I} p_i$.

Ist s in der disjunktiven Normalform $s = \displaystyle\sum_{I \in \mathfrak{P}(N)} h(I) \prod_{i \in I} s_i \prod_{j \notin I} (1 - s_j)$
gegeben, so folgt

b) $p(s = 1) = \displaystyle\sum_{I \in \mathfrak{P}(N)} h(I) \, p\left(\prod_{i \in I} s_i \prod_{j \notin I} (1 - s_j) = 1 \right)$;

b') sind die s_i unabhängig, so ist $p(s = 1) = \displaystyle\sum_{I} h(I) \prod_{i \in I} p_i \prod_{j \notin I} (1 - p_j)$.

<u>Beispiel zu a)</u>: Für das Zuverlässigkeitsschaltbild

sei der extreme Fall $K_1 \equiv K_2$ gegeben. Wir wollen sehen, daß die Beziehung a) gültig ist. Es ist $s = s_1 + s_2 - s_1 s_2$ mit $p(s_1 = 1) = p(s_2 = 1) =$
$= p(s_1 s_2 = 1) = p_1$. Nach a) ergibt sich damit: $p(s) = p_1 + p_1 - p_1 = p_1 =$
$= p(s_1 = 1)$.   O

<u>Beispiel zu a')</u>: Es sei $A = A_1 \cap A_2 \cap \overline{A}_3 \cup A_1 \cap \overline{A}_2 \cap A_3 \cup \overline{A}_1 \cap A_2 \cap A_3$
(also "genau 2 von 3 Ereignissen A_i"). Dafür ist $s = s_1 s_2 + s_1 s_3 + s_2 s_3 -$
$- 3 s_1 s_2 s_3$. Sind die $p_i = p(s_i = 1)$ alle gleich p, so ergibt sich: $p(s = 1) =$
$= 3p^2 - 3p^3 = 3p^2 (1 - p)$.
Das in diesem Beispiel betrachtete Ereignis liegt z.B. dann vor, wenn man
sich bei einem 2 aus 3 - System dafür interessiert, daß das System zwar
funktioniert, aber nicht alle 3 Komponenten intakt sind.
Für $p = 0,7$ erhält man z.B. $p(s = 1) = 0,441$. Wir vergleichen damit die
Wahrscheinlichkeit für einwandfreies Funktionieren: $p(s_1 = 1; s_2 = 1;$
$s_3 = 1) = p^3 = 0,343$.   O

<u>Beispiel zu b')</u>: Wir betrachten den Fall, daß von den Ereignissen A_1, A_2
und A_3 genau 1 erfüllt ist. Dafür ist $s = s_1 (1 - s_2)(1 - s_3) + s_2 (1 - s_1) \times$
$(1 - s_3) + s_3 (1 - s_1)(1 - s_2)$. Mit $p := p(s_i = 1)$, $i = 1,2,3$, ist $p(s = 1) =$
$= 3p(1 - p)^2$.   O

Besondere Bedeutung haben der Satz (3.2) und die Folgerung (3.3) im Zusammenhang mit der Funktionsfähigkeit eines Systems. Sie finden bei folgenden Fragestellungen Anwendung:

1. Wie wahrscheinlich ist es, daß das System funktionsfähig ist?
2. Wie wahrscheinlich ist es, daß das System nicht funktionsfähig ist?
3. Wie wahrscheinlich ist es, daß bei ausgefallener Komponente K_i auch
   das System ausgefallen ist?
4. Wie wahrscheinlich ist es, daß an einem Systemausfall die Komponente
   K_i beteiligt ist?
5. Mit welcher Wahrscheinlichkeit liegt ein bezüglich i kritischer Zustand
   vor?

Hierzu betrachten wir zuvor noch einmal die normale Zerlegung $s = s_i s_B +$
$+ (1 - s_i) s_C$ einer Indikatorfunktion s.

(3.4) <u>Folgerung</u>: Es sei s die Indikatorfunktion von A; A sei erzeugt von
$A_1, A_2, \ldots, A_n$; die A_i seien unabhängig voneinander; in $A = A_i \cap B \cup \overline{A}_i \cap C$
seien B und C erzeugt von den A_j, $j \in N \setminus \{i\}$. Dann gilt

a) $p(A|A_i) = p(B)$,

b) $p(\overline{A}|\overline{A}_i) = 1 - p(C)$,

c) ist A monoton erzeugt von den A_i und $\widetilde{A} = A \setminus C$, so ist $p(\widetilde{A}) = p(A) - p(A|\overline{A}_i)$.

<u>Beweis:</u> zu a) $p(A|A_i) = \dfrac{p(A_i \cap A)}{p(A_i)} = \dfrac{p(A_i \cap B)}{p(A_i)} = p(B)$.

zu b) $p(\overline{A}|\overline{A}_i) = \dfrac{1}{p(\overline{A}_i)} \, p(\overline{A}_i \cap \overline{A}) = \dfrac{1}{p(\overline{A}_i)} [p(\overline{A}_i) - p(\overline{A}_i \cap A)] =$

$$= 1 - \dfrac{p(\overline{A}_i \cap A)}{p(\overline{A}_i)} = 1 - \dfrac{p(\overline{A}_i \cap C)}{p(\overline{A}_i)} = 1 - p(C).$$

zu c) Ist A monoton erzeugt, so ist nach der Folgerung (2.8): $C \subset A$, also $p(\widetilde{A}) = p(A) - p(C)$. Analog zu a) ist $p(C) = p(A|\overline{A}_i)$, also $p(\widetilde{A}) = p(A) - p(A|\overline{A}_i)$. ●

Ist A jetzt wieder die Funktionsfähigkeit eines Systems und A_i die Funktionsfähigkeit der Komponente K_i, so ergibt sich aus der Folgerung (3.4.b): Die Wahrscheinlichkeit dafür, daß bei ausgefallenem K_i auch das System nicht funktionsfähig ist, ist gleich $1 - p(C)$. Wenn man die Multilinearform von s verwendet, ist diese Wahrscheinlichkeit $p(\overline{A}|\overline{A}_i) = 1 - \sum_I \{c_I p(s_I = 1) \,|\, i \notin I\}$.

Aus (3.4.c) ergibt sich: Die Wahrscheinlichkeit dafür, daß ein bezüglich i kritischer Zutand vorliegt, ist $p(\widetilde{A}) = p(A) - p(C)$, und bei Verwendung der Multilinearform: $p(\widetilde{A}) = \sum_I \{c_I p(s_I = 1) \,|\, i \in I\}$.

Den oben aufgezählten 5 Fragestellungen entsprechen dann die Wahrscheinlichkeiten:

1. $p(A) = p(s = 1)$,

2. $p(\overline{A}) = p(\overline{s} = 1) = 1 - p(s = 1)$,

3. $p(\overline{A}|\overline{A}_i) = 1 - p(C) = 1 - p(s_C = 1)$,

4. $p(\overline{A}_i|\overline{A}) = \dfrac{1}{p(\overline{A})} \, p(\overline{A}_i) p(\overline{A}|\overline{A}_i) = \dfrac{1 - p(s_i = 1)}{1 - p(s = 1)} (1 - p(s_C = 1))$,

5. $p(\widetilde{A}) = p(s = 1) - p(s_C = 1)$.

Wir betrachten dazu das

<u>Beispiel:</u>

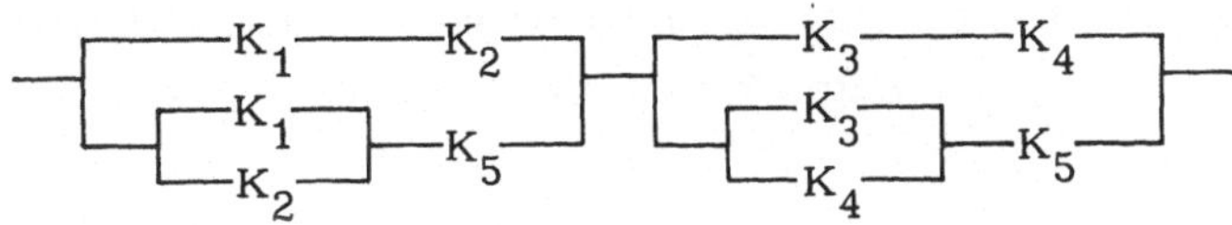

Dazu gehört die Systemfunktion $s = s_5(s_1 + s_2 - s_1 s_2)(s_3 + s_4 - s_3 s_4) +$
$+ (1 - s_5) s_1 s_2 s_3 s_4$. Diese Form ist die normale Zerlegung bezüglich $i = 5$.
Es ist darin $s_C = s_1 s_2 s_3 s_4$.

Wenn die Komponenten K_i voneinander unabhängig sind und die Intaktwahrscheinlichkeiten p_i haben, so folgt:

zu 1. Die Intaktwahrscheinlichkeit des Systems ist $p(s = 1) = p_5 [p_1 + p_2 -$
$- p_1 p_2][p_3 + p_4 - p_3 p_4] + (1 - p_5) p_1 p_2 p_3 p_4$.

zu 3. Die Wahrscheinlichkeit dafür, daß bei ausgefallener Komponente K_5
das ganze System ausgefallen ist, ist $p(\overline{A}|\overline{A}_5) = 1 - p(s_C = 1) = 1 - p_1 p_2 p_3 p_4$
(Das ist anschaulich klar: Genau dann ist bei ausgefallenem K_5 das ganze
System ausgefallen, wenn nicht alle übrigen Komponenten intakt sind).

zu 5. Die Wahrscheinlichkeit dafür, daß ein bezüglich $i = 5$ kritischer Zustand vorliegt, ist $p(\widetilde{A}) = p_5 [(p_1 + p_2 - p_1 p_2)(p_3 + p_4 - p_3 p_4) - p_1 p_2 p_3 p_4]$.

Für die Ausgangsdaten $p_1 = p_2 = p_3 = p_4 = 0{,}9$ und $p_5 = 0{,}99$ erhält man
z.B.

$p(s = 1) = 0{,}98$,

$p(\overline{A}|\overline{A}_5) = 0{,}34$,

$p(\widetilde{A}) = 0{,}32$.

Die Wahrscheinlichkeit, daß an einem Systemausfall die Komponente K_5
beteiligt ist, ist für diese Ausgangsdaten p_i: $\quad p(\overline{A}_5|\overline{A}) = \dfrac{p(\overline{A} \cap \overline{A}_5)}{p(\overline{A})} =$

$= \dfrac{p(\overline{A}_5) p(\overline{A}|\overline{A}_5)}{p(\overline{A})} = \dfrac{1 - p_5}{p(\overline{A})} \; p(\overline{A}|\overline{A}_5) = 0{,}15$. $\qquad\qquad$ O

3.3.2 Systeme ohne Reparatur

Werden in einem System keine Reparaturen durchgeführt, so sind die Intaktwahrscheinlichkeiten von Komponenten und Gesamtsystem identisch mit ihren Überlebenswahrscheinlichkeiten. Es sei s die Systemfunktion eines

Systems aus n Komponenten K_i $(i = 1,2,\ldots,n)$, $R_i(t)$ bezeichne die
Überlebenswahrscheinlichkeit von K_i und $R_s(t)$ die Überlebenswahrscheinlichkeit des Systems. Sind die Komponenten unabhängig voneinander, so erhält man $R_s(t)$ durch Anwendung von Satz (3.2) bzw. Folgerung (3.3).

<u>Beispiel</u>: Das System

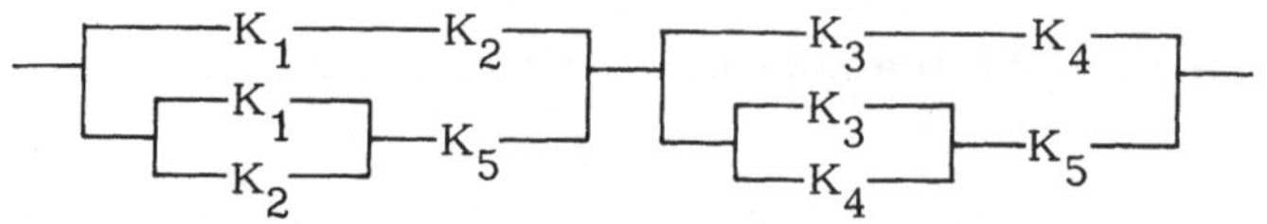

hat die Systemfunktion $s = s_5[s_1 + s_2 - s_1 s_2][s_3 + s_4 - s_3 s_4] + (1 - s_5)$
$s_1 s_2 s_3 s_4$.
Seine Überlebenswahrscheinlichkeit ist damit $R_s(t) = R_5(t)[R_1(t) + R_2(t) -$
$- R_1(t)R_2(t)][R_3(t) + R_4(t) - R_3(t)R_4(t)] + [1 - R_5(t)]R_1(t)R_2(t)R_3(t)$
$R_4(t)$. Wir setzen nun exponentiell verteilte Lebensdauern voraus $R_i(t) =$
$= \exp(- \lambda_i t)$, $(i = 1,2,\ldots,n)$ und nehmen noch an $\lambda_1 = \lambda_2 = \lambda_3 = \lambda_4 = \lambda$,
$\lambda_5 = 0,5\lambda$. Dann erhalten wir die Ergebnisse, die in der folgenden Tabelle
stehen.

t	0	$1/2\lambda$	$1/\lambda$	$3/2\lambda$	$2/\lambda$	$5/2\lambda$
$R_s(t)$	1	0,59	0,23	0,08	0,02	0,01
$R_1(t)R_2(t)R_3(t)R_4(t)$	1	0,14	0,02	0,002	0,0003	0,00005

Das System überlebt also z.B. die Zeit $1/\lambda$ mit einer Wahrscheinlichkeit
von 23%. Die letzte Zeile der Tabelle enthält - zum Vergleich mit $R_s(t)$ -
die Überlebenswahrscheinlichkeiten des nichtredundanten Systems

$$\text{---} K_1 \text{---} K_2 \text{---} K_3 \text{---} K_4 \text{---} \quad .$$
○

Wenn s in der Multilinearform vorliegt, kann man auch die Momente der
Lebensdauer aus $\dot{s}$ direkt gewinnen. Es bezeichne $\mu_s^{(k)}$ das k-te (Anfangs-)
Moment für die Lebensdauer des Systems. Für $I \subset N$, $I = \{i_1, i_2, \ldots, i_l\}$

98

bezeichne $\mu_I^{(k)}$ das k-te Moment der Lebensdauer des Systems

$$-K_{i_1} - K_{i_2} - \cdots - K_{i_l} - \quad .$$

Dann gilt der folgende

(3.5) <u>Satz</u>: Ist die Systemfunktion s eines Systems in der Multilinearform $s = \sum_I c_I s_I$, $s_I = \prod_{i \in I} s_i$, gegeben, so folgt

a) $\mu_s^{(k)} = \sum_{I \subset N} c_I \mu_I^{(k)}$.

Sind die Systemkomponenten unabhängig voneinander und sind ihre Lebensdauern exponentiell verteilt $(R_i(t) = \exp(-\lambda_i t))$, so folgt

b) $\mu_I^{(k)} = \dfrac{k!}{(\sum_{i \in I} \lambda_i)^k}$, also $\mu_s^{(k)} = \sum_{I \subset N} c_I \dfrac{k!}{(\sum_{i \in I} \lambda_i)^k}$.

Die mittlere Lebensdauer ist also für ein System aus unabhängigen Komponenten, deren Lebensdauern exponentiell verteilt sind: $\overline{T}_s := \mu_s^{(1)} =$

$$= \sum_{I \subset N} c_I \frac{1}{\sum_{i \in I} \lambda_i} \quad .$$

Die Varianz ist für ein solches System:

$$\sigma_s^2 = \mu_s^{(2)} - \overline{T}_s^2 = \sum_{I \subset N} c_I \frac{2}{(\sum_{i \in I} \lambda_i)^2} - \left(\sum_{I \subset N} c_I \frac{1}{\sum_{i \in I} \lambda_i} \right)^2 \quad .$$

<u>Beweis</u> von (3.5): Es mögen f_s und f_I die Ausfalldichte des Gesamtsy-
stems bzw. des nichtredundanten Systems aus den Komponenten K_i, $i \in I$,
bezeichnen. Dann folgt aus $R_s(t) = \sum_I c_I R_I(t)$: $f_s(t) = \sum_I c_I f_I(t)$ und daraus

$$\mu_s^{(k)} = \int_0^\infty t^k f_s(t) dt = \sum_I c_I \int_0^\infty t^k f_I(t) dt = \sum_I c_I \mu_I^{(k)} , \quad \text{d.i. a)} .$$

Wenn die Komponenten unabhängig sind und ihre Lebensdauern exponentiell
verteilt, so ist $R_I(t) = \exp(-\sum_{i \in I} \lambda_i t)$. Wir setzen $\lambda_I := \sum_{i \in I} \lambda_i$. Dann ist

$$f_I(t) = \lambda_I \exp(-\lambda_I t). \text{ Daraus folgt } \mu_I^{(k)} = \int_0^\infty t^k f_I(t) dt = \lambda_I \int_0^\infty t^k e^{-\lambda_I t} dt = \frac{k!}{\lambda_I^k}$$

(nach 2.1.2). Damit ist $\mu_s^{(k)} = \sum_I c_I \mu_I^{(k)} = \sum_I c_I \dfrac{k!}{(\sum_{i \in I} \lambda_i)^k}$.

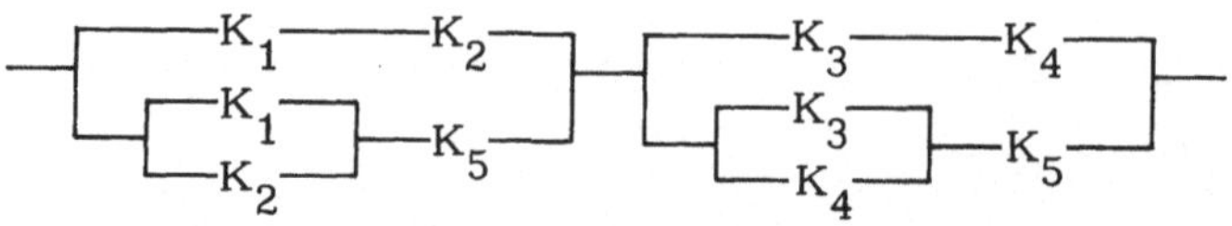

ergibt sich unter den gleichen Voraussetzungen wie bei der obigen Tabelle:

$$\overline{T}_s = 4\,\frac{1}{\lambda_5 + 2\lambda} - 4\,\frac{1}{\lambda_5 + 3\lambda} + \frac{1}{\lambda_5 + 4\lambda} + \frac{1}{4\lambda} - \frac{1}{\lambda_5 + 4\lambda} = \frac{1}{\lambda}\left[\frac{4}{2,5} - \frac{4}{3,5} + \frac{1}{4}\right] = \frac{0,71}{\lambda} \ .$$

Da $1/\lambda$ die mittlere Lebensdauer einer Komponente K_i $(i = 1,2,3,4)$ ist, bedeutet das: $\overline{T}_s$ beträgt 71 % der Lebensdauer einer Komponente K_i $(i = 1,2,3,4)$.

Weiter erhält man $\mu_s^{(2)} = 4\,\dfrac{2}{(\lambda_5 + 2\lambda)^2} - 4\,\dfrac{2}{(\lambda_5 + 3\lambda)^2} + \dfrac{2}{(\lambda_5 + 4\lambda)^2} + \dfrac{2}{(4\lambda)^2} -$

$- \dfrac{2}{(\lambda_5 + 4\lambda)^2} = \dfrac{2}{\lambda^2}\left[\dfrac{4}{2,5^2} - \dfrac{4}{3,5^2} + \dfrac{1}{4^2}\right] = \dfrac{2,125}{\lambda^2}$. Damit ergibt sich für die

Streuung σ_s der Lebensdauer des Systems $\sigma_s = \sqrt{\mu_s^{(2)} - \overline{T}_s^2} = \dfrac{1,275}{\lambda}$. $\circ$

Wir betrachten jetzt den Fall, daß die Indikatorfunktion s keine Systemfunktion ist. In einem System ohne Reparatur bedeutet dann $p(s_i = 1)$ nach
wie vor die Überlebenswahrscheinlichkeit $R_i(t)$ der i-ten Komponente,
aber $p(s = 1)$ ist nicht mehr die Überlebenswahrscheinlichkeit des Systems.
Wir wenden den Satz (3.2) bzw. die Folgerung (3.3) auf die folgenden beiden Beispiele an.

Beispiel: Es möge ein 2 aus 3 - System aus voneinander unabhängigen
Komponenten vorliegen. Die Überlebenswahrscheinlichkeit einer Kompo-
nente sei $R(t) = e^{-\lambda t}$. Gesucht ist die Wahrscheinlichkeit dafür, daß zum
Zeitpunkt t noch genau 2 der Komponenten intakt sind.
Hierfür ist $s = s_1 s_2 + s_1 s_3 + s_2 s_3 - 3 s_1 s_2 s_3$. Daraus folgt $p(s = 1) =$
$= 3R^2(t) - 3R^3(t) = 3R^2(t)[1 - R(t)] = 3e^{-2\lambda}[1 - e^{-\lambda t}]$. Wir erhalten die
numerischen Ergebnisse:

t	0	$0,2/\lambda$	$0,4/\lambda$	$0,6/\lambda$	$0,8/\lambda$	$1/\lambda$	$2/\lambda$
$p(s=1)$	0	0,365	0,444	0,408	0,334	0,257	0,048

Das Maximum dieses $p(s=1)$ liegt also bei etwa $0,4/\lambda$. ○

Beispiel: Ausgehend von dem System

```
 ┌──K₁────────┐
─┤            ├─
 └─K₂────K₃───┘
```

aus voneinander unabhängigen K_i mit den Überlebenswahrscheinlichkeiten $R_i(t) = \exp(-\lambda_i t)$, betrachten wir das Ereignis A_{kr}, daß das System in einem kritischen Zustand ist, das soll heißen "kritisch bezüglich irgendeines i". Es ist $A_{kr} = A_1 \cap \overline{A_2} \cap A_3 \cup \overline{A}_1 \cap A_2 \cap A_3$, also $s = s_{A_{kr}} = s_1(1 - s_2 s_3) + (1 - s_1)s_2 s_3$ und damit $p(s=1) = R_1(t)[1 - R_2(t)R_3(t)] + (1 - R_1(t))R_2(t)R_3(t)$. Setzen wir nun voraus: $\lambda_1 = \lambda_2 = \lambda$ und $\lambda_3 = 0,1\lambda$, so ergibt sich: $p(s=1) = e^{-\lambda t}[1 - e^{-1,1\lambda t}] + (1 - e^{-\lambda t})e^{-1,1\lambda t} = e^{-\lambda t} + e^{-1,1\lambda t} - 2e^{-2,1\lambda t}$. Dafür erhalten wir die folgenden numerischen Ergebnisse:

t	0	$0,2/\lambda$	$0,4/\lambda$	$0,6/\lambda$	$0,7/\lambda$	$0,8/\lambda$	$1/\lambda$	$2/\lambda$	$3/\lambda$
$p(s=1)$	0	0,307	0,451	0,498	0,500	0,491	0,456	0,216	0,083

Das Maximum von diesem $p(s=1)$ liegt also bei etwa $0,7/\lambda$.
Vor diesem Zeitpunkt wird von den beiden anderen Möglichkeiten der Fall "System intakt und nicht kritisch" überwiegen (das ist $A_1 \cap A_2 \cap A_3$), nachher der Fall "System ausgefallen". ○

3.3.3 Systeme mit Reparatur

Wenn s die Systemfunktion eines Systems aus reparierbaren Komponenten ist, so haben die Wahrscheinlichkeiten $p(s_i = 1)$ und $p(s = 1)$ die Bedeutung der Komponenten-Verfügbarkeiten bzw. Systemverfügbarkeit. Sie sind im allgemeinen zeitabhängig. Es sei nun
$a_i(t)$ die Verfügbarkeit der Komponente K_i,
$A_s(t)$ die Verfügbarkeit des Systems und

$A_I(t)$ die Verfügbarkeit von $\quad —K_{i_1}—K_{i_2}—\cdots—K_{i_k}—\quad$, wenn $I =$
$= \{i_1,i_2,\ldots,i_k\} \subset N$ ist. Nach Abschnitt 3.3.1 ergibt sich dann die

(3.6) <u>Folgerung</u>: Die Systemfunktion s des Systems sei in der Multilinearform gegeben: $s = \sum\limits_{I \in \mathfrak{P}(N)} c_I \prod\limits_{i \in I} s_i$. Dann gilt

a) $A_s(t) = \sum\limits_{I \in \mathfrak{P}(N)} c_I A_I(t)$,

b) sind die Systemkomponenten unabhängig voneinander, so ist $A_I(t) =$

$\quad = \prod\limits_{i \in I} a_i(t)$ und damit $A_s(t) = \sum\limits_{I \in \mathfrak{P}(N)} c_I \prod\limits_{i \in I} a_i(t)$.

Sind die den Komponenten K_i zugeordneten alternierenden Prozesse (intakt-defekt) Erneuerungsprozesse, so ist dem Gesamtsystem auch ein alternierender Prozeß zugeordnet, der aber im allgemeinen kein Erneuerungsprozeß ist.

Wenn die Komponenten K_i unabhängig sind und ihre Lebensdauern und Reparaturzeiten exponentiell verteilt sind mit den Parametern λ_i und ρ_i, so

gilt nach Abschnitt 2.3.2: $a_i(t) = \dfrac{\rho_i}{\lambda_i + \rho_i} + \dfrac{\lambda_i}{\lambda_i + \rho_i} \exp[-(\lambda_i + \rho_i)t]$

$(i = 1,2,\ldots,n)$, (vorausgesetzt, daß $a_i(0) = 1$ für alle i ist).

<u>Beispiel</u>: Die Komponenten des folgenden Systems seien unabhängig.

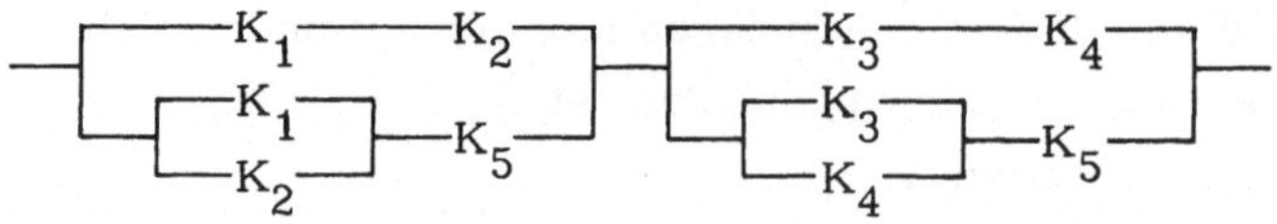

$$\dashv \left[\begin{array}{c} -K_1-\!\!-K_2- \\ \left[\begin{array}{c}-K_1-\\-K_2-\end{array}\right]-K_5- \end{array}\right] \left[\begin{array}{c} -K_3-\!\!-K_4- \\ \left[\begin{array}{c}-K_3-\\-K_4-\end{array}\right]-K_5- \end{array}\right] \vdash$$

Hierfür ist (s. Abschn. 3.3.1) $p(s = 1) = p_5(p_1 + p_2 - p_1 p_2)(p_3 + p_4 - p_3 p_4) + (1 - p_5)p_1 p_2 p_3 p_4$.

Wir setzen nun voraus $p_1 = p_2 = p_3 = p_4 = \dfrac{\rho}{\lambda + \rho} + \dfrac{\lambda}{\lambda + \rho} \exp(-(\lambda + \rho)t) := a(t)$ und

$p_5 = \dfrac{\rho}{\lambda_5 + \rho} + \dfrac{\lambda_5}{\lambda_5 + \rho} \exp(-(\lambda_5 + \rho)t) := a_5(t)$. Damit ist $A_s(t) = a_5(t)(2a(t) - a^2(t))^2 + (1 - a_5(t))a^4(t)$.

Nun setzen wir noch voraus: $\rho = 1h^{-1}$, $\lambda = 10^{-3}h^{-1}$ und $\lambda_5 = 0,5 \cdot 10^{-3}h^{-1}$.

Dann erhalten wir die folgenden numerischen Ergebnisse:

t[h]	$1 - A_s(t)$
0	0
1	$1,60 \cdot 10^{-6}$
2	$2,98 \cdot 10^{-6}$
4	$3,84 \cdot 10^{-6}$
6	$3,97 \cdot 10^{-6}$
8	$3,99 \cdot 10^{-6}$
10	$3,99 \cdot 10^{-6}$
20	$3,99 \cdot 10^{-6}$
100	$3,99 \cdot 10^{-6}$

Nach etwa 8 Stunden liegt also praktisch eine zeitunabhängige Verfügbarkeit $A_s = 1 - 3,99 \cdot 10^{-6}$ vor.   O

Wenn den einzelnen Komponenten stationäre alternierende Erneuerungsprozesse entsprechen, so bedeutet das nach der Folgerung (2.3.8): Die $a_i(t)$
sind zeitlich konstant. Sind die zugehörigen Erneuerungsprozesse nicht stationär, so gilt die asymptotische Eigenschaft $a_i(t) \to a_i$ für $t \to \infty$.
Auf ein redundantes System aus voneinander unabhängigen Komponenten
wirken sich diese Eigenschaften folgendermaßen aus:
Wenn die $a_i(t)$ konstant sind für alle t, so ist auch $A_s(t)$ zeitlich konstant.
Wenn $a_i(t) \to a_i$ für $t \to \infty$, so folgt $A_s(t) \to A_s$:

(3.7) <u>Folgerung:</u> Die K_i seien unabhängig. Ist $\lim_{t \to \infty} a_i(t) = a_i$, so folgt

$$A_s := \lim_{t \to \infty} A_s(t) = \sum_{I \subseteq N} c_I \prod_{i \in I} a_i.$$

Wie bei Systemen ohne Reparatur können wir auch bei solchen mit Reparatur Rechnungen durchführen für den Fall, daß s keine Systemfunktion ist.
Wir wählen wieder das System des vorigen Beispiels und betrachten die
kritischen Fälle:

<u>Beispiel:</u>

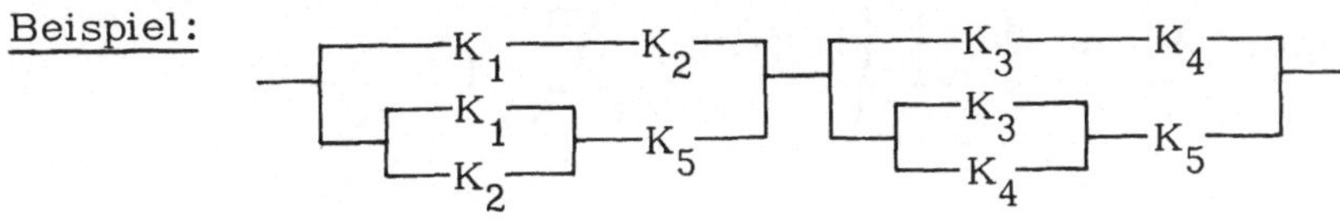

Wir betrachten die beiden Ereignisse: E_1: "kritischer Funktionszustand bezüglich i = 1" (Wir setzen $\tilde{s} := s_{E_1}$). E_5: "kritischer Funktionszustand bezüglich i = 5". Die Systemfunktion ist $s = s_5(s_1 + s_2 - s_1 s_2)(s_3 + s_4 - s_3 s_4) + (1 - s_5)s_1 s_2 s_3 s_4$. Daraus folgt: $\tilde{s} = s - s_5 s_2(s_3 + s_4 - s_3 s_4) = s_5 s_1(1 - s_2)(s_3 + s_4 - s_3 s_4) + (1 - s_5)s_1 s_2 s_3 s_4$.

Wir gehen wieder vom stationären Fall aus, setzen wieder $a_1 = a_2 = a_3 = a_4 = a$ und nehmen für λ_i und ρ_i die gleichen Werte an wie im vorigen Beispiel. Dann ist $p(E_1) = p(\tilde{s} = 1) = a_5 a(1 - a)(2a - a^2) + (1 - a_5)a^4 = a^2[a^2 + a_5(2 - 3a)] = 0{,}0015$.

Für das Ereignis E_5 ergibt sich, wie im Abschnitt 3.3.1:

$$p(E_5) = a_5\{(2a - a^2)^2 - a^4\} = a_5[4a^2 - 4a^3] = 4a_5 a^2(1 - a) = 0{,}00399.$$

Die Wahrscheinlichkeit, daß dieses System im stationären Zustand kritisch bezüglich i = 5 ist, beträgt also etwa $0{,}4\%$, die Wahrscheinlichkeit dafür, daß es kritisch bezüglich i = 1 ist, beträgt $0{,}15\%$.   ○

3.3.4 Die gesamte Intaktzeit eines Systems in einem vorgegebenen Zeitabschnitt

Wir betrachten ein Ereignis A, das von den Ereignissen A_i erzeugt ist. s und s_i seien die zugehörigen Indikatorfunktionen (i = 1, 2, ..., n). Nun sei s eine Funktion der Zeit $s = s(t)$. Wie aus Abschnitt 3.2.1 hervorgeht, hat dann für ein Zeitintervall (t_1, t_2) der Ausdruck

$$T_{t_1, t_2} := \int_{t_1}^{t_2} s(t)\,dt$$

die Bedeutung: Anteil am Intervall (t_1, t_2), währenddessen das Ereignis A vorliegt.

Wir setzen nun das Intervall (t_1, t_2) als fest vorgegeben voraus und bezeichnen mit T_I den Anteil an (t_1, t_2), in dem $A_I := \bigcap_{i \in I} A_i$ erfüllt ist, und T_S den Anteil an (t_1, t_2), in dem A erfüllt ist. Dann ergibt sich

$$T_S = \int_{t_1}^{t_2} s(t)\,dt = \sum_{I \subset N} c_I \int_{t_1}^{t_2} \prod_{i \in I} s_i(t)\,dt = \sum_{I \subset N} c_I T_I.$$

Beispiel: Wir interessieren uns für das Ereignis A, daß von 2 Komponenten K_1 und K_2 nur eine intakt ist.

Dafür ist $s = s_1 + s_2 - 2s_1 s_2$. Also folgt $T = T_{\{1\}} + T_{\{2\}} - 2T_{\{1,2\}}$. Dabei bedeutet $T_{\{i\}}$ den Anteil am Intervall (t_1, t_2), währenddessen die i-te Komponente K_i intakt ist $(i = 1,2)$, und $T_{\{1,2\}}$ den Anteil, währenddessen beide intakt sind.

Das folgende Bild veranschaulicht die obige Beziehung für T_s.

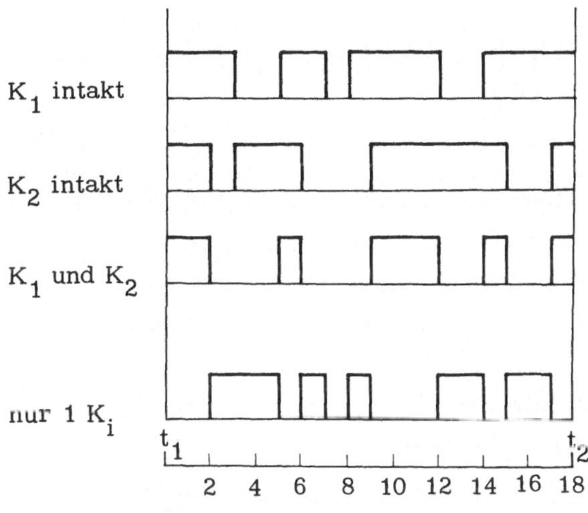

(3.8) <u>Folgerung:</u> Es sei ein Zeitintervall (t_1, t_2) vorgegeben. Darin bezeichne

T_s den Anteil mit $s(t) = 1$ und

T_I den Anteil mit $\prod_{i \in I} s_i(t) = 1$.

s sei in der Multilinearform $s = \sum_{I \subseteq N} c_I \prod_{i \in I} s_i$ gegeben. Dann gilt für die Erwartungswerte $\overline{T}_s$ und $\overline{T}_I$:

a) $\overline{T}_s = \sum_{I \subseteq N} c_I \overline{T}_I$.

b) Sind die s_i unabhängig, so folgt $\overline{T}_s = \sum_{I \subseteq N} c_I \int_{t_1}^{t_2} \prod_{i \in I} a_i(t)\,dt$, wobei

$a_i(t) := p(s_i(t) = 1)$ bedeutet).

c) Sind die s_i unabhängig und liegt der stationäre Zustand vor $(a_i(t)=a_i)$,

so folgt $\overline{T}_s = (t_2 - t_1) \sum_{I \subseteq N} c_I \prod_{i \in I} a_i$.

__Beweis:__ Da $T_s = \sum_{I \subseteq N} c_I T_I$ ist, folgt a) aus der Additivität von Erwartungs-

werten (s. Folgerung (1.3.10)). Sind die s_i unabhängig, so ist

$$p\left(\prod_{i \in I} s_i(t) = 1 \right) = \prod_{i \in I} a_i(t).$$

Nach Abschnitt 3.2 ist außerdem $\overline{T}_I = \int_{t_1}^{t_2} p\left(\prod_{i \in I} s_i(t) = 1 \right) dt$. Damit

gilt b).

Sind die $a_i(t)$ konstant, so ist $\int_{t_1}^{t_2} \prod_{i \in I} a_i(t)dt = (t_2 - t_1) \prod_{i \in I} a_i$, und

damit gilt c). ●

Ist s die Systemfunktion eines Systems, so haben die $\overline{T}_I$ und $\overline{T}_s$ die Bedeutung von mittleren Intaktzeiten während des Intervalls (t_1, t_2):
$\overline{T}_s$ ist die mittlere Intaktzeit des Gesamtsystems und
$\overline{T}_i$ ist die mittlere Intaktzeit des nichtredundanten Systems, das aus den
Komponenten K_i, $i \in I$, besteht.
Die Folgerung (3.8a) gibt also an, wie man $\overline{T}_s$ aus den mittleren Intaktzeiten $\overline{T}_I$ nichtredundanter Systeme erhalten kann.
(3.8.b) und (3.8.c) zeigen, wie man $\overline{T}_s$ aus den Verfügbarkeiten a_i der
Komponenten erhält - im stationären wie im nichtstationären Fall.
Die Beziehung (3.8.b) hat natürlich auch Gültigkeit für ein System, in dem
nicht repariert wird. Die $a_i(t)$ sind dann gerade die Überlebenswahrscheinlichkeiten $R_i(t)$.

3.4 Ausfallhäufigkeiten

Als es um die Ausfallhäufigkeit einer Einheit ging, konnten wir zur Beschreibung die alternierenden Erneuerungsprozesse verwenden (s. Abschn.
2.3). Wenn ein redundantes System aus solchen Einheiten vorliegt, gibt es
wieder einen alternierenden Prozeß (intakt-defekt); aber es ist im allgemeinen kein Erneuerungsprozeß. Es spielen bei einem solchen System zwei
Gesichtspunkte eine Rolle: die Häufigkeit von Komponentenausfällen und
ihre möglichen Auswirkungen auf die Funktionsfähigkeit des Systems. Diese
Auswirkungen hängen mit den kritischen Funktionszuständen zusammen.

Wir setzen also voraus, daß jeder der n Systemkomponenten ein alternierender Erneuerungsprozeß zugeordnet ist. Die Erneuerungsfunktion $H_i(t)$
zur i-ten Komponente K_i gibt dann die mittlere Anzahl von K_i-Ausfällen
bis zum Zeitpunkt t an. Die Erneuerungsdichte $h_i(t)$ (die wir jetzt immer
als existent voraussetzen) hat die Bedeutung

$$h_i(t)dt = p(\text{ein } K_i\text{-Ausfall findet statt in } (t,t+dt)).$$

Neben den Ausfällen sind noch die Reparaturen von Interesse. $\tilde{H}_i(t)$ soll
die mittlere Anzahl von Reparaturen an der Komponente K_i während $(0,t]$
bezeichnen. Dann hat die zugehörige Erneuerungsdichte $\tilde{h}_i(t)$ die Bedeutung

$$\tilde{h}_i(t)dt = p(\text{eine } K_i\text{-Reparatur wird beendet in } (t,t+dt)).$$

Wenn die mittlere Intaktzeit der i-ten Komponente gleich u_i ist, ihre mittlere Reparaturzeit d_i und ihre Verfügbarkeit a_i, so gilt im <u>stationären</u>
Zustand für die Erneuerungsdichten h_i und $\tilde{h}_i$: $h_i, \tilde{h}_i$ und a_i sind konstant

und es ist $h_i = \tilde{h}_i = \dfrac{a_i}{u_i} = \dfrac{1}{u_i + d_i}$ (s. Abschn. 2.3.3).

Wenn die Komponenten K_i als unabhängig vorausgesetzt werden, so ergeben
sich daraus die folgenden beiden Punkte:

$$p(K_i\text{-Ausfall und } K_j\text{-Ausfall in } (t,t+dt)) = h_i(t)h_j(t)(dt)^2 = o(dt) \text{ für } i \neq j$$

und

$$p(K_i\text{-Ausfall und } K_j\text{-Reparatur in } (t,t+dt)) = h_i(t)\tilde{h}_j(t)(dt)^2 = o(dt) \text{ für } i \neq j.$$

(Darin hat das Symbol o, das sogenannte "Landau-Symbol", die folgende Be-
deutung: Für eine Funktion f ist genau dann $f(h) = o(h)$, wenn $\lim\limits_{h \to o} \dfrac{f(h)}{h} = 0$
ist, d.h. wenn $f(h)$ im Vergleich mit h von höherer Ordnung klein ist.)
Die beiden angegebenen Punkte bedeuten, daß Doppelausfälle vernachlässigbar sind und daß die Fälle vernachlässigbar sind, in denen ein Ausfall und
eine Reparatur "gleichzeitig" vorkommen.

3.4.1 Kritische Komponentenausfälle

Es sei s eine Systemfunktion, und $s = s_i s_B + (1 - s_i)s_C$ sei die normale
Zerlegung von s bezüglich i. Wie in Abschnitt 3.2.3 angegeben, ist dann
$\tilde{s} = s - s_C$ die Indikatorfunktion des Ereignisses "es liegt ein kritischer
Zustand bezüglich i vor".

Man kann $\tilde{s}$ auch schreiben als $\tilde{s} = s_i(s_B - s_C)$.

Betrachtet man s als Funktion der $s_1, s_2, \ldots, s_n$, so folgt weiter:

$\tilde{s} = s_i \, \delta s / \delta s_i$.

Von einem "kritischen K_i-Ausfall in $(t, t+dt)$" wollen wir sprechen, wenn gilt

a) K_i fällt aus in $(t, t+dt)$,

b) $\tilde{s}(t) = 1$.

Wie man die Wahrscheinlichkeit dafür berechnet, daß ein kritischer K_i-Ausfall stattfindet, zeigt das folgende Lemma:

(4.1) <u>Lemma</u>: Die Komponenten K_j $(j = 1, 2, \ldots, n)$ seien unabhängig voneinander. $s = s_i s_B + (1 - s_i) s_C$ sei die normale Zerlegung von s bezüglich i. Ferner sei

$dH_{i,kr}(t) := p(\text{in } (t, t+dt) \text{ findet ein kritischer } K_i\text{-Ausfall statt})$. Dann gilt

$dH_{i,kr}(t) = [p(s_B(t) = 1) - p(s_C(t) = 1)]h_i(t)dt$.

<u>Beweis</u>: $dH_{i,kr}(t) = h_i(t)dt \, p(\tilde{s}(t) = 1 \, | \, K_i\text{-Ausfall in } (t, t+dt))$. Da $\tilde{s} = s_i(s_B - s_C)$ ist, ergibt sich aus der Unabhängigkeit: $p(\tilde{s}(t) = 1 \, | \, K_i\text{-Ausfall in } (t, t+dt)) = p(s_B(t) - s_C(t) = 1) = p(s_B(t) = 1) - p(s_C(t) = 1)$ und damit die Behauptung. $\bullet$

Für die kritischen K_i-Ausfälle bis zum Zeitpunkt t erhält man folgendes: Sind $t_1, t_2, \ldots, t_k \leq t$ die Zeitpunkte der K_i-Ausfälle während $(0, t]$, so ist die Anzahl der kritischen K_i-Ausfälle die Anzahl derjenigen Zeitpunkte t_j $(t_j \in \{t_1, t_2, \ldots, t_k\})$, für die $p(\tilde{s}(t_j) = 1)$ ist. Damit erhält man für die mittlere Anzahl der kritischen K_i-Ausfälle:

(4.2) <u>Satz:</u> Die K_j seien unabhängig. Zu der normalen Zerlegung $s = s_i s_B + (1 - s_i) s_C$ mögen A_B, A_C und A_s die Verfügbarkeiten bezeichnen: $A_B(t) := p(s_B(t) = 1)$; $A_C(t) := p(s_C(t) = 1)$ und $A_s(t) := p(s(t) = 1)$. Dann gilt für die mittlere Anzahl kritischer K_i-Ausfälle bis t

a) $H_{i,kr}(t) = \displaystyle\int_0^t [A_B(x) - A_C(x)]h_i(x)dx,$

b) sind die Komponenten im stationären Zustand und sind A_B, A_C und A_s die stationären Verfügbarkeiten zu B bzw. C bzw. dem System, so ist die mittlere Anzahl von kritschen K_i-Ausfällen während eines Intervalls

$(t_1, t_2] : H_{i,kr}(t_2) - H_{i,kr}(t_1) = [A_B - A_C] \cdot h_i \cdot (t_2 - t_1) = [A_s - A_C] \times$

$\times \dfrac{1}{u_i} \cdot (t_2 - t_1).$

Beweis: Es ist $H_{i,kr}(t) = \int_0^t p(K_i$-Ausfall in $(t,t+dt)$ und $\tilde{s}(t) = 1) =$

$$= \int_0^t h_i(t)[p(s_B(t) = 1) - p(s_C(t) = 1)]dt = \int_0^t [A_B(t) - A_C(t)]h_i(t)dt,$$

das ist a).

Es folgt daraus $H_{i,kr}(t_2) - H_{i,kr}(t_1) = \int_{t_1}^{t_2} [A_B(t) - A_C(t)]h_i(t)dt.$ Im

stationären Zustand bedeutet das $H_{i,kr}(t_2) - H_{i,kr}(t_1) = [A_B - A_C] \times$

$\times h_i \cdot (t_2 - t_1)$. Wegen $h_i = a_i/u_i$ ist weiter $[A_B - A_C]h_i = [A_B - A_C]\dfrac{a_i}{u_i} =$

$= p(s - s_C = 1) \cdot \dfrac{1}{u_i} = [A_s - A_C]\dfrac{1}{u_i}$. Damit ist b) erfüllt.   ●

Es ist also im __stationären__ Zustand die mittlere Anzahl von kritischen K_i-
Ausfällen in einem Intervall (t_1,t_2) proportional zur Intervallbreite. Dann
ist $H_{i,kr}/H_i = A_B - A_C$. Die Differenz $A_B - A_C$ hat damit, entsprechend
Abschnitt 1.4, die Bedeutung: mittlerer __Anteil__ der kritischen K_i-Ausfälle
an sämtlichen K_i-Ausfällen (vorausgesetzt deren Anzahl ist ungleich 0).
Die Größe $[A_B - A_C]h_i = [A_s - A_C]/u_i$ ist die mittlere Anzahl von kritischen K_i-Ausfällen im stationären Zustand __pro Zeiteinheit.__

Wenn man es mit einem System __ohne Reparaturen__ zu tun hat, erhält man
analoge Zusammenhänge: Wir betrachten wieder die normale Zerlegung
$s = s_i s_B + (1 - s_i)s_C$. Die zu B bzw. C bzw. dem System gehörenden
Überlebenswahrscheinlichkeiten seien $R_B(t)$ bzw. $R_C(t)$ bzw. $R_s(t)$.
Dann ist
$dH_i(t) := = p(K_i$-Ausfall in $(t,t+dt)) = f_i(t)dt = R_i(t)\lambda_i(t)dt$ und
$dH_{i,kr}(t) := p($kritischer K_i-Ausfall in $(t,t+dt)) = p(K_i$-Ausfall und $\tilde{s}(t) =$
$= 1) = [R_B(t) - R_C(t)]dH_i(t) = [R_B(t) - R_C(t)]R_i(t)\lambda_i(t)dt = [R_s(t) -$
$- R_C(t)]\lambda_i(t)dt.$

3.4.2 Die Häufigkeit von Systemausfällen

Wenn man es mit einem System aus voneinander unabhängigen Komponenten
zu tun hat, so sind die Systemausfälle gerade die kritischen K_i-Ausfälle,
wobei i alle Komponentenindizes durchlaufen kann. Es möge $H_s(t)$ die

mittlere Anzahl von Systemausfällen während $(0,t]$ bedeuten. Dann ist also

$$H_s(t) = \sum_{i=1}^{n} H_{i,kr}(t).$$

Nun führen wir die neue Abkürzung ein $N_s(t) := \dfrac{dH_s(t)}{dt}$, d.h. $N_s(t)dt$

ist die Wahrscheinlichkeit dafür, daß während $(t,t+dt)$ ein Systemausfall
auftritt.

(4.3) <u>Folgerung:</u> Die K_j seien unabhängig. Es sei $s = s_i s_{B_i} + (1 - s_i)s_{C_i}$

die normale Zerlegung von s bezüglich i. Dann gilt

a) $N_s(t) = \sum_{i=1}^{n} [p(s_{B_i}(t) = 1) - p(s_{C_i}(t) = 1)]h_i(t)$,

b) im stationären Zustand ist $N_s(t) = \sum_{i=1}^{n} [p(s = 1) - p(s_{C_i} = 1)] \dfrac{1}{u_i}$ und

$$H_s(t_2) - H_s(t_1) = N_s \cdot (t_2 - t_1).$$

Ein Beweis der Folgerung (4.3) erübrigt sich nach dem Lemma (4.1) und
nach Satz (4.2).

Im stationären Zustand hat (die konstante Größe) N_s also die Bedeutung:
mittlere Anzahl von Systemausfällen pro Zeiteinheit.

Die nächste Folgerung enthält für den stationären Zustand unter anderem
die plausible Aussage, daß Systemausfälle ebenso wahrscheinlich sind wie
Wiedereinsätze des Systems nach einer Reparatur. Dazu definieren wir
neben $N_s(t)$ noch die Größen $\widetilde{N}_s(t)$, $N_i(t)$ und $\widetilde{N}_i(t)$ durch:

$N_i(t)dt := p(s(t) = 1;\ s_i(t) = 1;\ s(t + dt) = 0;\ s_i(t + dt) = 0)$,

$\widetilde{N}_i(t)dt := p(s(t) = 0;\ s_i(t) = 0;\ s(t + dt) = 1;\ s_i(t + dt) = 1)$,

$\widetilde{N}_s(t)dt := p(s(t) = 0;\ s(t + dt) = 1)$.

(4.4) <u>Folgerung:</u> Die K_j seien voneinander unabhängig. Dann gilt im stationären Zustand

a) $N_i(t) = \widetilde{N}_i(t)$,

b) $N_s(t) = \widetilde{N}_s(t)$.

<u>Beweis:</u> $s = s_i s_B + (1 - s_i)s_C$ sei die normale Zerlegung von s bezüglich
i. Dann ergibt sich

110

$$N_i(t)dt = p(s_B(t) = 1; \; s_C(t) = 0; \; s_i(t) = 1; \; s_i(t + dt) = 0) =$$
$$= h_i(t)[p(s_B(t) = 1) - p(s_C(t) = 1)]dt;$$
$$\widetilde{N}_i(t)dt = p(s_B(t) = 1; \; s_C(t) = 0; \; s_i(t) = 0; \; s_i(t + dt) = 1) =$$
$$= \widetilde{h}_i(t)[p(s_B(t) = 1) - p(s_C(t) = 1)]dt.$$

Nach den Aussagen der Erneuerungstheorie ist für den stationären Zustand $h_i(t) = \widetilde{h}_i(t)$. Damit ist $N_i(t) = \widetilde{N}_i(t)$.

zu b) Wegen $N_s = \sum_{i=1}^{n} N_i$ und $\widetilde{N}_s = \sum_{i=1}^{n} \widetilde{N}_i$ folgt $N_s = \widetilde{N}_s$.

Die Wahrscheinlichkeit für einen kritischen K_i-Ausfall während $(t, t+dt)$ ist im stationären Fall also genauso groß wie die Wahrscheinlichkeit dafür, daß während $(t, t+dt)$ durch eine Reparatur von K_i das System vom Zustand "ausgefallen" in den Zustand "funktionsfähig" übergeht.

Im stationären Zustand ist $N_i/N_s = H_{i,kr}/H_s$ der Quotient aus der mittleren Anzahl kritischer K_i-Ausfälle zur mittleren Anzahl von Systemausfällen. Entsprechend Abschnitt 1.4 gestattet dieser Quotient eine anschauliche Deutung: Zunächst ist N_i/N_s die bedingte Wahrscheinlichkeit für einen kritischen K_i-Ausfall unter der Bedingung, daß ein Systemausfall vorliegt. Damit ist dann N_i/N_s der mittlere Anteil von kritischen K_i-Ausfällen an allen Systemausfällen, vorausgesetzt die Anzahl der Systemausfälle ist nicht gleich 0.

Damit ist die Größe N_i/N_s geeignet dafür, den Einfluß der i-ten Komponente auf die Systemzuverlässigkeit zu charakterisieren, und dafür, Schwachstellen des Systems aufzufinden.

(4.5) <u>Folgerung</u>: Für ein <u>Seriensystem</u> aus unabhängigen Komponenten ist

a) $N_s(t) = A_s(t) \sum_{i=1}^{n} \dfrac{h_i(t)}{a_i(t)}$,

b) im stationären Zustand: $N_s = A_s \sum_{i=1}^{n} \dfrac{1}{u_i}$.

<u>Beweis</u>: Für ein Seriensystem ist für jedes $i : \widetilde{s} = s$, so daß folgt: $N_i(t)dt =$
$= p(K_i\text{-Ausfall in } (t, t+dt) \text{ und } \widetilde{s}(t) = 1) = \dfrac{A_s(t)}{a_i(t)} h_i(t)dt$. Aus $N_s(t) =$
$= \sum_{i=1}^{n} N_i(t)$ folgt dann die Behauptung a). Im stationären Zustand ist $h_i(t) = a_i(t)/u_i$, also folgt b).

Da die $a_i(t)$ und $A_s(t)$ meistens nahe bei 1 liegen, ist $N_s(t)$ näherungsweise die Summe der Erneuerungsdichten $h_i(t)$. Damit setzt sich auch die mittlere Anzahl von Systemausfällen, $H_s(t)$, angenähert zusammen aus den Erneuerungsfunktionen der K_i. Da in diesem Modell diejenigen Komponentenausfälle keinen Beitrag liefern, die auftreten, während das System schon ausgefallen ist, ist $H_s(t)$ nicht exakt die Summe der $H_i(t)$ und $N_s(t)$ nicht exakt die Summe der $h_i(t)$.

(4.6) <u>Folgerung:</u> Für ein <u>Parallelsystem</u> aus unabhängigen Komponenten ist

a) $\displaystyle N_s(t) = (1 - A_s(t)) \cdot \sum_{i=1}^{n} \frac{h_i(t)}{1 - a_i(t)}$,

b) im stationären Zustand: $\displaystyle N_s(t) = (1 - A_s) \sum_{i=1}^{n} \frac{1}{d_i}$ (wenn d_i die mittlere Reparaturzeit von K_i ist).

<u>Beweis:</u> Aus der Definition $N_i(t)dt = p(s_i(t) = 1; s_i(t + dt) = 0; s(t) = 1; s(t + dt) = 0)$ folgt für ein Parallelsystem: $N_i(t)dt = p(s_i(t) = 1; s_i(t + dt) = 0; s_j(t) = 0$ für alle $j \neq i) = h_i(t)dt \prod_{j \neq i} (1 - a_j(t)) = \dfrac{1 - A_s(t)}{1 - a_i(t)} h_i(t)dt.$

Wegen $\displaystyle N_s(t) = \sum_{i=1}^{n} N_i(t)$ gilt damit die Behauptung a).

Im stationären Zustand ist nach Abschnitt 2.3.3: $h_i(t) = \dfrac{1}{u_i + d_i}$ und $1 - a_i(t) = \dfrac{d_i}{u_i + d_i}$. Daraus folgt b). $\qquad\bullet$

(4.7) <u>Folgerung:</u> Für ein m aus n - System aus lauter gleichartigen, unabhängigen Komponenten mit den Verfügbarkeiten $a(t)$, Erneuerungsdichten $h(t)$ und mittleren Intaktzeiten u ist

a) $\displaystyle N_s(t) = m \cdot \binom{n}{m} \cdot a(t)^{m-1} \cdot (1 - a(t))^{n-m} \cdot h(t)$,

b) im stationären Zustand: $\displaystyle N_s(t) = m \cdot \binom{n}{m} \cdot a^{m} \cdot (1 - a)^{n-m} \cdot \frac{1}{u}$.

<u>Beweis:</u> Nach Definition ist $N_s(t)dt = p(s(t) = 1; s(t + dt) = 0) = p$ (genau m Komponenten sind intakt bei t) $\cdot p(1$ der m intakten Komponenten fällt aus in $(t, t+dt)) = \binom{n}{m} a(t)^{m} (1 - a(t))^{n-m} m \cdot \dfrac{h(t)}{a(t)}$ dt, also gilt a).

Im stationären Zustand ist $\dfrac{h(t)}{a(t)} = \dfrac{1}{u}$, also gilt b). $\qquad\bullet$

3.4.3 Die Bedeutung der Multilinearform zur Berechnung von Ausfall-häufigkeiten

Die Systemfunktion s möge in der Multilinearform
$$s = \sum_{I \subseteq N} c_I s_I \quad (s_I = \prod_{i \in I} s_i) \quad \text{vorliegen.}$$

Die Indikatorfunktion $\tilde{s}$ des Ereignisses "kritischer Zustand bezüglich i"
ist dann nach (2.9)
$$\tilde{s} = \sum \{ c_I s_I : I \subseteq N \text{ und } i \in I \}.$$

Wie im vorigen Abschnitt seien die Größen $N_i(t)$ und $N_s(t)$ definiert durch
$$N_i(t)dt = p(K_i\text{-Ausfall in } (t,t+dt) \text{ und } \tilde{s}(t) = 1),$$
$$N_s(t)dt = p(\text{Systemausfall in } (t,t+dt).$$

Es ist also $N_s(t) = \sum_{i=1}^{n} N_i(t)$.

(4.8) **Satz:** Die Komponenten K_j seien unabhängig. Es seien $a_j(t)$, $h_j(t)$
und u_j die Verfügbarkeit bzw. Erneuerungsdichte (bezüglich Ausfall) bzw.
mittlere Intaktzeit von K_j $(j = 1,2,\ldots,n)$. Dann gilt

a) $\displaystyle N_i(t) = \sum_{I \subseteq N : i \in I} c_I \prod_{j \in I \setminus \{i\}} a_j(t) \cdot h_i(t)dt,$

b) $\displaystyle N_s(t) = \sum_{I \subseteq N} c_I \prod_{j \in I} a_j(t) \sum_{i \in I} \frac{h_i(t)}{a_i(t)},$

c) im stationären Zustand ist $\displaystyle N_i = \left(\sum_{I \subseteq N : i \in I} c_I \prod_{j \in I} a_j \right) \frac{1}{u_i},$

d) im stationären Zustand ist $\displaystyle N_s = \sum_{I \subseteq N} c_I \prod_{j \in I} a_j \sum_{i \in I} \frac{1}{u_i}.$

Beweis: $N_i(t)dt = p(\text{kritischer } K_i\text{-Ausfall in } (t,t+dt)) = p(\tilde{s}(t) = 1 \text{ und}$

$K_i\text{-Ausfall in } (t,t+dt)) = p\left(\sum_{I \subseteq N : i \in I} c_I s_I(t) = 1 \text{ und } K_i\text{-Ausfall in } (t,t+dt)\right) =$

$\displaystyle = \sum_{I \subseteq N : i \in I} c_I p\left(\frac{s_I(t)}{s_i(t)} = 1 \right) \cdot h_i(t)dt = \sum_{I \subseteq N : i \in I} c_I \prod_{j \in I \setminus \{i\}} a_j(t) \cdot h_i(t)dt.$

Damit gilt a).

Im stationären Zustand ist $h_i(t) = a_i/u_i$, also $\displaystyle N_i = \sum_{I \subseteq N : i \in I} c_I \prod_{j \in I} a_j \frac{1}{u_i},$

das ist c)

$\displaystyle N_s(t) = \sum_{i=1}^{n} N_i(t) = \sum_{i=1}^{n} \sum_{I \subseteq N : i \in I} c_I \prod_{j \in I} a_j(t) \frac{h_i(t)}{a_i(t)} = \sum_{I \subseteq N} c_I \prod_{j \in I} a_j(t) \sum_{i \in I} \frac{h_i(t)}{a_i(t)},$

das ist b).

Im stationären Zustand ist $\dfrac{h_i(t)}{a_i(t)} = \dfrac{1}{u_i}$, also gilt d) . $\circ$

Beispiel: Das System

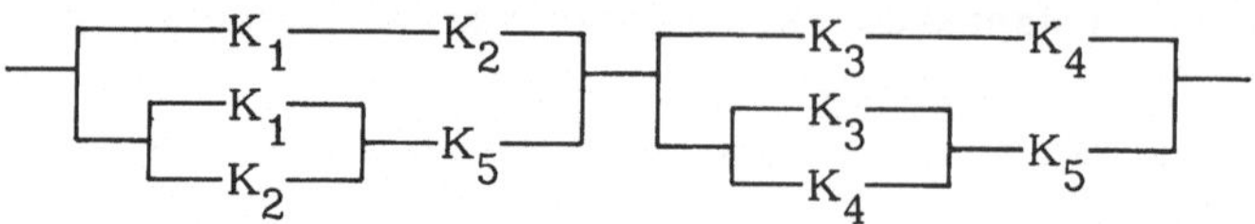

enthalte voneinander unabhängige Komponenten K_i.

Wir betrachten den stationären Zustand und suchen pro Zeiteinheit

a) die mittlere Anzahl derjenigen Systemausfälle, die durch einen Ausfall

   von K_5 ausgelöst werden (also N_5) ,

b) die mittlere Anzahl der Systemausfälle (also N_s).

Die Multilinearform der Systemfunktion s dieses Systems ist

$$s = s_1 s_3 s_5 + s_1 s_4 s_5 + s_2 s_3 s_5 + s_2 s_4 s_5 + s_1 s_2 s_3 s_4 - s_1 s_2 s_3 s_5 - s_1 s_2 s_4 s_5 -$$
$$- s_1 s_3 s_4 s_5 - s_2 s_3 s_4 s_5. \text{ Also ist nach } (4.8.c)$$
$$N_5 = (a_1 a_3 a_5 + a_1 a_4 a_5 + a_2 a_3 a_5 + a_2 a_4 a_5 - a_1 a_2 a_3 a_5 - a_1 a_2 a_4 a_5 - a_1 a_3 a_4 a_5 -$$
$$- a_2 a_3 a_4 a_5) \frac{1}{u_5} .$$

Wir setzen weiter voraus, daß die Komponenten K_1, K_2, K_3 und K_4 alle
die gleiche Verfügbarkeit a und die gleiche mittlere Intaktzeit u haben.

Dann ist $N_5 = \left(4a^2 a_5 - 4a^3 a_5\right) \dfrac{1}{u_5} = 4a^2(1-a)a_5 \dfrac{1}{u_5}$.

Nach $(4.8.d)$ ist $N_s = 4a^2 a_5 \left(\dfrac{2}{u} + \dfrac{1}{u_5}\right) + a^4 \dfrac{4}{u} - 4a^3 a_5 \left(\dfrac{3}{u} + \dfrac{1}{u_5}\right).$ $\circ$

3.4.4 Mittlere Ausfallhäufigkeit und Verfügbarkeit

Wenn man einen algebraischen Ausdruck für die Systemverfügbarkeit in Abhängigkeit von den Verfügbarkeiten der Komponenten hat, so kann man auch
daraus die mittlere Häufigkeit von Systemausfällen erhalten. Diese Aussage
läßt sich noch verallgemeinern, wie der folgende Satz zeigt:

(4.9) <u>Satz:</u> Die Systemkomponenten K_j seien unabhängig. Es möge k Klas-
sen von Komponenten geben, und es bezeichne $b_i(t)$ die Verfügbarkeit einer
Komponente der i-ten Klasse und $\bar{h}_i(t)$ die Erneuerungsdichte (bezüglich
Ausfall) einer Komponente der i-ten Klasse $(i = 1,2,\ldots,k)$. Die System-

verfügbarkeit A_s sei dargestellt als Funktion der b_i ($i = 1,2,\ldots,k$). Dann gilt $N_s(t) = \sum\limits_{i=1}^{k} \dfrac{\delta A_s(t)}{\delta b_i(t)} \cdot \overline{h}_i(t)$.

<u>Beweis:</u> 1. Es bezeichne a_j die Verfügbarkeit der j-ten Komponente, h_j die Erneuerungsdichte der j-ten Komponente (bezüglich Ausfall) ($j = 1,2,$

$\ldots,n$), und für $I \subset N$: $A_I := \prod\limits_{j \in I} a_j$ und $x_j = \begin{cases} 1, & \text{falls } j \in I \\ 0, & \text{falls } j \notin I \end{cases}$.

Dann ist also

$A_I = \prod\limits_{j=1}^{n} a_j^{x_j}$, und es folgt $\dfrac{\delta A_I}{\delta a_j} = x_j \dfrac{A_I}{a_j}$ für alle $j = 1,2,\ldots,n$. Außerdem

folgt: $A_I \sum\limits_{j \in I} \dfrac{h_j}{a_j} = A_I \sum\limits_{j=1}^{n} x_j \dfrac{h_j}{a_j} = \sum\limits_{j=1}^{n} \dfrac{\delta A_I}{\delta a_j} \cdot h_j$.

2. Andererseits sei $A_I = \prod\limits_{i=1}^{k} b_i^{y_i}$ und $b_1 = a_1 = a_2 = \ldots = a_{n_1}$, $y_1 = \sum\limits_{i=1}^{n_1} x_i$.

Wir betrachten jetzt A_I als Funktion der $b_1, b_2, \ldots, b_k$ und erhalten:

$\dfrac{\delta A_I}{\delta b_1} = y_1 \cdot \dfrac{A_I}{b_1} = \sum\limits_{j=1}^{n_1} x_j \dfrac{A_I}{a_j} = \sum\limits_{j=1}^{n_1} \dfrac{\delta A_I}{\delta a_j}$. Damit ist $\sum\limits_{i=1}^{k} \dfrac{\delta A_I}{\delta b_i} \cdot \overline{h}_i = \sum\limits_{j=1}^{n} \dfrac{\delta A_I}{\delta a_j} \cdot h_j$.

3. Jetzt sei $s = \sum\limits_{I \subset N} c_I \prod\limits_{i \in I} s_i$ die Multilinearform von s. Dann ist nach

der Folgerung (3.6) $A_s = \sum\limits_{I \subset N} c_I A_I$. Daraus erhalten wir $\sum\limits_{i=1}^{k} \dfrac{\delta A_s}{\delta b_i} \overline{h}_i =$

$= \sum\limits_{I \subset N} c_I \sum\limits_{i=1}^{k} \dfrac{\delta A_I}{\delta b_i} \overline{h}_i = \sum\limits_{I \subset N} c_I \sum\limits_{j=1}^{n} \dfrac{\delta A_I}{\delta a_j} h_j = \sum\limits_{I \subset N} c_I A_I \sum\limits_{j \in I} \dfrac{h_j}{a_j}$ Nach

dem Satz (4.8) ist dieser letzte Ausdruck gleich N_s, also gilt $N_s(t) =$

$= \sum\limits_{i=1}^{k} \dfrac{\delta A_s(t)}{\delta b_i(t)} \overline{h}_i(t)$.   ●

Auf zwei Spezialfälle zu dem obigen Satz geht die nächste Folgerung ein.

(4.10) <u>Folgerung:</u> Es bezeichne u_i die mittlere Intaktzeit einer Komponente der i-ten Klasse, λ_i die Ausfallrate einer Komponente der i-ten Klasse ($i = 1,2,\ldots,k$). Dann gilt

a) sind die Ausfallraten λ_i konstant, so ist $N_s(t) = \sum\limits_{i=1}^{k} \dfrac{\delta A_s(t)}{\delta b_i(t)} b_i(t) \lambda_i$;

b) im stationären Zustand ist $N_s = \sum\limits_{i=1}^{k} \dfrac{\partial A_s}{\partial b_i} \dfrac{b_i}{u_i}$.

<u>Beweis:</u> Ist λ_i konstant, so ist nach der Folgerung (2.3.6) $\overline{h}_i(t) = \lambda_i b_i(t)$. Also gilt a) nach Satz (4.9). Im stationären Zustand ist $\overline{h}_i = b_i/u_i$, also folgt b).   ●

Die Aussage b) findet sich bei Mayer [27].

Der Ausdruck $\partial A_s/\partial b_i \cdot b_i/u_i$ für ein System im stationären Zustand hat die Bedeutung: mittlere Anzahl derjenigen Systemausfälle pro Zeiteinheit, die durch den Ausfall einer Komponente aus der i-ten Klasse erfolgen.

<u>Beispiel:</u> Das System

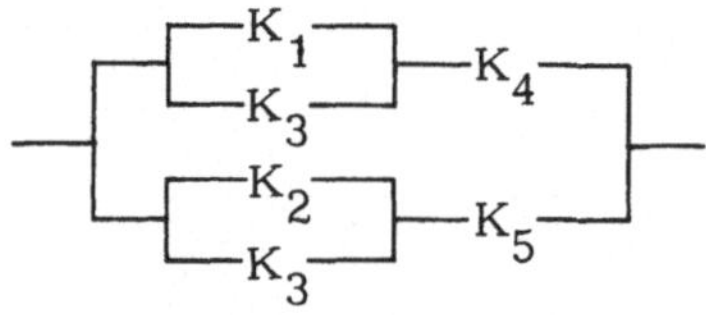

enthalte die beiden Klassen von Komponenten $\{K_1, K_2, K_3\}$ mit zugehöriger Komponenten-Verfügbarkeit a, $\{K_4, K_5\}$ mit zugehöriger Komponenten-Verfügbarkeit b. Dann ist $A_s = a(2b - b^2) + (1 - a)(2ab - a^2 b^2)$. Daraus

folgt $\dfrac{\partial A_s}{\partial a} = 2b - b^2 + 2b - 2ab^2 - 4ab + 3a^2 b^2 = b(4 - b - 4a - 2ab + 3a^2 b)$

und $\dfrac{\partial A_s}{\partial b} = a(2-2b) + (1-a)(2a-2a^2 b) = 2a(1-b) + 2a(1-a)(1-ab) = 2a(1-b+1-ab-a+a^2 b) = 2a\cdot(2 - b - a - ab + a^2 b)$. Die zugehörigen Erneuerungsdichten seien h_a und h_b. Dann ist im stationären Zustand

$N_s = \dfrac{\partial A_s}{\partial a} h_a + \dfrac{\partial A_s}{\partial b} h_b$ die mittlere Anzahl von Systemausfällen pro Zeiteinheit,

$N_a := \partial A_s/\partial a \cdot h_a$ die mittlere Anzahl derjenigen Systemausfälle pro Zeiteinheit, die durch Ausfall einer der Komponenten K_1, K_2, K_3 erfolgen, und

$N_b := \partial A_s/\partial b \cdot h_b$ die mittlere Anzahl derjenigen Systemausfälle pro Zeiteinheit, die durch Ausfall einer der Komponenten K_4, K_5 erfolgen.

Wir setzen $a = 0{,}999$, $b = 0{,}9999$, $h_a = 5\cdot 10^{-4} h^{-1}$, $h_b = 5\cdot 10^{-5} h^{-1}$. Dann erhalten wir $N_a = 1{,}7\cdot 10^{-9} h^{-1}$, $N_b = 1{,}01\cdot 10^{-8} h^{-1}$ und $N_s = N_a + N_b = 1{,}18\cdot 10^{-8} h^{-1}$.

116

Die Wahrscheinlichkeit dafür, daß ein Systemausfall durch den Ausfall einer der Komponenten K_1, K_2, K_3 zustande kommt, ist dann $N_a/N_s = 0,14$.   ○

3.4.5 Mittlere Verweilzeiten

Bei der Betrachtung reparierbarer Einheiten haben wir gesehen, daß im stationären Zustand zwischen mittlerer Intaktzeit u_i, Verfügbarkeit a_i und Erneuerungsdichte h_i der Zusammenhang besteht: $u_i = a_i/h_i$ (s. Abschn. 2.3.3). Es zeigt sich, daß die Voraussetzungen für die Gültigkeit einer solchen Beziehung erweitert werden können. Eine wichtige Ausdehnung auf redundante Systeme stellt der folgende Satz (4.11) dar, und im Kapitel 4 wird uns noch einmal eine analoge Beziehung begegnen.

Statt der Ausdrücke "mittlere Intaktzeit" und "mittlere Reparaturzeit" sind allgemein auch folgende Ausdrücke und Abkürzungen gebräuchlich:
MTBF, d.h. Mean Time Between Failures, mittlerer Ausfallabstand. Die
    gleiche Bedeutung hat die Abkürzung MUT, d.h. Mean Up Time.
MDT, d.h. Mean Down Time, mittlere Ausfalldauer.
Wir werden auch weiterhin meist die Buchstaben u und d verwenden, und zwar u_i und d_i für die Systemkomponenten und U_s und D_s für das System selbst.
Unter der MTBF eines Systems hat man sich also den Erwartungswert derjenigen Zeitspanne vorzustellen, die mit dem Wiedereinsatz des Systems nach einer Reparatur beginnt und mit dem nächsten Systemausfall endet; unter MDT den Erwartungswert derjenigen Zeitspanne, die mit einem Systemausfall beginnt und mit dem nächsten Wiedereinsatz nach der Reparatur endet.

Wenn das System aus nur 1 Einheit besteht, deren Lebensdauer exponentiell verteilt ist, so ist die MTBF identisch mit der mittleren Lebensdauer. Im allgemeinen unterscheiden sich diese beiden Größen aber: Setzt man voraus, daß die Komponenten des betrachteten Systems unabhängig sind, so kann das System beim Wiedereinsatz nach einer Reparatur noch ausgefallene Komponenten enthalten. Dagegen schließt der Begriff "mittlere Lebensdauer" ein, daß es zu Beginn ganz ohne Fehler ist.

Es sei ein System aus n Komponenten K_i gegeben. Es seien u_i die MTBF von K_i, d_i die MDT von K_i, h_i die Erneuerungsdichte (bezüglich Ausfall) von K_i, U_s die MTBF des Systems, D_s die MDT des Systems, $A_s(t)$ die Verfügbarkeit des Systems. $N_s(t)$ sei definiert durch $N_s(t)dt = p(Systemausfall während (t,t+dt))$.

(4.11) <u>Satz:</u> In einem reparierbaren System seien die Komponenten unabhängig. Jeder Komponente sei ein alternierender Erneuerungsprozeß zugeordnet. Dann gilt im stationären Zustand

a) $U_s = \dfrac{A_s}{N_s}$,

b) $D_s = \dfrac{1 - A_s}{N_s}$,

c) $A_s = \dfrac{U_s}{U_s + D_s}$,

d) $N_s = \dfrac{1}{U_s + D_s}$.

<u>Beweis:</u> Der Beweis zu a) findet sich bei Störmer [35].

zu b) Ist $s = s(t)$ die Systemfunktion des Systems, so ist auch $\bar{s}(t) = 1-s(t)$ eine Systemfunktion (s. Definition (2.5), Folgerung (1.12)). Ferner ist $1 - A_s(t) = p(s(t) = 0) = p(\bar{s}(t) = 1)$ und nach der Folgerung (4.4): $N_s(t)dt = p(s(t) = 0;\ s(t+dt) = 1) = p(\bar{s}(t) = 1;\ \bar{s}(t+dt) = 0)$. Für D_s als mittlere Verweilzeit im Zustand $\bar{s}(t) = 1$ folgt damit im stationären Zustand nach a): $D_s = (1 - A_s)/N_s$.

zu c) Aus a) und b) folgt $N_s = \dfrac{A_s}{U_s} = \dfrac{1 - A_s}{D_s}$, also $A_s(U_s + D_s) = U_s$ und damit c). d) folgt aus a) und c). $\bullet$

Um also die MTBF des Systems U_s zu berechnen, verwende man die Beziehung $U_s = A_s/N_s$ und berechne A_s und N_s z.B. mit Hilfe der Multilinearform (s. Folgerung (3.6.b) und Satz (4.8.d)).

In der englischsprachigen Literatur wird die Größe $U_s + D_s$ auch "Cycle-Time" genannt. Damit stimmt also die Größe N_s im stationären Zustand überein mit dem reziproken Wert der "Zykluszeit" $U_s + D_s$, und die Verfügbarkeit A_s im stationären Zustand ist der Quotient MTBF/Zykluszeit.

(4.12) <u>Folgerung:</u> Für ein System S aus n voneinander unabhängigen Komponenten gilt im stationären Zustand

a) ist S ein Seriensystem, so folgt für seine MTBF: $\dfrac{1}{U_s} = \sum\limits_{i=1}^{n} \dfrac{1}{u_i}$.

b) ist S ein Parallelsystem, so folgt für seine MDT: $\dfrac{1}{D_s} = \sum\limits_{i=1}^{n} \dfrac{1}{d_i}$.

Beweis: a) Für ein Seriensystem ist nach der Folgerung (4.5.b) $N_s =$

$= A_s \sum\limits_{i=1}^{n} \dfrac{1}{u_i}$, also $\sum\limits_{i=1}^{n} \dfrac{1}{u_i} = \dfrac{N_s}{A_s} = \dfrac{1}{U_s}$.

b) Für ein Parallelsystem ist nach Folgerung (4.6.b) $N_s = (1 - A_s) \sum\limits_{i=1}^{n} \dfrac{1}{d_i}$,

also $\sum\limits_{i=1}^{n} \dfrac{1}{d_i} = \dfrac{N_s}{1 - A_s} = \dfrac{1}{D_s}$. $\bullet$

Neben dem mittleren Ausfallabstand MTBF im stationären Zustand gibt es noch den mittleren Abstand bis zum ersten Systemausfall. Er wird manchmal mit MTFF bezeichnet (Mean Time to First Failure). Bei diesem Begriff geht man davon aus, daß sämtliche Systemkomponenten zu Beginn des betrachteten Zeitraums intakt sind. Dagegen wird beim mittleren Ausfallabstand ja der Fall betrachtet, daß zu Beginn ein kritischer Funktionszustand vorliegt, d.h. soeben wurde eine Reparatur beendet, die den Wiedereinsatz des Systems gestattet. Manchmal kann man zur Berechnung der MTFF die MTBF hinzuziehen. Hierzu betrachten wir das folgende Beispiel: Es sei ein 2 aus 3 - System gegeben, dessen gleichartige Komponenten exponentiell verteilte Lebensdauern (Ausfallraten λ) und Reparaturzeiten (Reparaturrate ρ) besitzen. Zum Zeitpunkt 0 seien alle Komponenten intakt. U_1 bezeichne die mittlere Zeit bis zum ersten Systemausfall, d.i. die mittlere Zeit bis zu dem Augenblick, in dem zum ersten Mal 2 der 3 Komponenten ausgefallen sind; U_s bezeichne die MTBF. Ferner bezeichne T die Zeit, die bis zu dem ersten Ausfall einer Komponente vergeht, und $\overline{T}$ den Erwartungswert von T.

Dann gilt: $U_1 = \overline{T} + U_s$.

Wir berechnen zuerst U_s: Es ist $A_s = a^3 + 3a^2(1-a) = 3a^2 - 2a^3$ mit

$a = \dfrac{\rho}{\lambda + \rho}$. Nach (4.10) ist ferner $N_s = 6a^2(1-a)\lambda$, also $U_s = \dfrac{A_s}{N_s} =$

$\dfrac{3 - 2a}{6(1 - a)\lambda} = \dfrac{3\lambda + 2\rho \ - 2\rho}{6\lambda^2} = \dfrac{3\lambda + \rho}{6\lambda^2}$. Für $\overline{T}$ gilt: $\overline{T} = 1/3\lambda$.

Insgesamt erhalten wir also $U_1 = \dfrac{1}{3\lambda} + \dfrac{3\lambda + \rho}{6\lambda^2} = \dfrac{5\lambda + \rho}{6\lambda^2}$. $\circ$

3.5 Näherungsformeln

In diesem Kapitel 3 haben wir bisher gesehen, wie man vorgehen kann, um an Hand eines Zuverlässigkeits-Schaltbildes Angaben über die Zuverlässigkeit eines reparierbaren Systems zu machen:

1. Aufsuchen der minimalen Wege,

2. Aufstellen der Systemfunktion s des Systems in der Multilinearform,

3. Berechnen von Verfügbarkeit und mittlerer Ausfallhäufigkeit durch Einsetzen der Komponenten-Verfügbarkeiten und -MTBF's in s.

Statt von den Wegen des Systems kann man auch von seinen Schnitten ausgehen. Die entsprechende Methode sieht dann so aus:

1. Aufsuchen der minimalen Schnitte,

2. Aufstellen der Systemfunktion $\bar{s}$ in der Multilinearform ($\bar{s}$ ist Indikatorfunktion des Ereignisses "das System ist nicht funktionsfähig"),

3. Berechnen von Nichtverfügbarkeit und mittlerer Ausfallhäufigkeit durch Einsetzen der Komponenten-Nichtverfügbarkeiten und -MDT's in $\bar{s}$.

Diese beiden Methoden eignen sich sowohl für Berechnungen mit Hilfe eines Rechner-Programms (wobei vor allem die 2. Methode zu empfehlen ist, damit Rundungsfehler vermieden werden) als auch für Berechnungen von Hand. Wenn man allerdings ein größeres System von Hand untersuchen will, wird man unter Umständen den Rechenaufwand scheuen. Es empfiehlt sich dann, zunächst Näherungs-Lösungen zu suchen. Manchmal genügt schon eine Abschätzung nach einer Seite (z.B. "die Nichtverfügbarkeit des Systems ist kleiner als..."); die andernfalls wird man vielleicht eine obere und eine untere Schranke für die interessierende Größe berechnen und schließlich entscheiden, ob eine exakte Rechnung notwendig ist.

Wir stellen ein Lemma voran, mit dessen Hilfe wir dann die Abschätzungsformeln für die Nichtverfügbarkeit und die mittlere Ausfallhäufigkeit eines Systems beweisen können.

(5.1) <u>Lemma</u>: Es seien $C_1, C_2, \ldots, C_m$ die minimalen Schnitte des Systems, $\bar{s} = \bar{s}(t)$ die Indikatorfunktion des Ereignisses "das System ist ausgefallen zum Zeitpunkt t", $\bar{s} = \sum_{I \subset N} c_I \bar{s}_I$ ($\bar{s}_I := \prod_{i \in I} \bar{s}_i$) die Multilinearform von $\bar{s}$, f eine Funktion mit den Eigenschaften $f(\bar{s}) = \sum_{I \subset N} c_I f(\bar{s}_I)$ und $f(\bar{s}') \geq 0$ für jede Systemfunktion $\bar{s}'$. Dann gilt

a) $f(\bar{s}) \leq \sum_{j=1}^{m} f(\bar{s}_{C_j})$,

b) $f(\bar{s}) \geq \sum\limits_{j=1}^{m} f(\bar{s}_{C_j}) - \sum\limits_{j=1}^{m-1} \sum\limits_{k=j+1}^{m} f(\bar{s}_{C_j} \bar{s}_{C_k})$.

Beweis: (vollständige Induktion nach m): Für $m = 1$ sind a) und b) trivialerweise erfüllt.

Für größeres m ist

$$\bar{s} = 1 - \prod_{j=1}^{m} (1 - \bar{s}_{C_j}) = 1 - \prod_{j=1}^{m-1} (1 - \bar{s}_{C_j}) + \bar{s}_{C_m} - \bar{s}_{C_m} \left[1 - \prod_{j=1}^{m-1} (1 - \bar{s}_{C_j}) \right].$$

Wir setzen: $\bar{s}' := 1 - \prod\limits_{j=1}^{m-1} (1 - \bar{s}_{C_j})$ und $\bar{s}'' := \bar{s}_{C_m} \cdot \bar{s}'$. Damit ist $\bar{s} =$

$= \bar{s}' + \bar{s}_{C_m} - \bar{s}''$ und $f(\bar{s}) = f(\bar{s}') + f(\bar{s}_{C_m}) - f(\bar{s}'')$. Nach Induktionsannahme ist $f(\bar{s}') \leq \sum\limits_{j=1}^{m-1} f(\bar{s}_{C_j})$; $f(\bar{s}') \geq \sum\limits_{j=1}^{m-1} f(\bar{s}_{C_j}) - \sum\limits_{j-1}^{m-2} \sum\limits_{k=j+1}^{m-1} f(\bar{s}_{C_j} \bar{s}_{C_k})$ und

$f(\bar{s}'') \leq \sum\limits_{j=1}^{m-1} f(\bar{s}_{C_j} \bar{s}_{C_m})$.

Daraus folgt:

1. $f(\bar{s}) \leq f(\bar{s}') + f(\bar{s}_{C_m}) \leq \sum\limits_{j=1}^{m} f(\bar{s}_{C_j})$, das ist a).

2. $f(\bar{s}) > \sum\limits_{j=1}^{m-1} f(\bar{s}_{C_j}) - \sum\limits_{j=1}^{m-2} \sum\limits_{k=j+1}^{m-1} f(\bar{s}_{C_j} \bar{s}_{C_k}) + f(\bar{s}_{C_m}) - \sum\limits_{j=1}^{m-1} f(\bar{s}_{C_j} \bar{s}_{C_m}) =$

$= \sum\limits_{j=1}^{m} f(\bar{s}_{C_j}) - \sum\limits_{j=1}^{m-1} \sum\limits_{k=j+1}^{m} f(\bar{s}_{C_j} \bar{s}_{C_k})$, das ist b). $\qquad\qquad$ ●

(5.2) Satz: Die Komponenten K_i seien unabhängig voneinander. Es bezeichne $A_s(t)$ die Systemverfügbarkeit, $\varepsilon_i(t)$ die Nichtverfügbarkeit von K_i $(i = 1, 2, \ldots, n)$ und $\pi(I) := \prod\limits_{i \in I} \varepsilon_i(t)$ für $I \subset N$. Dann gilt

a) $1 - A_s(t) \approx \sum\limits_{j=1}^{m} \pi(C_j)$, falls $\varepsilon_j \ll 1$ für alle $j \in N$,

b) $1 - A_s(t) \leq \sum\limits_{j=1}^{m} \pi(C_j)$,

c) $1 - A_s(t) \geq \sum\limits_{j=1}^{m} \pi(C_j) - \sum\limits_{j=1}^{m-1} \sum\limits_{k=j+1}^{m} \pi(C_j \cup C_k)$.

<u>Beweis:</u> Mit $f(\bar{s}) := p(\bar{s}(t) = 1)$ ist $f(\bar{s}) = 1 - A_s(t)$ und $f(\bar{s}_I) = \prod\limits_{i \in I} \varepsilon_i(t)$.

Nach der Folgerung (1.12) ist $\bar{s}$ eine Systemfunktion. Damit ist nach der Folgerung (3.6): $f(\bar{s}) = \sum\limits_{I \subseteq N} c_I f(\bar{s}_I)$, also Lemma (5.1) anwendbar. Es

liefert: $1 - A_s(t) \le \sum\limits_{j=1}^{m} \prod\limits_{i \in C_j} \varepsilon_i(t)$, also b), und $1 - A_s(t) \ge \sum\limits_{j=1}^{m} \prod\limits_{i \in C_j} \varepsilon_i(t) -$

$$- \sum\limits_{j=1}^{m-1} \sum\limits_{k=j+1}^{m} \prod\limits_{i \in C_j \cup C_k} \varepsilon_i(t), \quad \text{d.i. c)}.$$

Die Differenz zwischen dem Näherungsausdruck a) und der Nichtverfüg-

barkeit $1 - A_s(t)$ ist also höchstens gleich $\sum\limits_{j=1}^{m-1} \sum\limits_{k=j+1}^{m} \prod\limits_{i \in C_j \cup C_k} \varepsilon_i(t)$.

Für kleine Wahrscheinlichkeiten ε_i kann auch dieser Ausdruck sehr klein gegen $1 - A_s(t)$ werden, so daß a) gilt. ●

Man kann die in (5.2) angegebenen Beziehungen bei einem System ohne Reparaturen dazu verwenden, die Lebensdauerverteilung abzuschätzen, und bei einem System mit Reparaturen, um zeitabhängige oder stationäre Nichtverfügbarkeiten abzuschätzen.

<u>Beispiel:</u> Das System

K_1 K_3 K_4 K_2 K_3 K_5

bestehe aus voneinander unabhängigen Komponenten. Die Nichtverfügbarkeiten der Komponenten seien $\varepsilon_1 = \varepsilon_2 = \varepsilon_3 := \varepsilon_a = 0,01$ und $\varepsilon_4 = \varepsilon_5 :=$ $= E_b = 0,001$. Gesucht ist die Nichtverfügbarkeit $1 - A_s$ des Systems. Die minimalen Schnitte dieses Systems sind $C_1 = \{1,2,3\}$, $C_2 = \{1,3,5\}$, $C_3 = \{2,3,4\}$, $C_4 = \{4,5\}$. Nach Satz (5.2.b) ist $1 - A_s \le \pi(C_1) + \pi(C_2) +$
$+ \pi(C_3) + \pi(C_4) = \varepsilon_a^3 + 2\varepsilon_a^2\varepsilon_b + \varepsilon_b^2 = 2,2000 \cdot 10^{-6}$.

Wir erhalten weiter $C_1 \cup C_2 = \{1,2,3,5\}$, $C_1 \cup C_3 = \{1,2,3,4\}$, $C_1 \cup C_4 =$ $= \{1,2,3,4,5\}$, $C_2 \cup C_3 = \{1,2,3,4,5\}$, $C_2 \cup C_4 = \{1,3,4,5\}$, $C_3 \cup C_4 =$ $= \{2,3,4,5\}$. Daraus folgt $\sum\limits_{i=1}^{3} \sum\limits_{j=i+1}^{4} \pi(C_i \cup C_j) = 2\varepsilon_a^3\varepsilon_b + 2\varepsilon_a^3\varepsilon_b^2 + 2\varepsilon_a^2\varepsilon_b^2$

und damit $1 - A_s \geq \varepsilon_a^3 + 2\varepsilon_a^2\varepsilon_b + \varepsilon_b^2 - 2\varepsilon_a^3\varepsilon_b - 2\varepsilon_a^3\varepsilon_b^2 - 2\varepsilon_a^2\varepsilon_b^2 \geq 2,1979\cdot 10^{-6}$
Eine exakte Rechnung scheint sich in diesem Fall zu erübrigen. $\quad\bigcirc$

(5.3) <u>Satz</u>: Die K_i seien unabhängig und im stationären Zustand. Es bezeichne d_i die mittlere Reparaturzeit von K_i $(i = 1,2,\dots,n)$. Dann gilt für die mittlere Häufigkeit N_s von Systemausfällen pro Zeiteinheit

a) $N_s \approx \sum\limits_{j=1}^{m} \pi(C_j) \sum\limits_{i \in C_j} \dfrac{1}{d_i}$, falls $\varepsilon_i \ll 1$ für alle $i \in N$,

b) $N_s \leq \sum\limits_{j=1}^{m} \pi(C_j) \sum\limits_{i \in C_j} \dfrac{1}{d_i}$,

c) $N_s \geq \sum\limits_{j=1}^{m} \pi(C_j) \sum\limits_{i \in C_j} \dfrac{1}{d_i} - \sum\limits_{j=1}^{m-1} \sum\limits_{k=j+1}^{m} \pi(C_j \cup C_k)\cdot \sum\limits_{i \in C_j \cup C_k} \dfrac{1}{d_i}$.

<u>Beweis</u>: Mit $f(\bar{s}) := p(\bar{s}(t) = 1;\ \bar{s}(t + dt) = 0)$ gilt nach (4.4): $f(\bar{s}) = N_s(t)dt$ und nach (4.8): $f(\bar{s}_I) = \prod\limits_{i \in I} \varepsilon_i \sum\limits_{l \in I} \dfrac{1}{d_l}\, dt$. Nach (4.8) ist die Voraussetzung

$f(\bar{s}) = \sum\limits_{I \subset N} c_I f(\bar{s}_I)$ erfüllt, so daß Lemma (5.1) anwendbar ist. Es liefert:

$N_s \leq \sum\limits_{j=1}^{m} \prod\limits_{i \in C_j} \varepsilon_i \sum\limits_{l \in C_j} \dfrac{1}{d_l}$, das ist b), und $N_s > \sum\limits_{j=1}^{m} \prod\limits_{i \in C_j} \varepsilon_i \sum\limits_{l \in C_j} \dfrac{1}{d_l} -$

$- \sum\limits_{j=1}^{m-1} \sum\limits_{k=j+1}^{m} \prod\limits_{i \in C_j \cup C_k} \varepsilon_i \sum\limits_{l \in C_j \cup C_k} \dfrac{1}{d_l}$, das ist c). b) und c) ergeben

a). $\qquad\qquad\qquad\qquad\qquad\qquad\qquad\qquad\qquad\qquad\bullet$

<u>Beispiel</u>: Das System

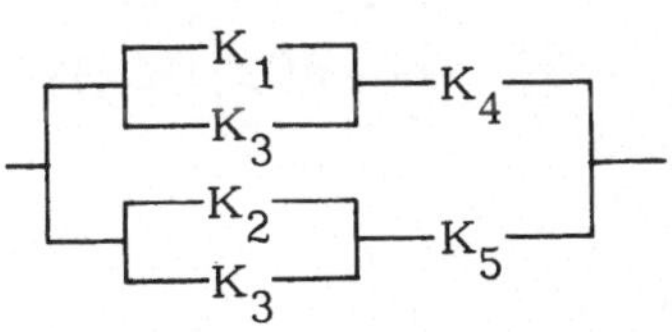

aus voneinander unabhängigen Komponenten sei im stationären Zustand. Die Nichtverfügbarkeiten und mittleren Reparaturzeiten der Komponenten seien $\varepsilon_1 = \varepsilon_2 = \varepsilon_3 := \varepsilon_a = 0,01;\ \varepsilon_4 = \varepsilon_5 := \varepsilon_b = 0,001;\ d_1 = d_2 = d_3 := d_a = 2h;\ d_4 = d_5 := d_b = 1h$. Gesucht ist die mittlere Häufigkeit N_s von Systemausfällen pro Stunde. Die minimalen Schnitte sind $C_1 = \{1,2,3\},\ C_2 = \{1,3,5\},$

$C_3 = \{2,3,4\}$, $C_4 = \{4,5\}$ (s.o), und daraus folgt nach Satz (5.3.b):

$$N_s \leq \varepsilon_a^3 \cdot \frac{3}{d_a} + 2\varepsilon_a^2 \varepsilon_b \cdot \left(\frac{2}{d_a} + \frac{1}{d_b}\right) + \varepsilon_b^2 \cdot \frac{2}{d_b} = 3{,}900 \cdot 10^{-6} h^{-1}.$$

Mit $C_1 \cup C_2 = \{1,2,3,5\}$, $C_1 \cup C_3 = \{1,2,3,4\}$, $C_1 \cup C_4 = \{1,2,3,4,5\}$, $C_2 \cup C_3 = \{1,2,3,4,5\}$, $C_2 \cup C_4 = \{1,3,4,5\}$, $C_3 \cup C_4 = \{2,3,4,5\}$ folgt

aus Satz (5.3.c): $\displaystyle\sum_{i=1}^{3} \sum_{j=i+1}^{4} p(C_i \cup C_j) \sum_{l \in C_i \cup C_j} \frac{1}{d_l} = 2\varepsilon_a^3 \varepsilon_b \cdot \left(\frac{3}{d_a} + \frac{1}{d_b}\right) +$

$$+ 2\varepsilon_a^3 \varepsilon_b^2 \cdot \left(\frac{3}{d_a} + \frac{2}{d_b}\right) + 2\varepsilon_a^2 \varepsilon_b^2 \cdot \left(\frac{2}{d_a} + \frac{2}{d_b}\right) = 5{,}6 \cdot 10^{-9} h^{-1}, \text{ also}$$

$$N_s \geq 3{,}894 \cdot 10^{-6} h^{-1}.$$

Aus den Abschätzungen für A_s und N_s erhält man leicht auch Abschätzungen für die MTBF des Systems U_s. Für dieses Beispiel erhalten wir:

1. Aus $1 - A_s \leq 2{,}2 \cdot 10^{-6}$ und $N_s \leq 3{,}9 \cdot 10^{-6} h^{-1}$ folgt

$$U_s = \frac{A_s}{N_s} \geq \frac{1 - 2{,}2 \cdot 10^{-6}}{3{,}9 \cdot 10^{-6}} h \geq 256804 \text{ h}.$$

2. Aus $N_s \geq 3{,}894 \cdot 10^{-6} h^{-1}$ folgt $U_s = \frac{A_s}{N_s} \leq \frac{1}{N_s} \leq 256806$ h.   O

<u>Bemerkung</u>: Enthält das gegebene System nur 1 oder 2 Schnitte, so geben die Ausdrücke b) bzw. c) der Sätze (5.2) und (5.3) nicht nur Abschätzungen sondern exakte Lösungen an. Das soll heißen:

a) Gibt es nur einen Schnitt C, so ist $1 - A_s(t) = \pi(C)$ und

$N_s = \pi(C) \cdot \displaystyle\sum_{i \in C} \frac{1}{d_i}$. Das sind die bekannten Beziehungen für ein Parallelsystem.

b) Gibt es nur 2 Schnitte C_1 und C_2, so ist $1 - A_s(t) = \pi(C_1) + \pi(C_2) -$

$- \pi(C_1 \cup C_2)$ und $N_s = \pi(C_1) \cdot \displaystyle\sum_{i \in C_1} \frac{1}{d_i} + \pi(C_2) \cdot \displaystyle\sum_{i \in C_2} \frac{1}{d_i} - \pi(C_1 \cup C_2) \cdot$

$\cdot \displaystyle\sum_{i \in C_1 \cup C_2} \frac{1}{d_i} .$

Die nächsten Folgerungen enthalten Abschätzungen für die Größen U_s, D_s und N_s. Dabei wird generell <u>vorausgesetzt</u>:

1. Die System-Komponenten sind voneinander unabhängig

2. Es liegt der stationäre Zustand vor

3. Die mittleren Ausfallabstände der Komponenten werden mit u_i bezeichnet, die mittleren Reparaturzeiten mit d_i, die mittleren Ausfallhäufigkeiten pro Zeiteinheit mit h_i $(i = 1,2,\ldots,n)$

4. U_S bezeichnet den mittleren Ausfallabstand des Systems, D_S seine mittlere Reparaturzeit und N_S die mittlere Anzahl von Systemausfällen pro Zeiteinheit.

(5.4) <u>Folgerung:</u> a) Ist $D_S > 0$, so folgt $N_S < 1/U_S$.
b) Ist $D_S \ll U_S$, so folgt $N_S \approx 1/U_S$.

Der Beweis ergibt sich direkt aus dem Satz (4.11.d).
Hat also ein System z.B. eine MTBF von 1000 Stunden, so kann man sagen:
Pro Jahr treten im Mittel höchstens $H_S = 8{,}8$ Systemausfälle auf (denn es ist $H_S = N_S \cdot$ (Anzahl Stunden pro Jahr) $< 8766/1000$).

(5.5) <u>Folgerung:</u> Für ein <u>Seriensystem</u> gilt

a) $N_S \leq \sum\limits_{i=1}^{n} h_i$,

b) ist $d_i \ll u_i$ für alle i, so folgt $N_S \approx \sum\limits_{i=1}^{n} h_i$,

c) mit $N_O := \sum\limits_{i=1}^{n} h_i$ ist $N_O \left[1 - \sum\limits_{i=1}^{n} h_i d_i \right] \leq N_S \leq N_O$,

d) ist $d_i = d > 0$ für alle i, so ist $D_S > d$,
e) ist $d_i = d \ll u_i$ für alle i, so ist $D_S \approx d$.

<u>Beweis:</u> Nach der Folgerung (4.5.a) ist $N_S = \sum\limits_{i=1}^{n} \dfrac{A_S}{a_i} h_i$. Da außerdem

$\dfrac{A_S}{a_i} \leq 1$ ist, folgt $N_S \leq \sum\limits_{i=1}^{n} h_i$, das ist a).

Ist $\dfrac{d_i}{u_i} \ll 1$ für alle i, so folgt $\dfrac{A_S}{a_i} \approx 1$, also $N_S \approx \sum\limits_{i=1}^{n} h_i$, das ist b).

Aus $a_i \leq 1$ folgt: $\dfrac{A_S}{a_i} \geq A_S$ und damit $N_S \geq A_S \cdot \sum\limits_{i=1}^{n} h_i$. Ferner gilt

$A_S = \prod\limits_{i=1}^{n} a_i = \prod\limits_{i=1}^{n} [1 - h_i d_i] \geq 1 - \sum\limits_{i=1}^{n} h_i d_i$, also $N_S \geq \left[1 - \sum\limits_{i=1}^{n} h_i d_i \right] \cdot \sum\limits_{i=1}^{n} h_i$

und damit c).

Es gilt immer: $D_S = \dfrac{1 - A_S}{A_S} U_S = \left(\dfrac{1}{A_S} - 1 \right) U_S$. Für dieses Seriensystem ist ferner $\dfrac{1}{A_s} - 1 = \displaystyle\prod_{i=1}^{n} \left(\dfrac{u_i + d}{u_i} \right) - 1 = \prod_{i=1}^{n} \left(1 + \dfrac{d}{u_i} \right) - 1 > \sum_{i=1}^{n} \dfrac{d}{u_i} = \dfrac{d}{U_s}$.

Damit ist $D_s > \dfrac{d}{U_s} \cdot U_s = d$, d.h. es gilt d).

Ist $d \ll u_i$, so folgt: $\dfrac{1}{A_s} - 1 = \displaystyle\prod_{i=1}^{n} \left(1 + \dfrac{d}{u_i} \right) - 1 \approx \sum_{i=1}^{n} \dfrac{d}{u_i} = \dfrac{d}{U_s}$, also

$D_s \approx d.$ ●

Falls $d_i = d$ für alle i ist, erhalten wir aus (5.5.c) die Abschätzung für N_s: $N_o - dN_o^2 \leq N_s \leq N_o$.

(5.6) <u>Folgerung</u>: Für ein <u>Parallelsystem</u> aus n gleichartigen Elementen sei $u_i = u$ und $d_i = d$ für alle i. Dann gilt

a) $U_s \geq u^n / nd^{n-1}$,

b) ist $d \ll u$, so folgt $U_s \approx u^n / nd^{n-1}$.

<u>Beweis</u>: Aus $U_s = \dfrac{A_s}{1 - A_s} \cdot D_s$, $1 - A_s = \left(\dfrac{d}{u+d} \right)^n$ und $D_s = \dfrac{d}{n}$ folgt

$U_s = \left(\dfrac{1}{1 - A_s} - 1 \right) D_s = \left[\left(\dfrac{u+d}{d} \right)^n - 1 \right] D_s = \left[\left(\dfrac{u}{d} + 1 \right)^n - 1 \right] D_s \geq \left(\dfrac{u}{d} \right)^n D_s =$

$= \dfrac{u^n}{nd^{n-1}}$, also a). Für $d \ll u$ ergibt sich $\left(\dfrac{u}{d} + 1 \right)^n - 1 \approx \left(\dfrac{u}{d} \right)^n$, also

$U_s \approx \dfrac{u^n}{nd^{n-1}}$.   ●

Für ein Parallelsystem aus 2 gleichartigen Einheiten enthält (5.6) also die Näherungsformel $U_s \gtrsim \dfrac{u^2}{2d}$.

Hat z.B. jede Einheit eine MTBF von 1000 Stunden und eine MDT von 1 Stunde, so ist die MTBF des Systems ungefähr $5 \cdot 10^5$ Stunden.

3.6 Anmerkungen zum Booleschen Modell

Dieser Abschnitt enthält zusammenfassende Bemerkungen zum Begriff "Boolesches Modell". Dabei werden fünf Punkte diskutiert. Der erste Punkt betrifft die verschiedenen, zueinander äquivalenten Darstellungsweisen des

Booleschen Modells. Der zweite Punkt geht auf die Frage ein, welche Aussagen auch dann gültig sind, wenn die Monotonie-Eigenschaft nicht erfüllt ist. Der nächste behandelt Vorteile, die damit verbunden sind, wenn man das Boolesche Modell verwenden kann. Punkt 4 zeigt eine Erweiterungsmöglichkeit für das Boolesche Modell. Und der letzte Punkt geht auf die Grenzen des Booleschen Modells ein.

1. Äquivalente Darstellungen

Für ein System aus n Komponenten ist das Boolesche Modell in der Literatur vielfach durch die folgenden Eigenschaften (1) bis (4) charakterisiert:

(1) Jede Komponente hat nur 2 mögliche Zustände, und auch beim System wird nur unter 2 möglichen Zuständen unterschieden (defekt-intakt).

(2) Die beiden Systemzustände werden allein durch die Zustände seiner Komponenten bestimmt.

(2') Sind alle Komponenten intakt, so ist auch das System intakt.

(2'') Sind alle Komponenten defekt, so ist auch das System defekt.

(3) (Monotonie-Eigenschaft): Es sei eine Menge I gegeben, für die gilt: Funktionieren die Komponenten K_i, $i \in I$, und sind die K_j, $j \in \bar{I}$, ausgefallen, so ist das System funktionsfähig. Dann muß das System auch funktionsfähig sein, wenn für eine Menge $J \supset I$ die K_i, $i \in J$, intakt sind und die K_j, $j \in \bar{J}$, defekt.

(4) Unabhängigkeit der Komponenten.

Im Abschnitt 3.1 wurden verschiedene Möglichkeiten zur Beschreibung der Eigenschaften (2) und (3) angegeben. Dabei wurde die folgende Zuordnung zu Grunde gelegt: Eine Teilmenge I der Menge der Komponentenindizes $N = \{1,2,\ldots,n\}$ soll den Zustand charakterisieren: Die Komponenten K_i, $i \in I$, sind intakt. Die Komponenten K_j, $j \in \bar{I}$, sind defekt. Dann wurden die Abbildung h und das Ereignis A (in Abhängigkeit von den A_i) eingeführt.

Wir stellen die äquivalenten Aussagen, die dann gelten, in der folgenden Tabelle zusammen.

Es wird noch der Begriff "monoton erzeugt" für A eingeführt. Er hat die Eigenschaften (2') und (3) zum Inhalt.

Die Existenz eines Zuverlässigkeitsschaltbildes ist gleichbedeutend damit, daß $A \neq M$ und A monoton erzeugt ist von den A_i.

Eigenschaft	Abbildung h	Ereignis A	s
(2)	Existenz von h $h: \mathfrak{P}(N) \rightarrow \{0,1\}$	A erzeugt von den A_i	Indikatorfunktion
(2')	$h(M) = 1$	$\bigcap_{i=1}^{n} A_i \subset A$	$\prod_{i=1}^{n} s_i \leq s$
(2'')	$h(\emptyset) = 0$	$\bigcap_{i=1}^{n} \overline{A}_i \subset \overline{A}$	$\prod_{i=1}^{n} (1-s_i) \leq 1-s$
(3)	Monotonie von h: Für $I \subset J$ ist $h(I) \leq h(J)$	Aus $C_I \subset A$ und $I \subset J$ folgt $C_J \subset A$	Systemfunktion

2. Boolesches Modell ohne Monotonie-Eigenschaft

Die Regeln, die in den früheren Abschnitten von Kapitel 3 hergeleitet wurden, sind alle anwendbar auf das Modell, das durch die Eigenschaften (1) – (4) definiert ist. Etliche der eingeführten Begriffe und Aussagen sind aber auch dann noch gültig, wenn nur die Eigenschaften (1) und (2) vorliegen, d.h. insbesondere: wenn die Monotonie-Eigenschaft (3) nicht gegeben ist. Das sind zunächst Begriffe und Regeln für Indikatorfunktionen s (Beim Rechnen mit Indikatorfunktionen hat man zudem den Vorteil, daß die zugrunde liegenden Ereignisse nicht unabhängig zu sein brauchen). Im Abschnitt 3.2 werden die disjunktive Normalform und die Multilinearform eingeführt. Dazu folgt eine Aussage über die Summe der Koeffizienten, die in der Multilinearform vorkommen. Es wird zu einem Intervall (t_1, t_2) der

Ausdruck $\int_{t_1}^{t_2} s(t)\,dt$ gedeutet. Schließlich wird die normale Zerlegung von

Indikatorfunktionen eingeführt. Der Abschnitt 3.3 enthält die wichtigen Rechenregeln für $p(A)$. Dabei braucht A nicht monoton erzeugt zu sein von den A_i. Die Regeln gehen davon aus, daß die Indikatorfunktion s von A in geeigneter Gestalt vorliegt. Sie sind anwendbar bei Komponenten ohne Reparaturen und bei solchen mit Reparaturen.

3. Vorteile des Booleschen Modells

Der Hauptvorteil bei der Verwendung des Booleschen Modells liegt darin, daß die Regeln weitgehend verteilungsunabhängig sind. Das beruht darauf, daß man es mit der Überlagerung von Erneuerungsprozessen zu tun hat und

daß sich deshalb die Grenzwertsätze der Erneuerungstheorie auswirken.
Wegen dieser Unabhängigkeit von den Verteilungen der Komponenten kann
man die Zuverlässigkeitsberechnungen für ein System <u>in mehreren Schnitten</u>
ausführen. Dabei gibt es im Prinzip 2 Möglichkeiten.

a) Man zerlegt das System in verschiedene Teilsysteme.

<u>Beispiel</u>: Das System

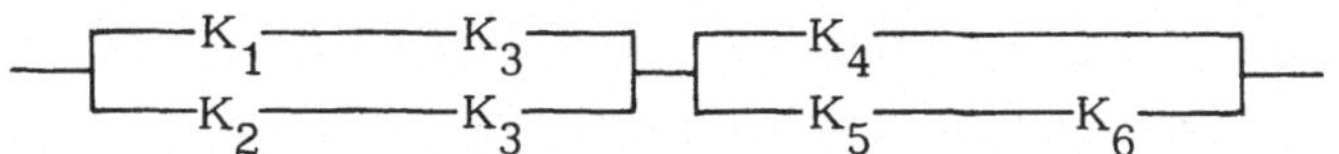

kann man in die Teilsysteme

$$S_1 = \begin{array}{c} K_1 \quad K_3 \\ K_2 \quad K_3 \end{array} \quad \text{und} \quad S_2 = \begin{array}{c} K_4 \\ K_5 \quad K_6 \end{array}$$

zerlegen. Die Zuverlässigkeitsregeln wendet man dann auf S_1, S_2 und $S =$
$S_1 - S_2$ an.

b) Man führt die normale Zerlegung durch: $s = s_i s_B + (1 - s_i) s_C$. Es seien
A_B und A_C die Verfügbarkeiten, N_B und N_C die mittleren Häufigkeiten von
Ausfällen pro Zeiteinheit im stationären Zustand und U_B und U_C die MTBFs
der Systeme B und C. Dann gilt

$$A_S = a_i A_B + (1 - a_i) A_C$$

und im stationären Zustand

$$N_S = a_i A_B \left(\frac{1}{u_i} + \frac{1}{U_B} \right) + A_C \frac{1}{U_C} - a_i A_C \left(\frac{1}{u_i} + \frac{1}{U_C} \right) =$$

$$= h_i A_B + a_i N_B + N_C - h_i A_C - a_i N_C$$

$$N_S = (A_B - A_C) h_i + a_i N_B + (1 - a_i) N_C,$$

wobei $h_i = a_i / u_i$ die mittlere Anzahl von K_i-Ausfällen pro Zeiteinheit ist.

4. Erweiterungsmöglichkeit des Booleschen Modells

Wir wollen nun den Fall betrachten, daß statt der Eigenschaft (2) eine all-
gemeinere Voraussetzung erfüllt ist. Nach der Eigenschaft (2) gilt für alle

zugehörigen Minsets C_I: Es ist $p(A|C_I) = \begin{cases} 1 \\ 0 \end{cases}$, und zwar ist $p(A|C_I) =$

$$= \begin{cases} 1, \text{ falls } C_I \subset A \\ 0, \text{ falls } C_I \not\subset A \end{cases}, \text{ also } p(A|C_I) = h(I). \text{ Dann ist } p(A) = \sum \{p(C_I) : C_I \subset A\} =$$

$$= \sum_I h(I) \cdot p(C_I).$$

Nun $\underline{\text{setzen}}$ wir statt dessen $\underline{\text{voraus}}$, daß für alle $I \subset N$ Größen q_I definiert sind als $q_I := p(A \mid C_I)$. Nach dem Satz von der totalen Wahrscheinlichkeit folgt dann $p(A) = \sum\limits_{I \subset N} q_I p(C_I)$.

Wir betrachten hierzu ein $\underline{\text{Beispiel}}$: Es seien die unabhängigen Komponenten K_1, K_2, K_r gegeben. K_1 und K_2 mögen gleiche Zuverlässigkeitsparameter besitzen. K_r kann entweder für K_1 oder für K_2 einspringen (aber nicht für beide gleichzeitig). Und zwar springt K_r genau dann für K_i ein, wenn K_i defekt ist und K_r intakt und nicht schon für K_j ($j \neq i$) eingesprungen ($i,j \in \{1,2\}$). D.h. sind K_1 und K_2 ausgefallen, so soll K_r immer die zuerst ausgefallene Komponente ersetzen. Es sei nun A das Ereignis A: "Entweder ist K_1 intakt oder K_r ist für K_1 eingesprungen". Wir erhalten dann

Ist $1 \in I$, so bedeutet das: K_1 ist intakt. Dann ist $C_I \subset A$ und damit $q_I = 1$.

$I = \{2,r\}$ bedeutet: K_2 und K_r sind intakt. Also ist auch hierfür $C_I \subset A$ und damit $q_I = 1$.

Für $I = \emptyset$ und $I = \{2\}$ ist $C_I \subset \overline{A}$, also $q_I = 0$.

$I = \{r\}$ bedeutet, daß nur K_r intakt ist. Dann ist K_r mit der Wahrscheinlichkeit $1/2$ für K_1 eingesprungen und mit der Wahrscheinlichkeit $1/2$ für K_2. Also gilt $q_I = 1/2$.

Damit erhalten wir

$$p(A) = p(A_1) + p(\overline{A}_1 \cap A_2 \cap A_r) + \frac{1}{2} p(\overline{A}_1 \cap \overline{A}_2 \cap A_r) =$$

$$= a_1 + (1 - a_1)a_2 a_r + \frac{1}{2}(1 - a_1)(1 - a_2)a_r =$$

$$= a_1 + \frac{1}{2}(1 - a_1)(1 + a_2)a_r \qquad (\text{mit } a_i := p(A_i)). \qquad \circ$$

Spielt also die Reihenfolge von Ausfällen eine Rolle, so kann es zweckmäßig sein, die Methoden des Booleschen Modells mit einem anderen Verfahren zu kombinieren, das auf dem Satz von der totalen Wahrscheinlichkeit beruht.

5. Grenzen des Booleschen Modells

Eine Grenze für die Anwendbarkeit des Booleschen Modells wurde schon in Punkt 4 angesprochen. Eine andere stellt die Abhängigkeit der Komponenten dar: Wenn die Systemkomponenten nicht unabhängig sind, so kann man zwar noch einige der angegebenen Regeln anwenden (s. Abschn.3.3.1); die Rechnung verliert aber häufig sehr an Übersichtlichkeit. Es sind dann andere Verfahren vorzuziehen, z.B. Verfahren nach dem Markowschen Modell (s. Kap.4). Die Abhängigkeit der Systemkomponenten ist manchmal allein durch die Reparaturstrategie gegeben. Es ist z.B. der Fall interessant, daß aus Mangel an Personal die Reparaturen der einzelnen Komponenten bei Bedarf nicht gleichzeitig durchgeführt werden können, also nicht unabhängig. Der Abschnitt 4.3 behandelt ein solches Modell.

Wenn ein Problem sich nicht exakt nach dem Booleschen Modell berechnen läßt, eignet sich dieses oft für Abschätzungen. Ein solcher Fal ist z.B. dann gegeben, wenn das System Komponenten gesitzt, die nur zu bestimmten Zeitpunkten intakt sein müssen und in den übrigen Zeiten keinen Einfluß auf die Systemzuverlässigkeit haben. Beispiele hierfür sind Umschalteeinrichtungen, Vergleicher u.ä..

Eine Kombination von Verfahren des Booleschen Modells mit anderen Verfahren ist manchmal zu empfehlen. Das zeigte sich in dem Beispiel von Punkt 4. Ein weiteres Beispiel hierzu enthält der Abschnitt 4.2.3.

4 Das Markowsche Modell

4.1 Zustände und Übergangsraten

4.1.1 Einführende Überlegungen

Wir gehen davon aus, daß das betrachtete technische System die Zustände $1,2,\ldots,m$ annehmen kann. Dann beschreibt der folgende stochastische Prozeß X_t das zeitliche Verhalten des Systems:

$X_t := i$, falls das System zum Zeitpunkt t im Zustand i ist.

Wir setzen nun weiter voraus, daß es zu jedem geordneten Paar (i,j) eine Zahl $a_{ji} \geq 0$ gibt, für die folgendes gilt: Es sei $t \geq 0$, $k \in \mathbb{N}$, $t_1 < t_2 < \ldots < t_k < t$, $i_1, i_2, \ldots, i_k \in \{1,2,\ldots,m\}$, $B := \{X_{t_1} = i_1\} \cap \{X_{t_2} = i_2\} \cap \ldots \cap \{X_{t_k} = i_k\}$. Dann ist der Ausdruck $p(X_{t+dt} = j \mid \{X_t = i\} \cap B)$ unabhängig von t und B:

$$p(X_{t+dt} = j \mid X_t = i; B) = a_{ji}dt + o(dt) \quad (i \neq j,\ i,j \in \{1,2,\ldots,m\}).$$

Unter dieser Voraussetzung bildet X_t einen homogenen Markowschen Prozeß.

Beweis: Wir definieren für $0 \leq s \leq t$ und für $B = \{t_1 = i_1\} \cap \{t_2 = i_2\} \ldots \cap \{t_k = i_k\}$, $t_h < s$ für alle $h \in \{1,2,\ldots,k\}$: $p_{ij}(s,t,B) = p(X_t = j \mid \{X_s = i\} \cap B)$ und $p_{ij}(t) = p(X_t = j \mid X_o = i)$.

Wir wollen zeigen, daß für alle B und $t \geq 0$ gilt $p_{ij}(s,t,B) = p_{ij}(t - s)$.

Es ist $p_{ij}(s,t + dt,B) = p(X_{t+dt} = j \mid \{X_s = i\} \cap B) =$

$$= \frac{1}{p(\{X_s=i\} \cap B)} \sum_{k=1}^{m} p(X_{t+dt} = j;\ X_t = k;\ X_s = i;\ B).$$

Für $k \neq j$ ist $\dfrac{p(X_{t+dt}= j;\ X_t = k;\ X_s = i;\ B)}{p(X_s = i;\ B)} =$

$$= p(X_{t+dt} = j \mid X_t = k;\ X_s = i;\ B)\, p(X_t = k \mid X_s = i;\ B) = a_{jk}dt \cdot p_{ik}(s,t,B).$$

Für $k = j$ ist $\dfrac{p(X_{t+dt} = j;\ X_t = j;\ X_s = i;\ B)}{p(X_s = i;\ B)} =$

$$= p(X_t = j \mid X_s = i;\ B)\left[1 - \sum_{h \neq j} p(X_{t+dt} = h \mid X_t = j;\ X_s = i;\ B)\right] =$$

$$= p(X_t = j \mid X_s = i; \ B) \left[1 - \sum_{h \neq j} a_{hj} dt \right].$$

Wir setzen $a_{jj} := - \sum_{h \neq j} a_{hj}$. Dann folgt $p_{ij}(s, t+dt, B) - p_{ij}(s,t,B) =$

$$= \sum_{k=1}^{m} a_{jk} p_{ik}(s,t,B) dt, \text{ also } \frac{\partial}{\partial t} p_{ij}(s,t,B) := \dot{p}_{ij}(s,t,B) = \sum_{k=1}^{m} a_{jk} p_{ik}(s,t,B)$$

$(t \geq s)$.

Ebenso erhält man $\dot{p}_{ij}(t) = \sum_{k=1}^{m} a_{jk} p_{ik}(t)$.

Nun ist $p_{ij}(0) = p_{ij}(s,s,B) = \begin{cases} 1 & \text{für } i = j \\ 0 & \text{für } i \neq j \end{cases}$. Daraus folgt $p_{ij}(s,t,B) =$

$= p_{ij}(t - s)$ für alle $s \leq t$ und für alle B, d.h. X_t bildet einen homogenen Markowschen Prozeß.

Die Übergangswahrscheinlichkeiten dieses Markowschen Prozesses sind $p_{ij}(t) = p(X_t = j \mid X_0 = i)$ $(i,j \in \{1,2,\ldots,m\}, \ t \geq 0)$. Die Größen $a_{ji} =$

$= \dfrac{p(X_{t+dt} = j \mid X_t = i)}{dt}$ nennt man auch die <u>Übergangsraten</u> des Prozesses.

Es ist für $i \neq j$: $\dfrac{p_{ij}(h) - p_{ij}(0)}{h} = \dfrac{p_{ij}(h)}{h} = a_{ji} + o(h)$, also $a_{ji} = \dot{p}_{ij}(0)$.

Für $i = j$ ist $a_{ii} = - \sum_{h \neq i} a_{hi}$.

Es wird uns darum gehen, die absoluten Wahrscheinlichkeiten $p(X_t = j)$ zu berechnen. Dazu können wir das lineare Differentialgleichungssystem verwenden, das im Satz $(1.7.4)$ angegeben ist. Wir müssen vorher allerdings nachweisen, daß die beiden Voraussetzungen erfüllt sind: Rechtsseitige Stetigkeit der p_{ij} bei $t = 0$ und Differenzierbarkeit der p_{ij} für alle $t \geq 0$. Das geschieht in den Beweisen zu den folgenden Punkten a) und b):

(1.1) <u>Folgerung:</u> a) $\lim_{t \to 0} p_{ij}(t) = \begin{cases} 1 & \text{für } i = j, \\ 0 & \text{für } i \neq j. \end{cases}$

b) Es existieren die Ableitungen $\dot{p}_{ij}(t)$ für alle i,j und alle $t \geq 0$.

c) Es ist $p_{ii}(t) > 0$ für alle i und alle $t \geq 0$.

d) Gibt es für i und $j \neq i$ ein t_0 mit $p_{ij}(t_0) > 0$, so folgt: $p_{ij}(t) > 0$ für alle $t \geq t_0$.

$\underline{\text{Beweis}}$: a) Für $i \neq j$ ist $p_{ij}(t) = a_{ji}t + o(t)$, also $\lim\limits_{t \to 0} p_{ij}(t) = 0 = p_{ij}(0)$.

Für $i = j$ ist $p_{ii}(t) = 1 - \sum\limits_{j \neq i} p_{ij}(t) \xrightarrow[t \to 0]{} 1 = p_{ii}(0)$.

b.1) Es existieren die Ableitungen $\dot{p}_{ij}(0)$, und es gilt für sie $\dot{p}_{ij}(0) = a_{ji}$ für $i \neq j$ und $\dot{p}_{ii}(0) = - \sum\limits_{j \neq i} \dot{p}_{ij}(0) = - \sum\limits_{j \neq i} a_{ji}$.

b.2) Nach der Folgerung (1.7.3) ist $p_{ij}(t+h) = \sum\limits_{k=1}^{m} p_{ik}(t)p_{kj}(h)$. Daraus

folgt $p_{ij}(t+h) - p_{ij}(t) = \sum\limits_{k \neq j} p_{ik}(t)p_{kj}(h) + p_{ij}(t)(p_{jj}(h) - 1)$, also

$$\frac{p_{ij}(t+h) - p_{ij}(t)}{h} = \sum\limits_{k \neq j} p_{ik}(t)\frac{p_{kj}(h)}{h} + p_{ij}(t)\frac{p_{jj}(h)-1}{h} \xrightarrow[h \to 0]{} \sum\limits_{k=1}^{m} p_{ik}(t) \cdot$$

$\cdot \dot{p}_{kj}(0)$, also existiert auch $\dot{p}_{ij}(t)$ für $t > 0$.

c) Aus $\lim\limits_{t \to 0} p_{ii}(t) = 1$ folgt: es gibt ein $t_0 > 0$, so daß $p_{ii}(s) > 0$ für alle

$s \leq t_0$ ist. Für $t = 2t_0$ ist $p_{ii}(t) \geq (p_{ii}(t_0))^2 > 0$ nach Folgerung (1.7.3). Entsprechend ist für alle k: $p_{ii}(kt_0) > 0$. Damit gilt für ein t zwischen kt_0 und $(k+1)t_0$: $p_{ii}(t) \geq p_{ii}(kt_0)p_{ii}(t-kt_0) > 0$.

d) Sei $i \neq j$. Dann ist $p_{ij}(t) \geq p_{jj}(t_0)p_{ij}(t-t_0) > 0$ nach Voraussetzung und nach c). $\qquad\qquad\bullet$

Auf Grund von a) und b) ist also Satz (1.7.4) anwendbar, und die zugehörigen absoluten Wahrscheinlichkeiten erhalten wir aus dem linearen Dif-

ferentialgleichungssystem $\dot{P}_i(t) = \sum\limits_{j=1}^{m} a_{ij}P_j(t)$ $(i = 1,2,\ldots,m)$. Dabei

werden wir jeweils davon ausgehen, daß die Anfangswahrscheinlichkeiten $P_i(0)$ vorgegeben sind. Und wir werden auch die Beziehung verwenden $\sum\limits_{i=1}^{m} P_i(t) = 1$ für alle $t \geq 0$.

Den einfachsten Fall stellt ein System dar, das nur aus einer nichtreparierbaren Einheit mit exponentiell verteilter Lebensdauer besteht:

1. Beispiel: Die beiden möglichen Zustände der Einheit seien 1 (= intakt) und 0 (= ausgefallen). Die Ausfallrate sei λ. Dann sind die zugehörigen

Übergangsraten $a_{01} = \dfrac{p(X_{t+dt}=0 \mid X_t=1)}{dt} = \lambda$, $a_{10} = \dfrac{p(X_{t+dt}=1 \mid X_t=0)}{dt} = 0$,

$a_{00} = - a_{10} = 0$, $a_{11} = - a_{01} = - \lambda$. Damit können wir das Gleichungssystem aufstellen:

$$\dot{P}_0(t) = a_{00}P_0(t) + a_{01}P_1(t) = \lambda P_1(t)$$
$$\dot{P}_1(t) = a_{10}P_0(t) + a_{11}P_1(t) = - \lambda P_1(t).$$

Auf die zweite Gleichung wenden wir die Laplace-Transformation an und erhalten: $sP_1^*(s) - P_1(0) = - \lambda P_1^*(s)$, also $P_1^*(s) = \dfrac{P_1(0)}{\lambda + s}$, also $P_1(t) = P_1(0)e^{-\lambda t}$.

Gehen wir davon aus, daß $P_1(0) = 1$ ist, so hat $P_1(t)$ die Bedeutung: Überlebenswahrscheinlichkeit $R(t)$ des Gerätes, und das Ergebnis $P_1(t)$ ist der bekannte Ausdruck

$$P_1(t) = R(t) = e^{-\lambda t}. \hspace{6em} \circ$$

Zur Lösung des linearen Differentialgleichungssystems $\dot{P}(t) = A \cdot P(t)$ mit dem Anfangsvektor $P(0)$ kann man also die Laplace-Transformation verwenden. Es bezeichne $P_i^*(s)$ die Laplace-Transformierte von $P_i(t)$ und

$$P^*(s) \quad \text{den Vektor} \quad \begin{pmatrix} P_1^*(s) \\ \vdots \\ P_m^*(s) \end{pmatrix} . \quad \text{Dann folgt: } sP^*(s) - P(0) = A P^*(s), \text{d.i.}$$

$(sI - A)P^*(s) = P(0)$, wobei I die m-reihige quadratische Einheitsmatrix

$$\text{ist: } I = \begin{pmatrix} 1 & 0 \ldots & & 0 \\ 0 & 1 & 0 .. & 0 \\ \vdots & & & \\ 0 & 0 & \ldots & 1 \end{pmatrix} .$$

Die Lösung $P^*(s)$ läßt sich dann schreiben als $P^*(s) = (sI - A)^{-1}P(0)$. Die Matrix $(sI - A)^{-1}$ ist darin die zu $sI - A$ reziproke, d.i. diejenige Matrix B, für die gilt: $B \cdot (sI - A) = I$. Die Berechnung von $(sI - A)^{-1}$ kann für größere m recht mühsam sein. Methoden, mit denen man den Aufwand reduzieren kann, findet man in Büchern der Matrizenrechnung, z.B. bei Gröbner [19].

Für $m = 2$ sei die Matrix A: $A = \begin{pmatrix} a_{11} & a_{12} \\ a_{21} & a_{22} \end{pmatrix}$. Dann ist also

$$sI - A = \begin{pmatrix} s-a_{11} & -a_{12} \\ -a_{21} & s-a_{22} \end{pmatrix} . \quad \text{Es ergibt sich für die Determinante von}$$

$sI - A$: $\det(sI - A) = |sI - A| = (s - a_{11})(s - a_{22}) - a_{12}a_{21}$.

$(sI - A)^{-1}$ ist damit $\dfrac{1}{\det(sI - A)} \begin{pmatrix} s-a_{22} & a_{12} \\ a_{21} & s-a_{11} \end{pmatrix}$ (s. z.B. Gröbner [19]).

Wir betrachten hierzu noch einmal das obige einfache $\underline{\text{Beispiel}}$. Darin ist

$A = \begin{pmatrix} 0 & \lambda \\ 0 & -\lambda \end{pmatrix}$ und $P(0) = \begin{pmatrix} 0 \\ 1 \end{pmatrix}$. Dafür ist $(sI - A)^{-1} = \dfrac{1}{s(s + \lambda)} \cdot$

$\begin{pmatrix} s+\lambda & \lambda \\ 0 & s \end{pmatrix}$. Also folgt: $P^*(s) = (sI - A)^{-1}P(0) = \dfrac{1}{s(s + \lambda)} \begin{pmatrix} \lambda \\ s \end{pmatrix}$. Das

bedeutet $P_0^*(s) = \dfrac{\lambda}{s(s + \lambda)} = \dfrac{1}{s} - \dfrac{1}{s + \lambda}$, also $P_0(t) = 1 - e^{-\lambda t}$

und $P_1^*(s) = \dfrac{1}{s + \lambda}$, also $P_1(t) = e^{-\lambda t}$. ○

$\underline{\text{2. Beispiel:}}$ Wir betrachten ein $\underline{\text{reparierbares}}$ Gerät, dessen Lebensdauer und Reparaturzeit exponentiell verteilt sind mit der Ausfallrate λ und der Reparaturrate ρ. Wir bezeichnen die beiden möglichen Zustände mit 1

(= intakt) und 0 (= defekt). Dann ist $a_{01} = \dfrac{p(X_{t+dt}=0 \mid X_t=1)}{dt} = \lambda$, $a_{10} = \rho$,

$a_{00} = -a_{10} = -\rho$, $a_{11} = -a_{01} = -\lambda$. Das zugehörige Differentialgleichungssystem hat jetzt die Gestalt

$\dot{P}_0(t) = -\rho P_0(t) + \lambda P_1(t)$

$\dot{P}_1(t) = \rho P_0(t) - \lambda P_1(t)$.

Also ist $A = \begin{pmatrix} -\rho & \lambda \\ \rho & -\lambda \end{pmatrix}$, damit $|sI - A| = (s + \rho)(s + \lambda) - \lambda\rho = s(s + \lambda + \rho)$

und $(sI - A)^{-1} = \dfrac{1}{s(s + \lambda + \rho)} \begin{pmatrix} s+\lambda & \lambda \\ \rho & s+\rho \end{pmatrix}$. Also ist $P^*(s) = \dfrac{1}{s(s + \lambda + \rho)} \cdot$

$\begin{pmatrix} s+\lambda & \lambda \\ \rho & s+\rho \end{pmatrix}\begin{pmatrix} P_0(0) \\ P_1(0) \end{pmatrix}$, d.h. $P_1^*(s) = \dfrac{1}{s(s + \lambda + \rho)}(\rho P_0(0) + (s+\rho)P_1(0)) =$

$= \dfrac{1}{s(s + \lambda + \rho)}(\rho + sP_1(0)) = \dfrac{\rho}{\lambda + \rho}\left(\dfrac{1}{s} - \dfrac{1}{s + \lambda + \rho}\right) + \dfrac{P_1(0)}{s + \lambda + \rho}$. Es folgt also

$P_1(t) = \dfrac{\rho}{\lambda + \rho} + \left(P_1(0) - \dfrac{\rho}{\lambda + \rho}\right) e^{-(\lambda+\rho)t}$. Wir betrachten zunächst die beiden Fälle

a) $P_1(0) = 1$ und b) $P_1(0) = \dfrac{\rho}{\lambda + \rho}$

und erhalten

a) $P_1(t) = \frac{\rho}{\lambda + \rho} + \frac{\lambda}{\lambda + \rho} e^{-(\lambda+\rho)t}$.

Dieser Ausdruck ist uns bekannt von Abschnitt 2.3.2 her. Wir haben es
hier mit einem einfachen alternierenden Erneuerungsprozeß zu tun, in dem
die Verteilungen F_Y und F_Z Exponentialverteilungen sind. Man nennt ihn
auch alternierenden Poissonprozeß (s. Cox [8]).

b) Für $P_1(0) = \rho/(\lambda + \rho)$ ergibt sich $P_1(t) = P_1(0) = \rho/(\lambda + \rho)$ für alle
$t \geq 0$.

Dies ist der entsprechende stationäre alternierende Erneuerungsprozeß
(s. Abschn.2.3.3).

Nehmen wir nun ein beliebiges $P_1(0)$ an, so sehen wir $\lim_{t \to \infty} P_1(t) =$

$$= \frac{\rho}{\lambda + \rho} + \left(P_1(0) - \frac{\rho}{\lambda + \rho}\right) \cdot \lim_{t \to \infty} e^{-(\lambda+\rho)t} = \frac{\rho}{\lambda + \rho} \, ,$$

d.h. der stationäre Zustand wird immer asymptotisch erreicht, unabhängig
von der Anfangsverteilung. Wir sehen die Übereinstimmung mit der Erneuerungstheorie (s. Abschn.2.3.2).

Wir sehen, in Übereinstimmung mit Satz (1.7.7), weiter, daß wir die stationäre Lösung berechnen können, indem wir in dem Differentialgleichungssystem $\dot{P}(t) = A P(t)$ setzen: $\dot{P}(t) = 0$ und die Beziehung $\sum P_i(t) = 1$ mit
verwenden. Dann ist nämlich die erste Gleichung des Systems

$0 = -\rho P_0(t) + \lambda P_1(t)$,

und wegen $P_0(t) = 1 - P_1(t)$ haben wir

$0 = -\rho + \rho P_1(t) + \lambda P_1(t)$, also

$P_1(t) = \rho/(\lambda + \rho)$. $\qquad\qquad\qquad\qquad\qquad$ ○

4.1.2 Zustandsdiagramme

Um die Zustände mit ihren Übergangsraten graphisch zu veranschaulichen,
kann man die Zustände als Knoten eines gerichteten Graphen zeichnen. Von
einem Knoten i zu einem anderen Knoten j gibt es höchstens eine Kante,
und sie wird mit der Übergangsrate a_{ji} gekennzeichnet. (Für $a_{ji} = 0$ wollen wir meistens keine Kante einzeichnen.) Bei einer solchen graphischen
Darstellung spricht man von einem Zustandsdiagramm.

Beispiel: Wir betrachten ein System aus 3 Komponenten K_1, K_2, K_3. Die
Komponenten seien bezüglich Ausfall und bezüglich Reparaturen voneinan-

der unabhängig mit exponentiell verteilten Lebensdauern (Ausfallrate λ_i)
und exponentiell verteilten Reparaturzeiten (Reparaturrate ρ_i).
Wir können nun 8 verschiedene Zustände definieren: Dazu führen wir die
Booleschen Tripel (x_1,x_2,x_3) ein.

$x_i = 1$ bedeute: K_i ist intakt

$\qquad\qquad\qquad\qquad (i = 1,2,3).$

$x_i = 0$ bedeute: K_i ist defekt

Es gibt 8 Boolesche Tripel, und wir wollen sie numerieren von 1 bis 8.

Zustand	(0,0,0)	(0,0,1)	(0,1,0)	(1,0,0)	(0,1,1)	(1,0,1)	(1,1,0)	(1,1,1)
Nr.	1	2	3	4	5	6	7	8

Dann sieht das Zustandsdiagramm folgendermaßen aus: (Wir lassen zunächst die Übergangsraten weg.)

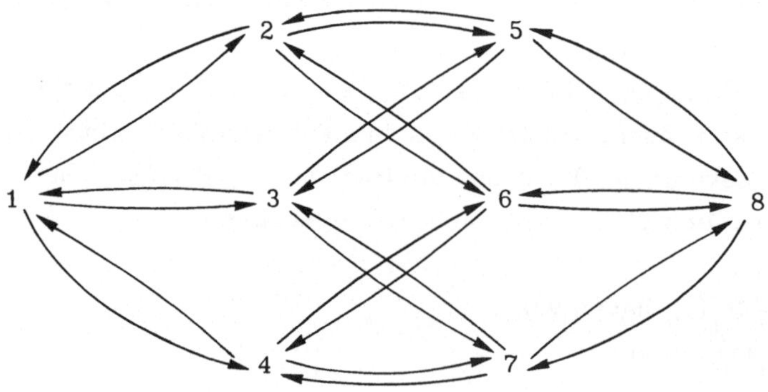

Wir werden, damit ein Zustandsdiagramm übersichtlicher wird, noch zwei
andere Darstellungsweisen verwenden: Entweder zeichnen wir m einzelne
gerichtete Graphen, die die von jeweils einem Knoten ausgehenden Kanten
enthalten. Oder wir ordnen diese Teilgraphen hintereinander an.

In dem obigen <u>Beispiel</u> sieht das folgendermaßen aus:
1).

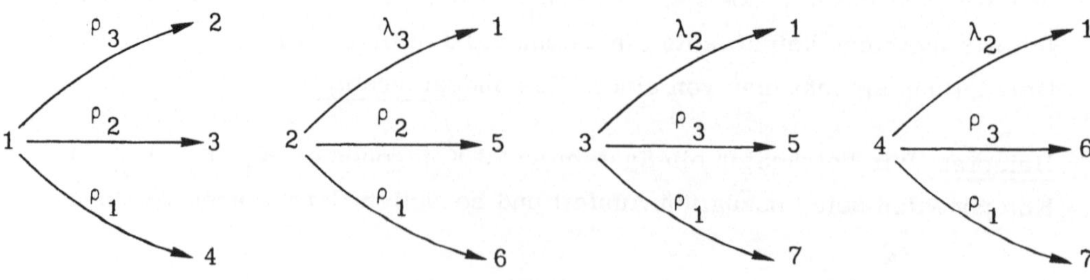

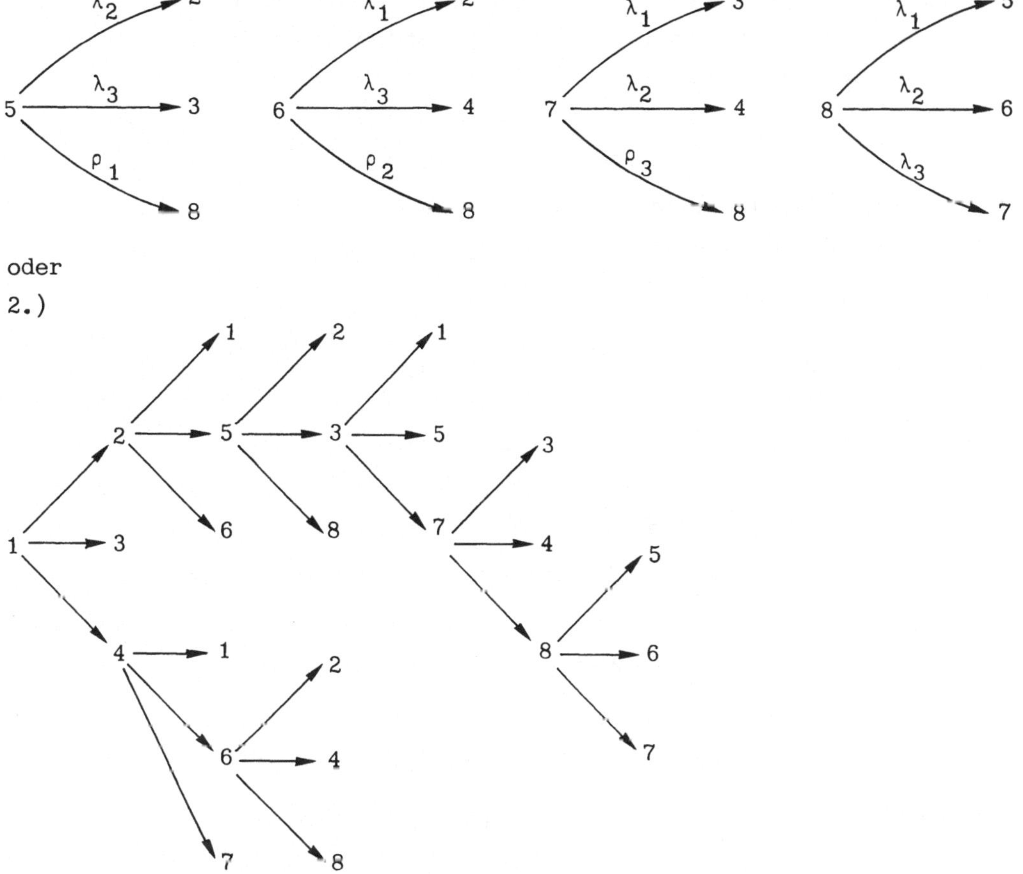

oder

2.)

o.ä. (wobei noch die entsprechenden Übergangsraten einzuzeichnen sind).

○

Wenn ein System mit m möglichen Zuständen vorliegt, bei dem man sich
für gewisse Zustandswahrscheinlichkeiten interessiert, wird man zuerst
ein Zustandsdiagramm zeichnen. Daraus läßt sich dann das zugehörige Differentialgleichungssystem

$$\dot{P}_i(t) = \sum_{j=1}^{m} a_{ij} P_j(t) \quad (i = 1,2,\ldots,m)$$

folgendermaßen aufstellen:

Zu dem betrachteten i sucht man alle Knoten j, <u>von denen</u> aus es eine
nach i gerichtete Kante gibt. Einer solchen Kante entspricht die Übergangsrate a_{ij}. Sie liefert den Beitrag $a_{ij} P_j(t)$ zur i-ten Zeile des Gleichungssystems.

Dann sucht man alle Knoten auf, <u>zu denen</u> eine Kante von i aus führt. Man
addiert die zugehörigen Übergangsraten und multipliziert mit - 1. Das
ergibt die Größe a_{ii}.

Auf Grund der Eigenschaft $\sum\limits_{i=1}^{m} \dot{P}_i(t) = 0$ ergibt sich, daß für jedes j die
Summe aller Koeffizienten a_{ij}, summiert über $i = 1,2,\ldots,m$, 0 ergibt.
Damit braucht man also von den m Gleichungen des Gleichungssystems
$\dot{P}(t) = A \cdot P(t)$ nur $m - 1$ aufzustellen. Die letzte ergibt sich automatisch.

<u>Beispiel</u>: Folgendes Zustandsdiagramm sei gegeben:

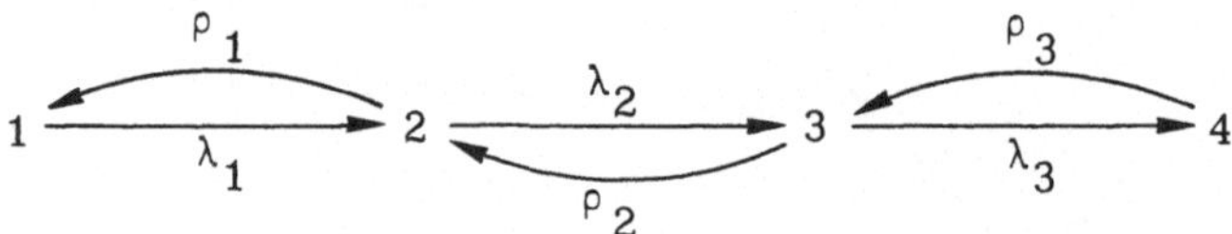

Dann sieht das zugehörige Differentialgleichungssystem folgendermaßen
aus:

$$\dot{P}_1(t) = -\lambda_1 P_1(t) + \rho_1 P_2(t)$$
$$\dot{P}_2(t) = \lambda_1 P_1(t) - (\lambda_2+\rho_1)P_2(t) + \rho_2 P_3(t)$$
$$\dot{P}_3(t) = \lambda_2 P_2(t) - (\lambda_3+\rho_2)P_3(t) + \rho_3 P_4(t)$$
$$\dot{P}_4(t) = \lambda_3 P_3(t) - \rho_3 P_4(t) \qquad \bigcirc$$

(1.2) <u>Definition</u>: X_t sei ein homogener Markowscher Prozeß mit den Zuständen $1,2,\ldots,m$. Dann heißt

a) ein Zustand i vom Zustand j aus <u>erreichbar</u>, wenn es ein $t \geq 0$ gibt,
so daß $p_{ji}(t) > 0$ ist $(i,j \in \{1,2,\ldots,n\})$,

b) der Prozeß X_t <u>irreduzibel</u>, wenn jeder Zustand i von jedem Zustand
j aus erreichbar ist $(i,j \in \{1,2,\ldots,n\})$.

Ein Zustand i ist damit genau dann <u>absorbierend</u>, wenn kein Zustand $j \neq i$
von i aus erreichbar ist. Das Zustandsdiagramm eines Prozesses läßt
leicht die absorbierenden Zustände erkennen: Sie entsprechen denjenigen
Knoten i, von denen keine Kanten zu anderen Knoten j ausgehen (bzw. nur
Kanten mit $a_{ji} = 0$).

In dem hier betrachteten Modell gilt nach der Folgerung (1.1.c und d):
Ist für ein $t_{ij} \geq 0$ die Wahrscheinlichkeit $p_{ij}(t_{ij})$ größer als 0, so ist auch
$p_{ij}(t) > 0$ für alle $t \geq t_{ij}$. Besitzen also alle Paare (i,j) ein individuelles

t_{ij} mit $p_{ij}(t_{ij}) > 0$, so gilt für das Maximum t_o all dieser t_{ij}: $p_{ij}(t_o) > 0$ für alle $i,j \in \{1,2,\ldots,m\}$.

Nach Satz (1.7.6) folgt in unserem Modell deshalb für jeden irreduziblen Prozeß:

Es gibt eine stationäre Lösung P.

Für jeden möglichen Anfangsvektor $P(0)$ wird der stationäre Zustand asymptotisch angenommen.

Man kann P berechnen aus dem linearen Gleichungssystem $A \cdot P = 0$.

Es ist deshalb wichtig, ein Kriterium dafür zu haben, ob ein Prozeß irreduzibel ist bzw. ob ein Zustand i von einem anderen Zustand j aus erreichbar ist. Ein solches Kriterium gibt die nächste Folgerung an.

(1.3) <u>Folgerung</u>: Es seien i, $j \neq i$ und $i_o, i_1, \ldots, i_k$ Zustände aus $\{1,2, \ldots,m\}$, $(k \in \mathbb{N})$ mit den Eigenschaften

(1) $i_o = i$ und $i_k = j$,

(2) $a_{i_r i_{r+1}} > 0$ für $r = 0,1,\ldots,k-1$.

Dann ist i von j aus erreichbar.

<u>Beweis</u>: 1. $k = 1$ bedeutet: $a_{ij} > 0$. Damit ist wegen $i \neq j$: $0 < \dot{p}_{ji}(0) =$

$= \lim_{h \to 0} \dfrac{p_{ji}(h)}{h}$, d.h. es gibt ein $t_o > 0$ mit $p_{ji}(t_o) > 0$, d.h. i ist von j aus erreichbar.

2. Nun sei $k > 1$. Ist $a_{i_r i_{r+1}} > 0$ für $r = 0,1,\ldots,k-1$, so folgt nach Induktionsannahme: i ist von i_{k-1} erreichbar und i_{k-1} ist von j erreichbar, d.h.: es gibt Zeitpunkte t_1 und t_2 mit der Eigenschaft $p_{i_{k-1} i}(t_1) > 0$ und $p_{j i_{k-1}}(t_2) > 0$. Nach der Folgerung (1.7.3.a) folgt daraus: $p_{ji}(t_1 + t_2) > 0$, d.h. i ist von j aus erreichbar. $\bullet$

Anschaulich bedeutet die Folgerung (1.3), daß ein Zustand i von einem anderen Zustand j aus erreichbar ist, wenn es im Zustandsdiagramm eine Knotenfolge $i_k = j$, $i_{k-1}, \ldots, i_1$, $i_o = i$ gibt, bei der jeder Kante (i_r, i_{r-1}) eine Übergangsrate $\neq 0$ zugeordnet ist $(r = 1,2,\ldots,k)$.

4.1.3 Zusammenfassen verschiedener Zustände

Interessiert man sich für die Summe der Zustandswahrscheinlichkeiten $\sum_{i \in I} P_i(t)$ zu einer Zustandsmenge I, so kann man in manchen Fällen verschiedene Zustände zu einem neuen Zustand zusammenfassen. Und zwar betrifft das solche Zustände, die entweder alle in I liegen, oder solche, die alle außerhalb von I liegen.

Die Zustände $i \in J$ können genau dann zu einer Gruppe <u>zusammengefaßt</u> werden, wenn die Übergangsraten von i zu irgendeinem Zustand außerhalb J bzw. zu irgendeiner Gruppe $\neq J$ die gleichen sind für alle $i \in J$.

Will man von m vorliegenden Zuständen <u>genau 2</u> zusammenfassen, (- es seien die Zustände j und k -), so ist das möglich, wenn die folgenden beiden Bedingungen erfüllt sind:

$$a_{ij} = a_{ik} \text{ für alle } i \neq j, \; i \neq k \text{ und}$$

$$a_{jj} + a_{kj} = a_{jk} + a_{kk}.$$

<u>Beweis:</u> Gegeben sei das Differentialgleichungssystem $\dot{P}(t) = A \cdot P(t)$:

$$\dot{P}_i(t) = \sum_{l=1}^{m} a_{il} P_l(t).$$

Sei $j = 1$ und $k = 2$. Wir nennen den neuen Zustand, der durch Zusammenfassen der Zustände 1 und 2 entsteht, a. Dann ergibt sich für $i \geq 3$:

$$\dot{P}_i(t) = a_{i1} P_1(t) + a_{i2} P_2(t) + \sum_{l=3}^{m} a_{il} P_l(t) = a_{i1} P_a(t) + \sum_{l=3}^{m} a_{il} P_l(t).$$

Außerdem ergibt sich

$$\dot{P}_a(t) = \dot{P}_1(t) + \dot{P}_2(t) = \sum_{1}^{m} (a_{11} + a_{21}) P_1(t) =$$

$$= (a_{11} + a_{21}) P_1(t) + (a_{12} + a_{22}) P_2(t) + \sum_{3}^{m} (a_{11} + a_{21}) P_1(t) =$$

$$= (a_{11} + a_{21}) P_a(t) + \sum_{3}^{m} (a_{11} + a_{21}) P_1(t).$$

Wir erhalten also ein lineares Differentialgleichungssystem für die Zustandswahrscheinlichkeiten $P_a(t)$, $P_3(t)$, $P_4(t)$, ..., $P_m(t)$. ●

Wenn man außer der Gruppe (j,k) noch weitere Gruppen von Zuständen bilden will, so brauchen die angegebenen Bedingungen nicht erfüllt zu sein. Das erkennt man an dem folgenden

142

<u>Beispiel</u>: Die vier Zustände 0,1,2,3 seien gegeben. Das Zustandsdiagramm möge folgendermaßen aussehen:

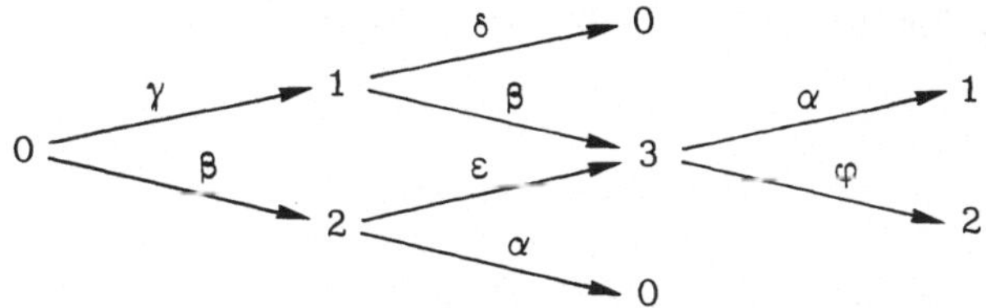

Man erkennt daran, daß man aus den 4 Zuständen 2 Klassen bilden kann: die Klasse $a := \{0,1\}$ und die Klasse $b := \{2,3\}$. Die Übergangsraten zwischen a und b sind dabei

$$a \xrightarrow{\;\;\beta\;\;} b \xrightarrow{\;\;\alpha\;\;} a \;.$$

Ein Übergang von a nach b kann nämlich dadurch geschehen, daß 0 nach 2 übergeht oder dadurch, daß 1 nach 3 übergeht. Analog findet ein Übergang von b nach a statt, wenn entweder 2 nach 0 übergeht oder 3 nach 1. Wir betrachten die Matrizen A und A' zu den Gleichungssystemen $\dot{P}(t) =$

$$= A \cdot P(t) \quad \text{bzw.} \quad \begin{pmatrix} \dot{P}_a(t) \\ \dot{P}_b(t) \end{pmatrix} = A' \cdot \begin{pmatrix} P_a(t) \\ \Gamma_b(t) \end{pmatrix} . \quad \text{Es ist}$$

$$A = \begin{pmatrix} -(\gamma+\beta) & \delta & \alpha & 0 \\ \gamma & -(\delta+\beta) & 0 & \alpha \\ \beta & 0 & -(\varepsilon+\alpha) & \varphi \\ 0 & \beta & \varepsilon & -(\alpha+\varphi) \end{pmatrix} .$$

Faßt man die 1. und 2. Zeile einerseits und die 3. und 4. Zeile andererseits durch Addition zusammen, so erhält man die (nichtquadratische)

$$\text{Matrix:} \quad B = \begin{pmatrix} -\beta & -\beta & \alpha & \alpha \\ \beta & \beta & -\alpha & -\alpha \end{pmatrix} .$$

Sie entspricht dem Gleichungssystem

$$\dot{P}_a(t) = \sum_{i=0}^{3} (a_{0i} + a_{1i}) P_i(t)$$

$$\dot{P}_b(t) = \sum_{i=0}^{3} (a_{2i} + a_{3i})\, P_i(t)$$

Durch Streichen der 2. und 4. Spalte von B erhält man die Matrix

$$A' = \begin{pmatrix} -\beta & \alpha \\ \beta & -\alpha \end{pmatrix}.$$

$\bigcirc$

Allgemein kann man folgendes sagen: Kann man die Zustände $i_1, i_2, \ldots$ zu dem Zustand i zusammenfassen, die Zustände $j_1, j_2, \ldots$ zu dem Zustand j usw., so erhält man aus der Matrix A folgendermaßen die zu den neuen Zuständen gehörende Matrix A':

1. Schritt: Man addiere die Zeilen Nr. $i_1, i_2, \ldots$ einerseits, die Zeilen Nr. $j_1, j_2, \ldots$ andererseits usw. Dann erhält man eine (nichtquadratische) Matrix B, in der die Spalten Nr. $i_1, i_2, \ldots$ einerseits, die Spalten Nr. j_1, $j_2, \ldots$ andererseits usw. jeweils gleich sind.

2. Schritt: Streicht man in B von den Spalten Nr. $i_1, i_2, \ldots$ alle bis auf eine, von den Spalten Nr. $j_1, j_2, \ldots$ alle bis auf eine usw., so erhält man die quadratische Matrix A'.

4.1.4 Zusammenhang zwischen Booleschem und Markowschem Modell

Die Zustandsmenge bestehe aus den Booleschen n-tupeln $x = (x_1, x_2, \ldots, x_n)$. Die Anzahl aller möglichen Zustände ist dann $m = 2^n$.

Es seien Zahlen $\lambda_i > 0$ und $\rho_i > 0$ $(i = 1, 2, \ldots, n)$ gegeben, und die Übergangsraten seien folgendermaßen definiert: Es seien $x = (x_1, x_2, \ldots, x_n)$ und $y = (y_1, y_2, \ldots, y_n) \neq x$ zwei Zustände. Dann ist

$$a_{yx} = \begin{cases} \lambda_i, & \text{falls } x_i > y_i, \ x_j = y_j \text{ für alle } j \neq i, \\ \rho_i, & \text{falls } x_i < y_i, \ x_j = y_j \text{ für alle } j \neq i, \\ 0 & \text{sonst.} \end{cases}$$

Übergänge sind also nur möglich zwischen 2 Zuständen x und y, die sich nur in einer Stelle unterscheiden.

Von jedem Zustand aus gibt es genau n Übergänge mit Übergangsraten $\neq 0$. Für den Koeffizienten a_{xx} ergibt sich daraus:

$$a_{xx} = -\sum_{i=1}^{n} (x_i \lambda_i + (1 - x_i)\rho_i), \quad \text{z.B. ist für } x = (1,0,1,1):$$

$$a_{xx} = -(\lambda_1 + \rho_2 + \lambda_3 + \lambda_4).$$

a_{xx} ist immer eine n-fache Summe.

144

Eine solche Gesamtheit von Zuständen und Übergangsraten gehört zu dem
folgenden (Booleschen) Modell: Es ist ein System aus n Komponenten gegeben, die voneinander unabhängig sind und die alternierende Erneuerungsprozesse besitzen mit exponentiell verteilten Intaktzeiten (Ausfallraten λ_i)
und exponentiell verteilten Ausfallzeiten (Reparaturraten ρ_i).
Der Übergang vom Zustand $x = (x_1, x_2, \ldots, x_{i-1}, 1, x_{i+1}, \ldots, x_n)$ zum Zustand $y = (x_1, \ldots, x_{i-1}, 0, x_{i+1}, \ldots, x_n)$ hat dann die Bedeutung: Ausfall
der i-ten Komponente K_i, der Übergang von diesem y zu x hat die Bedeutung: Beendigung einer Reparatur von K_i.

Die absoluten Wahrscheinlichkeiten $P_x(t)$ kann man nun dazu benutzen,
für irgendein redundantes System aus den n Komponenten die Verfügbarkeit zu berechnen. Sie ist die Summe über diejenigen $P_x(t)$, für die x ein
Funktionszustand ist (s. Abschn.3.1.3). Entsprechend ist die Nichtverfügbarkeit die Summe über diejenigen $P_x(t)$, für die x kein Funktionszustand ist.

Beispiel: Wir betrachten das System

$$\text{—} K_1 \quad \boxed{\begin{matrix} K_2 \\ K_3 \end{matrix}} \quad .$$

Es besitzt 8 mögliche Zustände: $(0,0,0)$, $(0,0,1)$, ..., $(1,1,1)$. Diese
Zustände seien durchnumeriert wie in dem ersten Beispiel von Abschnitt
4.1.2:

Zustand	$(0,0,0)$	$(0,0,1)$	$(0,1,0)$	$(1,0,0)$	$(0,1,1)$	$(1,0,1)$	$(1,1,0)$	$(1,1,1)$
Nr.	1	2	3	4	5	6	7	8

Die Funktionszustände sind jetzt die Zustände 6, 7 und 8. Also ist die Systemverfügbarkeit $A_s(t) = P_6(t) + P_7(t) + P_8(t)$ und die Nichtverfügbarkeit $\overline{A}_s(t) = 1 - A_s(t) = P_1(t) + P_2(t) + P_3(t) + P_4(t) + P_5(t)$.
Nun machen wir die zusätzliche Voraussetzung $\lambda_2 = \lambda_3 = \lambda$ und $\rho_2 = \rho_3 = \rho$.
Dann läßt sich die Anzahl der Zustände entsprechend Abschnitt 4.1.3 redu-
zieren. Man kann nämlich die beiden Zustände 2 und 3 einerseits und die
Zustände 6 und 7 andererseits zusammenfassen. Die so entstehenden neuen

Zustände bezeichnen wir mit a,b,c,d,e und f.

neu	a	b	c	d	e	f
alt	1	(2,3)	4	5	(6,7)	8

Das Zustandsdiagramm setzt sich dann aus den folgenden Teilgraphen zusammen:

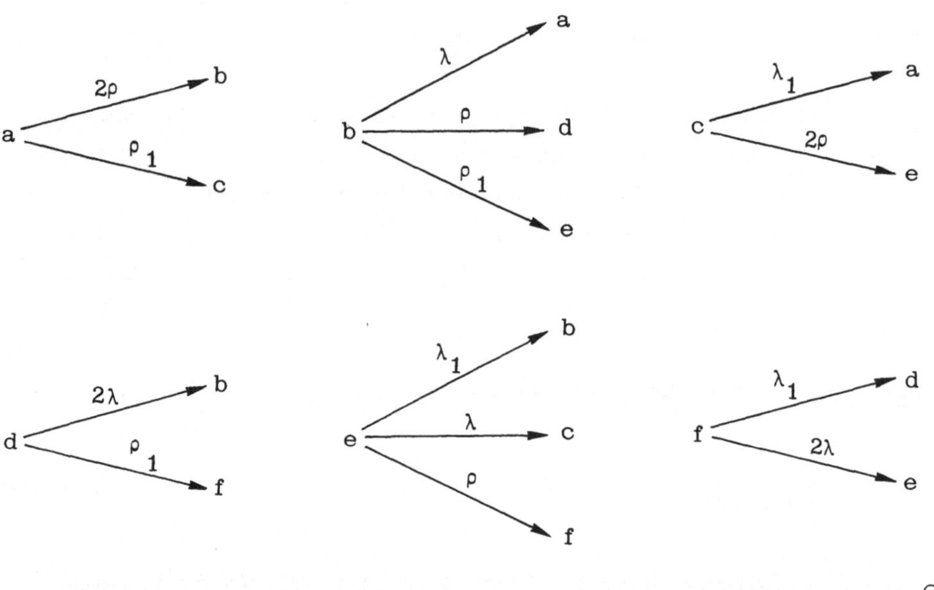

Der Abschnitt 4.3 behandelt Systeme aus lauter gleichartigen Komponenten. Dabei werden weitere Zusammenhänge zwischen dem Booleschen und dem Markowschen Modell deutlich werden.

4.2 Die Bedeutung absorbierender Zustände

4.2.1 Natürliche absorbierende Zustände

Es sei I eine Zustandsmenge, und alle Elemente außerhalb von I, $j \notin I$, seien absorbierend. Zum Zeitpunkt 0 möge ein Zustand aus I vorliegen. Dann ist $R(t) := \sum_{i \in I} P_i(t)$ die Wahrscheinlichkeit dafür, daß bis zum Zeitpunkt t ein Zustand aus I vorliegt.

Ist speziell I die Menge der Zustände, in denen das System funktionsfähig ist, so ist $R(t)$ eine bedingte Überlebenswahrscheinlichkeit des Systems. Ist der Anfangszustand derjenige Zustand, in dem sämtliche Komponenten intakt sind, so ist $R(t)$ die (nicht bedingte) Überlebenswahrscheinlichkeit des Systems.

Die zugehörigen Momente kann man folgendermaßen berechnen:

(2.1) <u>Folgerung</u>: Bedeutet T die Verweildauer in der Zustandsmenge I und existiert das k-te Moment μ_k von T, so gilt dafür

$$\mu_k = (-1)^{k-1} \cdot k \cdot \lim_{s \to 0} \frac{d^{k-1}}{ds^{k-1}} R^*(s)$$

$$(R(t) := \sum_{i \in I} P_i(t)) \ .$$

<u>Beweis</u>: Wenn $f(t)$ die Bedeutung hat $f(t) = - dR(t)/dt$, so gilt nach Abschnitt 2.1.1: $f^*(s) = 1 - sR^*(s)$, und nach der Folgerung (1.5.3) kann man aus $f^*(s)$ das Moment μ_k berechnen: $\mu_k = (-1)^k \frac{d^k f^*(s)}{ds^k}\Big|_{s=0}$.

Damit ist für $k \geqq 1$ also $\mu_k = (-1)^k \frac{d^k}{ds^k} (-sR^*(s))\Big|_{s=0}$.

Nach der Leibnizschen Regel der Differentialrechnung ist

$$\frac{d^k}{ds^k}(-sR^*(s)) = \sum_{i=0}^{k} \binom{k}{i} \frac{d^i}{ds^i}(-s) \frac{d^{k-i}}{ds^{k-i}} R^*(s) =$$

$$= (-s) \frac{d^k}{ds^k} R^*(s) - k \frac{d^{k-1}}{ds^{k-1}} R^*(s) \ .$$

Damit ist $\mu_k = (-1)^{k-1} k \frac{d^{k-1}}{ds^{k-1}} R^*(s)\Big|_{s=0}$.   ●

Speziell für $k = 1$ ist μ_k die mittlere Verweildauer in der Zustandsmenge I. Es ist also $\underline{\mu_1 = \lim_{s \to 0} R^*(s) = \sum_{i \in I} \lim_{s \to 0} P_i^*(s)}$.

Zur Berechnung der Varianz σ^2 verwenden wir die Beziehung $\sigma^2 = \mu_2 - \mu_1^2$ und erhalten $\sigma^2 = -2 \lim_{s \to 0} \frac{dR^*(s)}{ds} - \left(\lim_{s \to 0} R^*(s) \right)^2$.

Beispiel: (Kalte Reserve ohne Reparaturen) Ein System aus den beiden Komponenten K_a (aktiv) und K_p (passiv) sei gegeben. Solange K_a eingesetzt ist, kann K_p nicht ausfallen. Bei dem Ausfall von K_a wird K_p eingesetzt. Das System ist ausgefallen, sobald K_a und K_p nicht mehr funktionieren.

Wir definieren die 3 Zustände

1: K_a und K_p intakt,

2: K_a defekt, K_p intakt,

3: K_a und K_p defekt.

Wir interessieren uns für die Verweildauer T in der Zustandsklasse $\{1,2\}$.

Das Zustandsdiagramm möge die Gestalt haben $\quad 1 \xrightarrow{\lambda_a} 2 \xrightarrow{\lambda_p} 3$.
Der Zustand 3 ist dann ein absorbierender Zustand.

Das zugehörige Differentialgleichungssystem ist also

$$\dot{P}_1 = - \lambda_a P_1$$
$$\dot{P}_2 = \lambda_a P_1 - \lambda_p P_2$$
$$\dot{P}_3 = \lambda_p P_2$$

Wir wollen zur Größe T die Überlebenswahrscheinlichkeit $R(t)$, den Erwartungswert μ_1 und die Varianz σ^2 berechnen: $R(t) = P_1(t) + P_2(t)$,

$$\mu_1 = R^*(0), \quad \sigma^2 = - 2 \left. \frac{dR^*(s)}{ds} \right|_{s=0} - \mu_1^2 .$$

Wir setzen zunächst voraus, daß der Anfangszustand der Zustand 1 ist, also $P_1(0) = 1$. Dann ergibt die Laplace-Transformation

$$sP_1^*(s) - 1 = - \lambda_a P_1^*(s), \quad \text{also} \quad P_1^*(s) = \frac{1}{s + \lambda_a} ,$$

$$sP_2^*(s) = \lambda_a P_1^*(s) - \lambda_p P_2^*(s), \quad \text{also} \quad P_2^*(s) = \frac{\lambda_a}{s + \lambda_p} P_1^*(s) .$$

Daraus folgt $R^*(s) = \dfrac{1}{s + \lambda_a} + \dfrac{\lambda_a}{(s + \lambda_a)(s + \lambda_p)}$. Wir erhalten damit

$$\mu_1 = R^*(0) = \frac{1}{\lambda_a} + \frac{1}{\lambda_p} \quad \text{(ein Ergebnis, das man wegen der Additivität der Er-}$$

wartungswerte auch direkt angeben kann).

Ferner erhalten wir $R^*(s) = \dfrac{1}{s + \lambda_a} \left(1 + \dfrac{\lambda_a}{s + \lambda_p} \right)$, also $\left. \dfrac{dR^*(s)}{ds} \right|_{s=0} =$

$$= \left\{ - \frac{1}{(s + \lambda_a)^2} \left(1 + \frac{\lambda_a}{s + \lambda_p} \right) - \frac{\lambda_a}{s + \lambda_a} \frac{1}{(s + \lambda_p)^2} \right\}\Bigg|_{s=0} = - \frac{1}{\lambda_a^2} - \frac{1}{\lambda_a \lambda_p} - \frac{1}{\lambda_p^2}$$

und damit $\sigma^2 = \dfrac{2}{\lambda_a^2} + \dfrac{2}{\lambda_a \lambda_p} + \dfrac{2}{\lambda_p^2} - \left(\dfrac{1}{\lambda_a} + \dfrac{1}{\lambda_p}\right)^2 = \dfrac{1}{\lambda_a^2} + \dfrac{1}{\lambda_p^2}$ (Auch dieses Er-

gebnis könnte man direkt angeben wegen der Additivität der Varianzen).
Zur Berechnung der Überlebenswahrscheinlichkeit $R(t)$ sind 2 Fälle zu
unterscheiden: $\lambda_a \neq \lambda_p$ und $\lambda_a = \lambda_p$. Für $\lambda_a \neq \lambda_p$ ist nach Abschnitt 1.5:

$$R(t) = \exp(-\lambda_a t) + \frac{\lambda_a}{\lambda_a - \lambda_p} [\exp(-\lambda_p t) - \exp(-\lambda_a t)] = \frac{\lambda_a}{\lambda_a - \lambda_p} \exp(-\lambda_p t) -$$

$$- \frac{\lambda_p}{\lambda_a - \lambda_p} \exp(-\lambda_a t).$$ Für $\lambda_a = \lambda_p = \lambda$ ist nach Abschnitt 1.5: $R(t) =$

$$= e^{-\lambda t} + \lambda t e^{-\lambda t} = (1 + \lambda t) e^{-\lambda t}.$$

Wir kennen diesen Ausdruck von Abschnitt 2.1.4 her als Überlebenswahrscheinlichkeit zu einer Erlang-Verteilung mit den Parametern 2 und λ.
Wir wollen jetzt noch den allgemeinen Fall betrachten, daß $P_1(0) = \alpha$ und
$P_2(0) = 1 - \alpha$ ist, d.h. zum Zeitpunkt 0 sind mit einer Wahrscheinlichkeit
α beide Komponenten intakt, mit der Wahrscheinlichkeit $1 - \alpha$ ist nur K_p
intakt. Dann ergibt sich:

$$sP_1^*(s) - \alpha = - \lambda_a P_1^*(s), \text{ also } P_1^*(s) = \frac{\alpha}{s + \lambda_a},$$

$$sP_2^*(s) - (1 - \alpha) = \lambda_a P_1^*(s) - \lambda_p P_2^*(s), \text{ also } P_2^*(s) = \frac{1}{s + \lambda_p}(1 - \alpha + \lambda_a P_1^*(s)).$$

Damit ist $\mu_1 = P_1^*(0) + P_2^*(0) = \dfrac{\alpha}{\lambda_a} + \dfrac{1}{\lambda_p}(1 - \alpha + \alpha) = \dfrac{\alpha}{\lambda_a} + \dfrac{1}{\lambda_p}.$

Für $\alpha = 1$ ist das das alte Resultat; für $\alpha = 0$ ist $\mu_1 = 1/\lambda_p$, d.i. die mittlere Lebensdauer der Komponente K_p. $\qquad\qquad$ ○

4.2.2 Künstliche absorbierende Zustände

Im vorigen Abschnitt haben wir gesehen, wie sich die Momente der Aufenthaltsdauer in einer Zustandsklasse I berechnen lassen, wenn die übrigen
Zustände $j \notin I$ absorbierende Zustände sind. Das wollen wir nun auch für
den Fall verwenden, daß die $j \notin I$ nicht absorbierend sind. Wir gehen dabei
von folgendem aus: Wenn man sich für die Verweilzeit in I interessiert,
spielt es keine Rolle, welche Eigenschaften die Zustände $j \notin I$ haben; denn
sobald die Menge I einmal verlassen wird, interessiert der Zustand des Systems nicht mehr. Ändern wir das Zustandsdiagramm und damit die Matrix
A also so ab, daß alle Zustände außerhalb von I absorbierend werden, so
ändert sich nichts an der Verteilung der Aufenthaltsdauer in I. Wir können

dann also die Verfahren aus dem Abschnitt 4.2.1 benutzen, um die Momente und die Verteilung der Verweildauer in I zu berechnen. Allerdings müssen wir voraussetzen, daß zum Zeitpunkt 0 (das ist der Beginn unserer Beobachtung) ein Zustand aus I vorliegt.

Wenn man die Zustände $j \notin I$ zu <u>künstlichen absorbierenden Zuständen</u> macht (bzw. zu einem einzigen absorbierenden Zustand zusammenfaßt), so bedeutet das folgendes:

a) Im Zustandsdiagramm ordnet man jeder von einem $j \notin I$ ausgehenden Kante den Wert 0 zu.

b) In der Matrix A ersetzt man für $j \notin I$ die j-te Spalte durch eine Null-Spalte.

c) In dem Differentialgleichungssystem $\dot{P}(t) = A \cdot P(t)$ werden die Koeffizienten aller $P_j(t)$, $j \notin I$, gleich 0 gesetzt.

Wir gehen jetzt davon aus, daß die Zustände numeriert seien als $I = \{1,2,\ldots,k\}$ und $\bar{I} = \{k+1,k+2,\ldots,m\}$ und setzen voraus $\sum_{i=1}^{k} P_i(0) = 1$, d.h. zum Zeitpunkt 0 liegt ein Zustand aus I vor.

Aus der Matrix A bilden wir die Matrix $\widetilde{A}$, die dadurch entsteht, daß wir alle j-ten Zeilen und alle j-ten Spalten $(j \in \bar{I})$ streichen, also

$$\widetilde{A} = \begin{pmatrix} a_{11} & a_{12} & \cdots & a_{1k} \\ a_{21} & a_{22} & \cdots & a_{2k} \\ \vdots & & & \\ a_{k1} & a_{k2} & \cdots & a_{kk} \end{pmatrix}$$

Dann betrachten wir das Differentialgleichungssystem $\dot{\widetilde{P}} = \widetilde{A} \cdot \widetilde{P}$, wobei $\widetilde{P}$ ein k-reihiger Vektor ist $P = \begin{pmatrix} \widetilde{P}_1 \\ \widetilde{P}_2 \\ \vdots \\ \widetilde{P}_k \end{pmatrix}$, der die Bedingung erfüllt $\widetilde{P}_i(0) = P_i(0)$ für $i = 1,2,\ldots,k$.

Dann ist $R(t) = \sum_{i=1}^{k} \widetilde{P}_i(t)$ die Wahrscheinlichkeit dafür, daß das System bis t nur Zustände aus I annimmt.

Wir wenden nun auf $\widetilde{P} = \widetilde{A} \cdot \widetilde{P}$ die Laplace-Transformation an und erhalten $s\widetilde{P}^* - \widetilde{P}(0) = \widetilde{A} \cdot \widetilde{P}^*$, also $(sI - \widetilde{A}) \cdot \widetilde{P}^* = \widetilde{P}(0)$, d.i. $\widetilde{P}^* = (sI - \widetilde{A})^{-1} \cdot \widetilde{P}(0)$.

Darin ist I die k-reihige quadratische Einheitsmatrix.

Nun bezeichne h_k einen k-stelligen Zeilenvektor mit lauter Einsen, $h_k = (1,1,\ldots,1)$. Dann ist

$$h_k \widetilde{P}^*(s) = (1,1,\ldots,1) \begin{pmatrix} \widetilde{P}^*_1 \\ \widetilde{P}^*_2 \\ \vdots \\ \widetilde{P}^*_k \end{pmatrix} = \sum_{i=1}^{k} \widetilde{P}^*_i = R^*(s).$$

Insgesamt gilt damit die Beziehung

$$R^*(s) = h_k (sI - \widetilde{A})^{-1} \widetilde{P}(0) .$$

(2.2) <u>Folgerung</u>: Es sei T die Verweildauer in der Zustandsmenge I; die Matrix $\widetilde{A}$ und die Vektoren $\widetilde{P}(t)$ und h_k seien definiert wie bisher. Dann gilt für das i-te Moment μ_i von T: $\mu_i = i! h_k (-\widetilde{A})^{-i} \widetilde{P}(0)$ $(i=1,2,\ldots)$.

<u>Beweis</u>: Nach der Folgerung (2.1) ist für $i \geq 1$:

$$\mu_i = (-1)^{i+1} \cdot i \cdot \lim_{s \to 0} \frac{d^{i-1}}{ds^{i-1}} R^*(s) .$$

1. Wir setzen $g_i(s) := \dfrac{d^i}{ds^i} R^*(s)$ und wollen zeigen, daß gilt: $g_i(s) =$

$$= (-1)^i i! h_k \cdot (sI - \widetilde{A})^{-(i+1)} \widetilde{P}(0) .$$

Wir verwenden die Beziehung $R^*(s) = h_k (sI - \widetilde{A})^{-1} \widetilde{P}(0)$. Dann ist $R^*(s) = g_0(s)$. Für $i > 0$ folgt nun (nach Induktionsannahme): $g_i(s) = \dfrac{d}{ds} g_{i-1}(s) =$

$$= \frac{d}{ds} [(-1)^{i-1}(i-1)! h_k (sI - \widetilde{A})^{-i} \widetilde{P}(0)] = (-1)^i i! h_k (sI - \widetilde{A})^{-(i+1)} \widetilde{P}(0) .$$

2. Nach der Definition der $g_i(s)$ ist $\mu_i = (-1)^{i+1} i \, g_{i-1}(0)$, also $\mu_i =$

$$= (-1)^{i+1} \cdot i \cdot (-1)^{i-1} \cdot (i-1)! h_k (-\widetilde{A})^{-i} \widetilde{P}(0) = i! h_k (-\widetilde{A})^{-i} \widetilde{P}(0) . \qquad \bullet$$

Speziell die mittlere Aufenthaltsdauer in der Zustandsmenge I ist nach (2.2) also $\underline{\mu_1 = h_k (-\widetilde{A})^{-1} \widetilde{P}(0)}$.

1. Beispiel: Wir betrachten ein reparierbares System mit kalter Reserve mit den folgenden Zuständen

1: beide Komponenten sind intakt,

2: eine Komponente ist intakt, die andere ausgefallen,

3: beide Komponenten sind ausgefallen.

Der Funktionsfähigkeit des Systems entspricht dann die Zustandsmenge $\{1,2\}$. Wir wollen die mittlere Aufenthaltsdauer in $\{1,2\}$ und ihre Varianz berechnen. Dazu brauchen wir die Übergänge von 3 nach $\{1,2\}$ nicht zu berücksichtigen. Die übrigen Übergangsraten setzen wir entsprechend dem folgenden Zustandsdiagramm voraus:

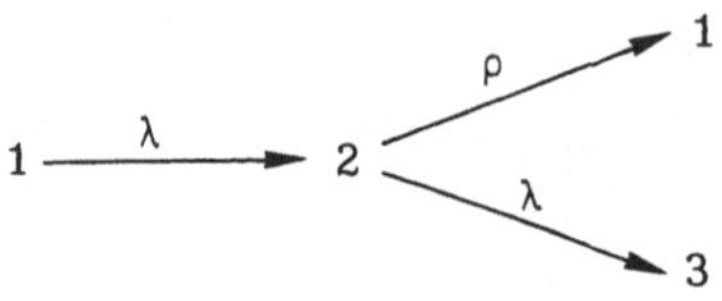

Der Zustand 3 wird also als künstlicher absorbierender Zustand vorausgesetzt. Als Anfangsvektor setzen wir: $P_1(0) := \alpha$, $P_2(0) = 1 - \alpha$. Die Matrix $\widetilde{A}$ ist nun $\widetilde{A} = \begin{pmatrix} -\lambda & \rho \\ \lambda & -(\lambda+\rho) \end{pmatrix}$.

Daraus folgt entsprechend Abschnitt 4.1.1 $\det(-\widetilde{A}) = \lambda(\lambda+\rho) - \lambda\rho = \lambda^2$ und

$$(-\widetilde{A})^{-1} = \frac{1}{\lambda^2} \begin{pmatrix} \lambda+\rho & \rho \\ \lambda & \lambda \end{pmatrix}.$$

Damit ist die mittlere Aufenthaltsdauer in $\{1,2\}$: $\mu_1 = (1,1)(-\widetilde{A})^{-1} \cdot \begin{pmatrix} \alpha \\ 1-\alpha \end{pmatrix} =$

$$= \frac{1}{\lambda^2} (2\lambda+\rho, \lambda+\rho) \begin{pmatrix} \alpha \\ 1-\alpha \end{pmatrix} = \frac{1}{\lambda^2} (\lambda\alpha + \lambda + \rho) = \frac{\lambda(1+\alpha) + \rho}{\lambda^2}.$$

Das 2. Moment erhält man nach (2.2) als $\mu_2 = 2(1,1) \cdot (-\widetilde{A})^{-1} \cdot (-\widetilde{A})^{-1} \cdot \begin{pmatrix} \alpha \\ 1-\alpha \end{pmatrix} =$

$$= \frac{2}{\lambda^4} (2\lambda+\rho, \lambda+\rho) \cdot \begin{pmatrix} \lambda\alpha+\rho \\ \lambda \end{pmatrix} = \frac{2[(2\lambda+\rho)(\lambda\alpha+\rho) + (\lambda+\rho)\lambda]}{\lambda^4}.$$

Damit ist die Varianz der Aufenthaltsdauer $\sigma^2 = \mu_2 - \mu_1^2 = \frac{1}{\lambda^4} \{2(2\lambda+\rho)(\lambda\alpha+\rho) +$

$$+ 2\lambda(\lambda+\rho) - \lambda^2(1+\alpha)^2 - \rho^2 - 2\lambda\rho(1+\alpha)\} = \frac{1}{\lambda^4} \{\lambda^2(1+2\alpha-\alpha^2) + 4\lambda\rho + \rho^2\}.$$

Wir betrachten die beiden Spezialfälle $\alpha = 0$ und $\alpha = 1$.

1. $\alpha = 0$: $\mu_1 = \frac{\lambda + \rho}{\lambda^2}$; $\sigma^2 = \frac{\lambda^2 + 4\lambda\rho + \rho^2}{\lambda^4}$.

Das sind also die mittlere Dauer der Funktionsfähigkeit und ihre Varianz für den Fall, daß zu Beginn der Zustand 2 vorliegt (Das kann z.B. bedeuten: soeben wurde die Reparatur einer Komponente beendet; die andere ist noch ausgefallen).

2. $\alpha = 1$: $\mu_1 = \dfrac{2\lambda + \rho}{\lambda^2}$; $\sigma^2 = \dfrac{2\lambda^2 + 4\lambda\rho + \rho^2}{\lambda^4}$.

Diese Werte beziehen sich auf den Fall, daß zu Beginn beide Komponenten intakt sind. Die mittlere Dauer μ_1 der Funktionsfähigkeit liegt dabei höher als im 1. Fall, aber auch die Varianz liegt höher.   ○

2. Beispiel: (Parallelsystem mit Umschaltung). Das hier betrachtete System bestehe aus 2 Komponenten, von denen jeweils eine aktiv und eine passiv ist, und einer Umschaltung. Wir definieren folgende Zustände:

1: beide Komponenten intakt,

2: genau 1 intakt; System funktionsfähig,

3: genau 1 intakt; System nicht funktionsfähig,

4: beide ausgefallen.

Wir wollen die mittlere Dauer bis zum ersten Systemausfall MTFF berechnen. Dann sind die im folgenden angegebenen Übergänge von Bedeutung.

Es bezeichne λ die Ausfallrate einer Komponente, ρ die Reparaturrate einer Komponente, ρ_u die Reparaturrate der Umschaltung, a_u die Verfügbarkeit der Umschaltung.

$1 \xrightarrow{\lambda + a_u \lambda} 2$ Fällt die inaktive Komponente aus, so bleibt das System funktionsfähig. Fällt die aktive Komponente aus, so bleibt das System dann funktionsfähig, wenn die Umschaltung funktioniert.

$1 \xrightarrow{(1-a_u)\lambda} 3$ Fällt die aktive Komponente aus und funktioniert die Umschaltung nicht, so tritt ein Systemfall ein.

$2 \xrightarrow{\rho} 1$

$2 \xrightarrow{\lambda} 4$.

Die Matrix $\widetilde{A}$ hat damit die Gestalt

$$\widetilde{A} = \begin{pmatrix} -(\lambda + a_u\lambda + (1-a_u)\lambda) & \rho \\ \lambda + a_u\lambda & -(\lambda+\rho) \end{pmatrix} = \begin{pmatrix} -2\lambda & \rho \\ \lambda + a_u\lambda & -(\lambda+\rho) \end{pmatrix} .$$

Damit ist $\det(-\widetilde{A}) = 2\lambda(\lambda+\rho) - \lambda(1+a_u)\rho = 2\lambda^2 + \lambda\rho(1-a_u)$ und, entsprechend Abschnitt 4.1.1,

$$(-\widetilde{A})^{-1} = \frac{1}{\det(-\widetilde{A})} \begin{pmatrix} \lambda+\rho & \rho \\ \lambda + a_u\lambda & 2\lambda \end{pmatrix} .$$

Zur Berechnung der MTFF ist davon auszugehen, daß zum Zeitpunkt 0 beide Komponenten intakt sind, d.h. $P_1(0) = 1$. Damit gilt:

$$\mu_1 = (1,1)(-\widetilde{A})^{-1}\begin{pmatrix} 1 \\ 0 \end{pmatrix} = \frac{1}{2\lambda^2 + \lambda\rho\,(1-a_u)}\,(1,1)\cdot\begin{pmatrix} \lambda+\rho \\ \lambda+a_u\lambda \end{pmatrix} = \frac{(2+a_u)\lambda + \rho}{2\lambda^2 + \lambda\rho\,(1-a_u)}\ .$$

Wir betrachten dazu die beiden Grenzfälle $a_u = 0$ und $a_u = 1$.

1. $a_u = 0$ ergibt $\mu_1 = \dfrac{2\lambda+\rho}{2\lambda^2 + \lambda\rho} = \dfrac{1}{\lambda}$.

In diesem Fall ist nämlich die Zeit bis zum ersten Systemausfall gleich der Lebensdauer der aktiven Komponente. Also müssen auch die Erwartungswerte übereinstimmen.

2. $a_u = 1$ ergibt $\mu_1 = \dfrac{3\lambda+\rho}{2\lambda^2}$.

Diese Beziehung können wir auch folgendermaßen herleiten: $a_u = 1$ bedeutet vollkommen zuverlässige Umschaltung. Damit liegt ein Parallelsystem im Sinne des Booleschen Modells vor. Nun setzt sich die MTFF μ_1 zusammen aus den Anteilen

u_s – das ist die MTBF – und

$\overline{T}$, d.i. die mittlere Zeit bis zum Ausfall der ersten der beiden Komponenten.

Aus $\overline{T} = \dfrac{1}{2\lambda}$ und $u_s = \dfrac{2\lambda+\rho}{2\lambda^2}$ folgt dann $\overline{T} + u_s = \dfrac{\lambda+2\lambda+\rho}{2\lambda^2} = \dfrac{3\lambda+\rho}{2\lambda^2} = \mu_1$, also

das obige Ergebnis. ○

4.2.3 Übergänge zwischen den Zustandsmengen I und $\overline{I}$

Es sei I irgendeine Menge von Zuständen und $\overline{I}$ das Komplement von I, also die Menge derjenigen Zustände, die nicht in I liegen. Wir wollen uns in diesem Abschnitt dafür interessieren, mit welcher Wahrscheinlichkeit Übergänge nach I und von I stattfinden (d.h. von $\overline{I}$ nach I bzw. von I nach $\overline{I}$) und wie häufig sie im Mittel sind. Wenn I die Menge aller Funktionszustände des Systems ist, bedeutet das also: Wir interessieren uns für die Häufigkeit von System-Ausfällen und -Reparaturen. Wir werden uns ferner mit den Übergängen beschäftigen, die von einem festen $i \in I$ nach $\overline{I}$ führen bzw. von $\overline{I}$ zu einem festen $i \in I$.

Die wichtigste Aussage dieses Abschnitts wird ein Zusammenhang zwischen der mittleren Aufenthaltsdauer in I und der mittleren Häufigkeit von Übergängen aus I heraus sein. Wenn I die Menge der Funktionszustände ist, ist das ein Zusammenhang zwischen der MTBF des Systems und der mittleren Ausfallhäufigkeit.

(2.3) <u>Folgerung:</u> Die Funktion $N_s(t)$ sei so definiert, daß $N_s(t)dt$ die Wahrscheinlichkeit für einen Übergang von I nach $\overline{I}$ während $(t,t+dt)$ ist. Dann gilt

a) $N_s(t) = \sum_{i \in I} P_i(t) \sum_{j \in \overline{I}} a_{ji}$;

b) im stationären Zustand ist $N_s = \sum_{i \in \overline{I}} P_i \sum_{j \in I} a_{ji}$.

<u>Beweis:</u> Nach Definition ist $N_s(t)dt = p(X_{t+dt} \in \overline{I}$ und $X_t \in I) =$

$= \sum_{i \in I} \sum_{j \in \overline{I}} p(X_{t+dt} = j$ und $X_t = i) = \sum_{i \in I} p(X_t = i) \sum_{j \in \overline{I}} p(X_{t+dt} = j | X_t = i) =$

$= \sum_{i \in I} P_i(t) \sum_{j \in \overline{I}} a_{ji} dt$, also gilt a).

Im stationären Zustand gilt $A \cdot P = 0$ und damit für alle j: $\sum_{i=1}^{m} a_{ji} P_i = 0$.

Außerdem gilt immer $\sum_{j=1}^{m} a_{ji} = 0$ für alle i. Damit ist im stationären Zustand

$N_s = \sum_{i \in I} P_i \sum_{j \in \overline{I}} a_{ji} = - \sum_{i \in I} P_i \sum_{j \in I} a_{ji} = - \sum_{j \in I} \sum_{i \in I} a_{ji} P_i = \sum_{j \in I} \sum_{i \in \overline{I}} a_{ji} P_i =$

$= \sum_{i \in \overline{I}} P_i \sum_{j \in I} a_{ji}$, also b). $\bullet$

Damit ist für ein Intervall (t_1, t_2) die Größe $\int_{t_1}^{t_2} N_s(t)dt$ die mittlere Anzahl von Übergängen von I nach $\overline{I}$ während des Intervalls (t_1, t_2). Im stationären Zustand ist N_s konstant, die mittlere Anzahl dieser Übergänge ist also proportional zur Intervallbreite, und N_s hat dann die Bedeutung: mittlere Anzahl der Übergänge von I nach $\overline{I}$ pro Zeiteinheit.

Im stationären Fall stimmt nach (2.3.b) die mittlere Häufigkeit der Übergänge von I nach $\overline{I}$ überein mit der mittleren Häufigkeit der Übergänge von $\overline{I}$ nach I.

Nun sei für $i \in I$ die Funktion $N_i(t)$ definiert durch $N_i(t)dt = p$ (Übergang von i nach $\overline{I}$ während $(t,t+dt)$). Dann folgt $N_i(t)dt = p(X_{t+dt} \in \overline{I}$ und

$X_t = i) = \sum_{j \in \overline{I}} p(X_{t+dt} = j$ und $X_t = i) = \sum_{j \in \overline{I}} p(X_t = i) p(X_{t+dt} = j | X_t = i) =$

$= P_i(t) \sum_{i \in \overline{I}} a_{ji} dt.$

Trivialerweise ist damit $N_s(t) = \sum\limits_{i=1}^{m} N_i(t)$.

(2.4) $\underline{\text{Folgerung}}$: Im stationären Zustand gilt für den Quotienten N_i/N_s:

a) N_i/N_s ist die Wahrscheinlichkeit dafür, daß ein Übergang von I nach $\overline{I}$ von i ausgeht;

b) N_i/N_s ist der mittlere Anteil der von i ausgehenden Übergänge von I nach $\overline{I}$, bezogen auf alle Übergänge von I nach $\overline{I}$ (vorausgesetzt deren Anzahl ist nicht gleich 0).

$\underline{\text{Beweis}}$: Es seien für ein Intervall $(t,t+dt)$ die beiden Ereignisse E_i und E_s definiert als:

E_i : Während $(t,t+dt)$ findet ein Übergang von i nach $\overline{I}$ statt,

E_s: Während $(t,t+dt)$ findet ein Übergang von I nach $\overline{I}$ statt.

Dann gilt für $i \in I$: $E_i \subseteq E_s$, und es folgt $p(E_i|E_s) = \dfrac{p(E_i)}{p(E_s)} = \dfrac{N_i}{N_s}$, also gilt a).

b) ergibt sich damit nach Abschnitt 1.4. ●

Analog zu N_i definieren wir für $i \in I$ die Größe $N_i'(t)$ durch: $N_i'(t)dt =$ p (Übergang von $\overline{I}$ nach i während $(t,t+dt)$). Dann ist also

$$N_i'(t) = \sum\limits_{j \in \overline{I}} P_j(t)a_{ij}.$$

Nach der Folgerung (2.3.b) gilt: Im stationären Zustand ist $N_s = \sum\limits_{i=1}^{m} N_i'$.

Der Quotient N_i'/N_s ist damit im stationären Zustand gerade die Wahrscheinlichkeit dafür, daß ein Übergang von $\overline{I}$ nach I bei i endet.

(2.5) $\underline{\text{Folgerung}}$: Die m Zustände seien so durchnumeriert, daß $I = \{1,2,\ldots,k\}$ und $\overline{I} = \{k+1,k+2,\ldots,m\}$ ist. $P_1,P_2,\ldots$ seien die stationären Zustandswahrscheinlichkeiten. Die Matrix $\tilde{A}$ und der Vektor h_k seien definiert wie im Abschnitt 4.2.2. Dann gilt im stationären Zustand

a) $\begin{pmatrix} N_1' \\ N_2' \\ \vdots \\ N_k' \end{pmatrix} = (-\tilde{A}) \cdot \begin{pmatrix} P_1 \\ P_2 \\ \vdots \\ P_k \end{pmatrix}$, b) $N_s = h_k(-\tilde{A}) \cdot \begin{pmatrix} P_1 \\ P_2 \\ \vdots \\ P_k \end{pmatrix}$.

Beweis: Im stationären Zustand ist $\sum_{j=1}^{m} a_{ij} P_j = 0$ für alle i. Also folgt:

$N_i' = \sum_{j \in \bar{I}} P_j a_{ij} = - \sum_{j \in I} P_j a_{ij}$. Damit gilt a). Nach der Folgerung (2.3.b)

ist $N_s = \sum_{i \in I} N_i'$; also folgt $N_s = h_k \begin{pmatrix} N_1' \\ N_2' \\ \vdots \\ N_k' \end{pmatrix} = h_k(-\widetilde{A}) \cdot \begin{pmatrix} P_1 \\ P_2 \\ \vdots \\ P_k \end{pmatrix}$. $\bullet$

(2.6) Satz: Es sei T die Verweilzeit in der Zustandsmenge I, die mit einem Übergang von $\bar{I}$ nach I beginnt. U_s sei der Erwartungswert von T. Ferner sei $A_s := \sum_{i \in I} P_i$. Dann gilt im stationären Zustand: $U_s = A_s / N_s$.

Beweis: Wir numerieren die m Zustände so, daß $I = \{1,2,\ldots,k\}$ ist.

Dann ergibt sich aus der Folgerung (2.2): $U_s = h_k(-\widetilde{A})^{-1} \cdot \begin{pmatrix} P_1(0) \\ P_2(0) \\ \vdots \\ P_k(0) \end{pmatrix}$.

Nun ist $P_i(0) = N_i'/N_s$ für $i = 1,2,\ldots,k$, und damit ist nach Folgerung

(2.5): $U_s = \frac{1}{N_s} h_k(-\widetilde{A})^{-1} \cdot \begin{pmatrix} N_1' \\ N_2' \\ \vdots \\ N_k' \end{pmatrix} = \frac{1}{N_s} h_k \cdot (-\widetilde{A})^{-1}(-\widetilde{A}) \cdot \begin{pmatrix} P_1 \\ P_2 \\ \vdots \\ P_k \end{pmatrix} = \frac{A_s}{N_s}$. $\bullet$

(2.7) Satz: Im stationären Zustand ist $1/N_s$ die mittlere "Zykluszeit" für die Übergänge von I nach $\bar{I}$.

Beweis: Es bezeichne D_s die mittlere Aufenthaltdauer in der Menge $\bar{I}$, wobei am Anfang ein Übergang von I nach $\bar{I}$ steht. Dann ist nach Satz (2.6) und Folgerung (2.3.b): $D_s = \dfrac{1 - A_s}{N_s}$. Die mittlere Zykluszeit Z_s ist nach

Definition $U_s + D_s$. Also folgt: $Z_s = \dfrac{A_s}{N_s} + \dfrac{1 - A_s}{N_s} = \dfrac{1}{N_s}$. $\bullet$

Wenn I die Menge der Funktionszustände des Systems bedeutet, haben wir
in Satz (2.6) also einen Zusammenhang zwischen der MTBF des Systems
und der mittleren Ausfallhäufigkeit im stationären Zustand.

Ein Vergleich mit dem Satz (3.4.11) zeigt, daß die Beziehung $U_s = A_s/N_s$
und die Bedeutung von $1/N_s$ als mittlere Zykluszeit sowohl im Booleschen
Modell als auch im Markowschen Modell Gültigkeit haben.

Beispiel: Für das in Abschnitt 4.2.2 betrachtete Parallelsystem mit Umschaltung wollen wir jetzt die MTBF berechnen. Die Zustände 1,2,3,4 seien
wie dort definiert. Neben den dort angegebenen Übergängen sind jetzt noch
alle übrigen möglichen Übergänge von Bedeutung. Wir gehen dabei von folgendem aus:

$3 \xrightarrow{\rho_u} 2$ Nach Reparatur der Umschaltung kann die bisher passive Komponente, die ja intakt ist, eingeschaltet werden. Damit ist das System wieder funktionsfähig.

$3 \xrightarrow{\rho} 1$

$3 \xrightarrow{\lambda} 4$ Die passive Komponente besitzt die gleiche Ausfallrate λ wie die
aktive.

$4 \xrightarrow{2\rho} 2$ Wird von 2 ausgefallenen Komponenten eine repariert, so wird
(evtl. von Hand) das System wieder funktionsfähig. Der jeweilige Zustand
der Umschaltung spielt dabei also keine Rolle.

Insgesamt sieht das Zustandsdiagramm also folgendermaßen aus:

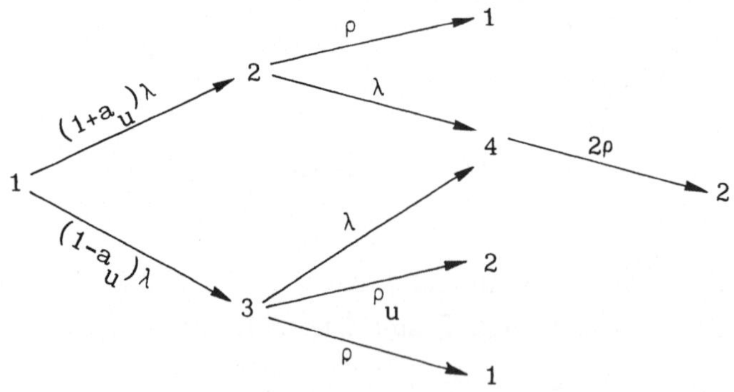

Sind $P_1, P_2, \dots$ die stationären Zustandswahrscheinlichkeiten, so gilt:
$A_s = P_1 + P_2$ und $N_s = P_1(1 - a_u)\lambda + P_2\lambda$.

Die MTBF berechnet sich daraus nach der Beziehung $U_s = A_s/N_s$.

Von dem Booleschen Modell her wissen wir, daß gelten muß: $P_1 = a^2$, $P_4 = (1 - a)^2$ und $P_2 + P_3 = 2a(1 - a)$, wobei a definiert ist als $a = \rho/(\lambda + \rho)$. Aus dem Gleichungssystem $A \cdot P = 0$, das dem obigen Zustandsdiagramm entspricht, verwenden wir jetzt die Zeile

$$(1 - a_u)\lambda P_1 - (\lambda + \rho + \rho_u)P_3 = 0.$$

Wir setzen als Abkürzung $\varkappa := \dfrac{(1-a_u)\lambda}{\lambda + \rho + \rho_u}$. Damit gilt: $P_3 = \varkappa P_1 = \varkappa a^2$ und

damit $P_2 = 2a(1 - a) - \varkappa a^2$. Es folgt also

$$A_s = P_1 + P_2 = a^2 + 2a(1 - a) - \varkappa a^2 = a[2 - a(1 + \varkappa)] \quad \text{und} \quad N_s = a^2(1 - a_u)\lambda +$$

$$+ \{2a(1-a) - \varkappa a^2\}\lambda = a\lambda\{2 - (1+\varkappa+a_u)a\}. \text{ Damit ist also die MTBF des Sy-}$$

stems

$$U_s = \frac{A_s}{N_s} = \frac{2 - a(1+\varkappa)}{2 - (1+\varkappa+a_u)a} \cdot \frac{1}{\lambda} \; .$$

Wir wollen wieder die beiden Grenzfälle betrachten.

1. $a_u = 1$. Dafür ist $\varkappa = 0$ und $U_s = \dfrac{2 - a}{2 - 2a} \cdot \dfrac{1}{\lambda}$. Das ist die bekannte Beziehung für ein Parallelsystem nach dem Booleschen Modell mit vollkommen zuverlässiger Umschaltung.

2. $a_u - 0$ und $\rho_u - 0$. Dafür ist $\varkappa = \lambda/(\lambda + \rho) = 1 - a$ und

$$U_s = \frac{2 - a(2-a)}{2 - (2-a)a} \cdot \frac{1}{\lambda} = \frac{1}{\lambda} \; , \quad \text{d.i. die MTBF einer Komponente.} \qquad \circ$$

4.2.4 Mittlere Verweilzeiten und Varianzen

Es sei eine Zustandsmenge I gegeben. Dann wollen wir die Verweildauer in der Menge I betrachten, wobei wir uns für verschiedene Anfangszustände bzw. "Anfangsvektoren" interessieren werden. Wenn die Zustände 1,2, ...,m so numeriert sind, daß $I = \{1,2,\dots,k\}$ ist, ergibt sich nach der Folgerung (2.2) für die mittlere Verweildauer in I:

$$\mu_1 = h_k(-\widetilde{A})^{-1}\widetilde{P}(0).$$

Der Vektor $\widetilde{P}(0) = \begin{pmatrix} P_1(0) \\ P_2(0) \\ \vdots \\ P_k(0) \end{pmatrix}$ hat dabei die Eigenschaft $\displaystyle\sum_{i=1}^{k} P_i(0) = 1$,

d.h. $h_k\widetilde{P}(0) = 1$.

Die mittlere Verweildauer μ_1 ist also abhängig von diesem Anfangsvektor $\widetilde{P}(0)$. Wir wollen die folgenden 3 Fälle näher betrachten:

Fall a: Zum Zeitpunkt 0 hat soeben ein Übergang von $\bar{I}$ nach I stattgefunden.

Fall b: Zu Beginn liegt ein Zustand i mit der Wahrscheinlichkeit $P_i(0) = 1$ vor.

Fall c: Der Anfangszeitpunkt wird "zufällig" gewählt (wobei der stationäre Zustand vorausgesetzt wird).

Wenn I die Menge aller Funktionszustände bedeutet, so gehören zu diesen Fällen a, b und c die Erwartungswerte MTBF, MTFF und MTTF:

zu Fall a) Der Beginn des Beobachtungszeitraums fällt mit dem Wiedereinsatz des Systems nach einer Reparatur zusammen. Mit den Bezeichnungen von Abschnitt 4.2.3 ist dann im stationären Fall $P_i(0) = \dfrac{N_i'}{N_s}$ für i = = 1,2,...,k. Die mittlere Aufenthaltsdauer in I ist dann die MTBF (mean time between failures). Wir bezeichnen sie mit U_s und haben nach Satz (2.6) den Zusammenhang $U_s = A_s/N_s$, (A_s = stationäre Verfügbarkeit; N_s = mittlere Anzahl von Systemausfällen pro Zeiteinheit im stationären Fall).

zu Fall b) Die Zustände seien so numeriert, daß der Zustand 1 die Bedeutung hat "alle Systemkomponenten sind intakt". Die Aufenthaltsdauer in I ist dann die Dauer bis zum <u>ersten</u> Systemausfall, und ihr Erwartungswert ist die MTFF (mean time to first failure). Wir bezeichnen sie mit T_s und haben also

$$T_s = h_k(-\widetilde{A})^{-1} \cdot \begin{pmatrix} 1 \\ 0 \\ \vdots \\ 0 \end{pmatrix}.$$

Für 2 Beispiele haben wir die Größe T_s im Abschnitt 4.2.2 berechnet.

zu Fall c) Im stationären Zustand soll der Beginn des Beobachtungszeitraums zufällig gewählt werden. Wird das System als funktionsfähig angetroffen, so interessieren wir uns dafür, wie lange es noch funktioniert. Den Erwartungswert dieser Zeitdauer bezeichnen wir mit V_s. Sind die Größen P_i die stationären Zustandswahrscheinlichkeiten, so haben wir jetzt $P_i(0) = P_i/A_s$ und damit $V_s = \dfrac{1}{A_s} h_k(-\widetilde{A})^{-1} \cdot \begin{pmatrix} P_1 \\ P_2 \\ \vdots \\ P_k \end{pmatrix}$. Man nennt

V_s auch __MTTF__ des Systems (mean time to failure).

Wie die mittlere Aufenthaltsdauer, so sind auch die __höheren Momente__ abhängig von dem Anfangsvektor $\widetilde{P}(0)$. Nach der Folgerung (2.2) ist das i-te Moment

$$\mu_i = i! h_k(-\widetilde{A})^{-i} \widetilde{P}(0).$$

Wir betrachten den Fall a) und erhalten dafür nach der Folgerung (2.5):

$$\mu_i = \frac{i!}{N_s} h_k(-\widetilde{A})^{-i} \cdot \begin{pmatrix} N_1' \\ N_2' \\ \vdots \\ N_k' \end{pmatrix} = \frac{i!}{N_s} h_k(-\widetilde{A})^{-i}(-\widetilde{A}) \cdot \begin{pmatrix} P_1 \\ P_2 \\ \vdots \\ P_k \end{pmatrix} =$$

$$= \frac{i!}{N_s} h_k(-\widetilde{A})^{-(i-1)} \cdot \begin{pmatrix} P_1 \\ P_2 \\ \vdots \\ P_k \end{pmatrix} := \mu_{iU}.$$

Das zu dem Fall c gehörende i-te Moment möge mit μ_{iV} bezeichnet sein.

Dann erkennen wir den Zusammenhang $\mu_{iU} = i \cdot \dfrac{A_s}{N_s} \mu_{i-1,V} = i \cdot U_s \cdot \mu_{i-1,V}$.

Speziell für $i = 2$ ist damit $\mu_{2U} = 2 U_s V_s$.

Damit haben wir für die Varianz zur MTBF den Zusammenhang

$$\sigma_U^2 = U_s \cdot (2V_s - U_s).$$

Wir erkennen an dieser Beziehung, daß die Verweildauer in der Zustandsklasse I (zu Fall a) im allgemeinen keine Exponentialverteilung besitzt. Denn nach Abschnitt 2.1.2 müßten im Fall einer Exponentialverteilung σ_U^2 und U_s^2 übereinstimmen, d.h. es müßte gelten: $V_s = U_s$. Allerdings werden sich U_s^2 und σ_U^2 häufig nur wenig unterscheiden.

__Beispiel:__ Wir betrachten ein Parallelsystem mit vollkommen zuverlässiger Umschaltung. Nach Abschnitt 4.2.2, Beispiel 2 ist dafür

$$\widetilde{A} = \begin{pmatrix} -2\lambda & \rho \\ 2\lambda & -(\lambda+\rho) \end{pmatrix} \quad \text{und} \quad (-\widetilde{A})^{-1} = \frac{1}{2\lambda^2} \begin{pmatrix} \lambda+\rho & \rho \\ 2\lambda & 2\lambda \end{pmatrix}.$$

Daraus folgt $(1,1)(-\tilde{A})^{-1} = \dfrac{1}{2\lambda^2} (3\lambda+\rho, 2\lambda+\rho)$. Das erste Moment ist also

$$\mu_1 = (1,1)\cdot(-\tilde{A})^{-1}\tilde{P}(0) = \dfrac{1}{2\lambda^2} (3\lambda+\rho, 2\lambda+\rho)\tilde{P}(0).$$

Um die mittlere Zeitdauer bis zum <u>ersten</u> Systemausfall MTFF zu berechnen, müssen wir $\tilde{P}(0) = \begin{pmatrix} 1 \\ 0 \end{pmatrix}$ setzen. Wir erhalten $T_S = (1,1)(-\tilde{A})^{-1}\cdot\begin{pmatrix} 1 \\ 0 \end{pmatrix} =$

$= \dfrac{3\lambda+\rho}{2\lambda^2}$ (s. 2. Beispiel im Abschn. 4.2.2).

Die stationären Zustandswahrscheinlichkeiten P_1 und P_2 sind $P_1 = a^2$ und

$P_2 = 2a(1-a)$ $\left(a := \dfrac{\rho}{\lambda+\rho} \right)$. Damit ist die stationäre Verfügbarkeit $A_S =$

$= P_1 + P_2 = a(2-a)$.

Um die MTTF zu berechnen, müssen wir also setzen: $\tilde{P}(0) = \dfrac{1}{A_S} \begin{pmatrix} P_1 \\ P_2 \end{pmatrix} =$

$$= \dfrac{1}{2-a} \begin{pmatrix} a \\ 2(1-a) \end{pmatrix} = \dfrac{1}{2\lambda+\rho} \cdot \begin{pmatrix} \rho \\ 2\lambda \end{pmatrix}. \text{ Damit erhalten wir}$$

$$V_S = \dfrac{1}{2\lambda^2} \dfrac{1}{2\lambda+\rho} (3\lambda+\rho, 2\lambda+\rho)\cdot\begin{pmatrix} \rho \\ 2\lambda \end{pmatrix} = \dfrac{1}{2\lambda^2} \left(\rho + \dfrac{\lambda\rho}{2\lambda+\rho} + 2\lambda \right) =$$

$$= \dfrac{3\lambda+\rho}{2\lambda^2} + \dfrac{\lambda}{2\lambda^2} \left(\dfrac{\rho}{2\lambda+\rho} - 1 \right) = \dfrac{3\lambda+\rho}{2\lambda^2} - \dfrac{1}{2\lambda+\rho},$$

$$V_S = T_S - \dfrac{1}{2\lambda+\rho}.$$

Die Berechnung der MTBF wurde schon im Abschnitt 4.2.3 durchgeführt:

$U_S = \dfrac{2-a}{2(1-a)} \dfrac{1}{\lambda} = \dfrac{2\lambda+\rho}{2\lambda^2}$. Also ist $U_S = T_S - 1/2\lambda$. Wir erkennen, daß für dieses Beispiel gilt:

$T_S > V_S > U_S$. Wir betrachten dazu den Fall: $\lambda = 10^{-3}\mathrm{h}^{-1}$ und $\rho = 1\mathrm{h}^{-1}$.
Dafür erhalten wir: $T_S = 501500$ h, $V_S = 501499$ h, $U_S = 501000$ h.
Nun sehen wir uns das 2. Moment und die Varianz an. Es ist $\mu_2 = 2(1,1)\cdot$

$\cdot(-\tilde{A})^{-2}\tilde{P}(0) = \dfrac{1}{\lambda^2} (3\lambda+\rho, 2\lambda+\rho)\cdot(-\tilde{A})^{-1}\tilde{P}(0)$. Der Größe T_S entspricht nun

der Anfangsvektor $\tilde{P}(0) = \begin{pmatrix} 1 \\ 0 \end{pmatrix}$, so daß folgt: $(-\tilde{A})^{-1}\tilde{P}(0) = \dfrac{1}{2\lambda^2} \begin{pmatrix} \lambda+\rho \\ 2\lambda \end{pmatrix}$

und $\mu_2 = \dfrac{1}{2\lambda^4} [(3\lambda+\rho)(\lambda+\rho) + (2\lambda+\rho)2\lambda] = \dfrac{7\lambda^2 + 6\lambda\rho + \rho^2}{2\lambda^4} := \mu_{2T}$.

Die zugehörige Varianz ist damit $\sigma_T^2 = \mu_{2T} - T_S^2 = \dfrac{5\lambda^2 + 6\lambda\rho + \rho^2}{4\lambda^4}$. Der

162

Größe V_s entspricht der Anfangsvektor $\widetilde{P}(0) = \dfrac{1}{A_s}\begin{pmatrix} P_1 \\ P_2 \end{pmatrix}$. Man erhält nach

einiger Rechnung $\mu_2 = \dfrac{8\lambda^3 + 17\lambda^2\rho + 8\lambda\rho^2 + \rho^3}{2\lambda^4(2\lambda+\rho)} := \mu_{2V}$ und $\sigma_V^2 = \mu_{2V} - V_s^2 =$

$= \dfrac{5\lambda^2 + 6\lambda\rho + \rho^2}{4\lambda^4} - \left(\dfrac{1}{2\lambda+\rho}\right)^2$. Um schließlich zur Größe U_s die zugehö-

rige Varianz σ_U^2 zu berechnen, kann man die Beziehung verwenden $\sigma_U^2 =$

$= U_s(2V_s - U_s)$. Damit erhält man $\sigma_U^2 = \dfrac{4\lambda^2 + 6\lambda\rho + \rho^2}{4\lambda^4}$.

Für das numerische Beispiel $\lambda = 10^{-3}h^{-1}$ und $\rho = 1h^{-1}$ unterscheiden sich
die Streuungen σ_T, σ_V und σ_U kaum: $\sigma_T = 501499{,}0h$, $\sigma_V = 501499{,}0h$,
$\sigma_U = 501498{,}8h$. $\bigcirc$

4.3 Systeme aus n gleichartigen Komponenten

In diesem Abschnitt soll der Fall betrachtet werden,
daß die Zustände $0,1,2,\ldots,n$ definiert sind als

    i: genau i Komponenten sind intakt $(i = 0,1,2,\ldots,n)$;
daß jede Komponente die Ausfallrate λ hat und
daß die Übergangsraten von i nach i-1 gleich $i\lambda$ sind:

$$i \xrightarrow{\ i\lambda\ } i-1 \quad (i = 1,2,\ldots,n).$$

Für $j < i-1$ sollen keine Übergänge $i \longrightarrow j$ möglich sein.
Man kann das so deuten, daß die Komponenten in ihrem Ausfallverhalten unabhängig voneinander sind. Bezüglich der Reparaturen setzen wir dagegen
nicht generell Unabhängigkeit voraus.
Die Anzahl m aller möglichen Zustände ist hier n + 1. Wir wollen den Buchstaben m ab jetzt nicht mehr in diesem Sinn verwenden.

Den absoluten Wahrscheinlichkeiten $P_i(t)$, die zu diesem Modell gehören,
kann man folgende Bedeutung zuordnen:
$P_n(t)$ ist die Verfügbarkeit eines Seriensystems aus den n Komponenten.
$P_0(t)$ ist die Nichtverfügbarkeit eines Parallelsystems aus den n Komponenten.

$\sum\limits_{i=m}^{n} P_i(t)$ ist die Verfügbarkeit eines m aus n-Systems aus den n Komponenten, $\sum\limits_{i=0}^{m-1} P_i(t)$ seine Nichtverfügbarkeit.

$m\lambda \int\limits_{t_1}^{t_2} P_m(t)\,dt$ ist die mittlere Anzahl von Ausfällen des m aus n-Systems in dem Intervall (t_1, t_2).

Im stationären Zustand hat damit $m\lambda P_m$ die Bedeutung: mittlere Anzahl von Ausfällen des m aus n-Systems pro Zeiteinheit.

Die MTBF des m aus n-Systems ist nach Satz (2.6) gleich $U_s = A_s/N_s$.

Damit erhalten wir $U_s = \dfrac{\sum\limits_{i=m}^{n} P_i}{m\lambda P_m}$ (wobei die P_i die stationären Zustandswahrscheinlichkeiten sind).

Für die MTBF des Seriensystems bedeutet das: $U_s = \dfrac{P_n}{n\lambda P_n} = \dfrac{1}{n\lambda}$.

Bei dem Seriensystem ist die Größe der MTBF naturgemäß unabhängig von der Reparaturstrategie. In den Fällen $m \neq n$ ist auch die Reparaturstrategie von Einfluß.

Wenn zwischen den Zustandswahrscheinlichkeiten ein Zusammenhang besteht von der Form $P_k = \alpha_k P_0$, so ergibt sich für die MTBF des m aus

n-Systems $U_s = \dfrac{1}{m\lambda} \sum\limits_{i=m}^{n} \dfrac{\alpha_i}{\alpha_m}$.

Wir wollen in den folgenden beiden Abschnitten <u>zwei Modelle</u> betrachten: Im ersten Modell sind nur Übergänge zu Nachbarzuständen möglich, d.h. bei jeder Reparatur wird nur 1 Komponente repariert. - Im zweiten Modell sind von jedem $i < n$ nur Übergänge nach $i-1$ und nach n möglich, d.h. die Reparaturen sind totale Reparaturen, bei denen jede ausgefallene Komponente repariert wird, bevor das System wiedereingesetzt wird.

4.3.1 Das erste Modell

In diesem Modell sollen die Übergänge

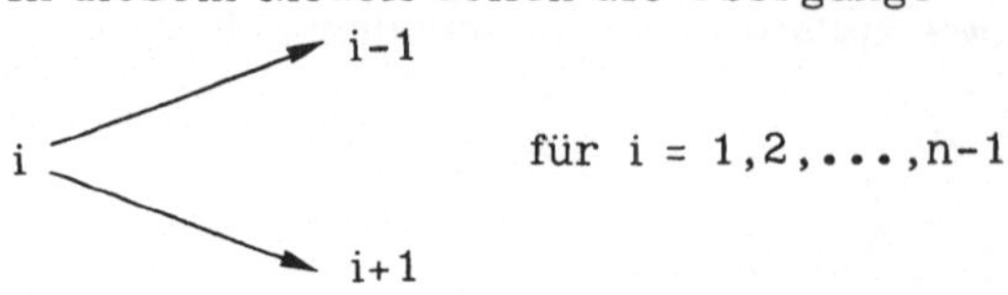

$$0 \longrightarrow 1 \quad \text{und} \quad n \longrightarrow n-1$$

möglich sein, und zwar soll gelten:

$$i \xrightarrow{\ i\lambda\ } i-1 \quad \text{für} \quad i = 1,2,\ldots,n,$$

$$i \xrightarrow{\ \rho_i\ } i+1 \quad \text{für} \quad i = 0,1,2,\ldots,n-1.$$

Dann hat das <u>Differentialgleichungssystem</u> $\dot{P}(t) = A \cdot P(t)$ die Gestalt

$$\dot{P}_o(t) = -\rho_o P_o(t) + \lambda P_1(t)$$
$$\dot{P}_k(t) = \rho_{k-1} P_{k-1}(t) - (k\lambda + \rho_k) P_k(t) + (k+1)\lambda P_{k+1}(t) \quad (k=1,2,\ldots,n-1)$$
$$\dot{P}_n(t) = \rho_{n-1} P_{n-1}(t) - n\lambda P_n(t).$$

Wir wollen uns der <u>stationären</u> Lösung zuwenden. Dabei setzen wir voraus, daß für alle $i < n$ die Übergangsraten ρ_i ungleich 0 sind. Dann geht aus dem Zustandsdiagramm nach der Folgerung (1.3) hervor, daß jeder Zustand von jedem anderen erreichbar ist. Damit existiert nach Abschnitt 4.1.2 eine stationäre Lösung P, und man erhält sie aus dem homogenen linearen Gleichungsystem $A \cdot P = 0$ und der Zusatzbedingung $\sum\limits_{i=0}^{n} P_i = 1$.

(3.1) <u>Folgerung</u>: Für die stationäre Lösung gilt:

$$P_k = \frac{\prod\limits_{i=0}^{k-1} \rho_i}{k!\lambda^k} \cdot P_o \quad (k = 0,1,2,\ldots,n).$$

(Ein Produkt über einer leeren Menge soll immer als 1 definiert sein. Damit ist dieser Ausdruck auch für $k = 0$ definiert.)

<u>Beweis</u>: $k = 0$: $\dfrac{\prod\limits_{i=0}^{k-1} \rho_i}{k!\lambda^k} = \dfrac{1}{1 \cdot 1} = 1$. Die Behauptung gilt also für $k = 0$.

$k = 1$: Aus dem Differentialgleichungssystem folgt für den stationären Zustand: $P_1 = \dfrac{\rho_o}{\lambda} P_o = \dfrac{\rho_o}{1!\lambda^1} P_o.$

Nun sei die Behauptung für $k-1$ und k bewiesen. Wir betrachten den Fall $k+1$. Dafür gilt nach dem Differentialgleichungssystem:

$$P_{k+1} = \frac{1}{(k+1)\lambda} [(k\lambda + \rho_k) P_k - \rho_{k-1} P_{k-1}] \quad (k = 1,2,\ldots,n-1), \text{ also}$$

$$P_{k+1} = \frac{1}{(k+1)\lambda}\left[(k\lambda+\rho_k)\frac{\prod\limits_{o}^{k-1}\rho_i}{k!\lambda^k} - \rho_{k-1}\frac{\prod\limits_{o}^{k-2}\rho_i}{(k-1)!\lambda^{k-1}}\right]P_o =$$

$$= \frac{1}{(k+1)\lambda}\rho_k\frac{\prod\limits_{o}^{k-1}\rho_i}{k!\lambda^k}\,P_o = \frac{\prod\limits_{o}^{k}\rho_i}{(k+1)!\lambda^{k+1}}\,P_o .$$

Wir wollen nun 2 Spezialfälle betrachten: zuerst den Fall $\rho_k = (n-k)\rho$,
$(k = 0,1,2,\ldots,n)$. Das kann man so deuten, daß genügend Reparateure vorhanden sind. Wenn n-k Komponenten ausgefallen sind, kann an jeder dieser
n-k die Reparatur durchgeführt werden mit der Reparaturrate ρ. Dies ist
der Fall unabhängiger Komponenten im Sinn des Booleschen Modells. Wir
müssen also bekannte Ausdrücke erhalten.

Der 2. Spezialfall setzt voraus: $\rho_k = \rho$ für $k = 0,1,2,\ldots,n-1$. Das kann
man so deuten, daß nur 1 Reparateur vorhanden ist.

Zur Berechnung der P_k werden wir in beiden Fällen folgendermaßen vorgehen: Auf Grund der Beziehung $\sum\limits_{i=0}^{n} P_i = 1$ und der in (3.1) angegebenen
Beziehung berechnen wir zuerst P_o. Einsetzen in (3.1) ergibt dann die
gewünschten Ausdrücke.

1. <u>Spezialfall</u>: Es sei $\rho_o = n\rho$, $\rho_1 = (n-1)\rho$,$\ldots,\rho_k = (n-k)\rho$ für $k = 0,1,$
$2,\ldots,n$. Dann ist $\dfrac{\rho^k \prod\limits_{i=0}^{k-1}(n-i)}{k!\lambda^k} = \left(\dfrac{\rho}{\lambda}\right)^k \dfrac{1}{k!}\,\dfrac{n!}{(n-k)!} = \dbinom{n}{k}\left(\dfrac{\rho}{\lambda}\right)^k$ und

nach (3.1) gilt: $P_k = \dbinom{n}{k}\left(\dfrac{\rho}{\lambda}\right)^k P_o$ für $k = 0,1,2,\ldots,n$.

Daraus folgt $1 = \sum\limits_{o}^{n} P_k = P_o \sum\limits_{o}^{n}\dbinom{n}{k}\left(\dfrac{\rho}{\lambda}\right)^k = P_o\left(\dfrac{\rho}{\lambda} + 1\right)^n = P_o\left(\dfrac{\lambda+\rho}{\lambda}\right)^n$,

also $P_o = \left(\dfrac{\lambda}{\lambda+\rho}\right)^n$. Wir setzen $a := \rho/(\lambda+\rho)$ und $\bar{a} := 1-a$. Dann ist $\bar{a}$
die Nichtvergügbarkeit einer Komponente, und wir haben den bekannten
Ausdruck $P_o = \bar{a}^n$.

Für $k > 0$ erhalten wir $P_k = \dbinom{n}{k}\left(\dfrac{\rho}{\lambda}\right)^k\left(\dfrac{\lambda}{\lambda+\rho}\right)^n = \dbinom{n}{k}\left(\dfrac{\rho}{\lambda+\rho}\right)^k\left(\dfrac{\lambda}{\lambda+\rho}\right)^{n-k} =$
$= \dbinom{n}{k} a^k \bar{a}^{n-k}$.

Wir sehen also - in Übereinstimmung mit dem Booleschen Modell - , daß
die P_k die Einzelwahrscheinlichkeiten zu einer Binomialverteilung mit den
Parametern n und a sind.

2. Spezialfall: Wir setzen hier $\rho_i = \rho$ für $i = 0,1,2,\ldots,n-1$ voraus. Dann

ist $\dfrac{\prod\limits_{i=0}^{k-1} \rho_i}{k!\,\lambda^k} = \dfrac{\rho^k}{k!\,\lambda^k} = \dfrac{\left(\frac{\rho}{\lambda}\right)^k}{k!}$. Damit folgt aus (3.1)

$1 = \sum\limits_{0}^{n} P_k = P_0 \sum\limits_{k=0}^{n} \dfrac{(\rho/\lambda)^k}{k!}$, also $P_0 = 1 \Big/ \sum\limits_{i=0}^{n} \dfrac{(\rho/\lambda)^i}{i!}$ und allgemein

$$P_k = \dfrac{\dfrac{(\rho/\lambda)^k}{k!}}{\sum\limits_{i=0}^{n} \dfrac{(\rho/\lambda)^i}{i!}} \quad \text{für } k = 0,1,2,\ldots,n.$$

Das ist die sogenannte Erlangsche Formel. Sie spielt in der Bedienungstheorie eine besondere Rolle.

Nach den Vorbemerkungen in Abschnitt 4.3 erhalten wir die folgenden Aussagen:

In einem m aus n-System mit "nur 1 Reparateur" (d.h. $\rho_i = \rho$ für alle $i = 0,1,\ldots,n-1$) ist die stationäre Verfügbarkeit:

$$A_s = \dfrac{\sum\limits_{i=m}^{n} \dfrac{(\rho/\lambda)^i}{i!}}{\sum\limits_{k=0}^{n} \dfrac{(\rho/\lambda)^k}{k!}} \; .$$

Das bedeutet speziell für $m = n$: In einem Seriensystem mit nur 1 Reparateur ist die stationäre Verfügbarkeit

$$A_s = \dfrac{\dfrac{(\rho/\lambda)^n}{n!}}{\sum\limits_{i=0}^{n} \dfrac{(\rho/\lambda)^i}{i!}} \; .$$

Speziell für $m = 1$ erhalten wir: In einem Parallelsystem mit nur 1 Reparateur ist die stationäre Nichtverfügbarkeit

$$\overline{A}_s = \dfrac{1}{\sum\limits_{i=0}^{n} \dfrac{(\rho/\lambda)^i}{i!}} \; .$$

Die mittlere Häufigkeit von Systemausfällen pro Zeiteinheit ist für das m aus n-System

$$N_s = \dfrac{m\lambda \cdot \dfrac{(\rho/\lambda)^m}{m!}}{\sum\limits_{i=0}^{n} \dfrac{(\rho/\lambda)^i}{i!}} = \rho \cdot \dfrac{\dfrac{(\rho/\lambda)^{m-1}}{(m-1)!}}{\sum\limits_{i=0}^{n} \dfrac{(\rho/\lambda)^i}{i!}} \; .$$

Wir kehren jetzt zu dem allgemeinen Fall des 1. Modells zurück und wollen einen Ausdruck herleiten für die MTBF eines dazu gehörenden m aus n-Systems. Wir verwenden die Beziehungen, die in den Vorbemerkungen von Abschnitt 4.3 angegeben wurden. Nach Folgerung (3.1) ist $P_k = \alpha_k P_o$ mit

$$\alpha_k = \frac{\prod_{i=0}^{k-1} \rho_i}{k!\,\lambda^k} \quad . \text{ Die MTBF ist } U_s = \frac{1}{m\,\lambda} \sum_{m}^{n} \frac{\alpha_k}{\alpha_m} \quad . \text{ Für den Quotienten } \frac{\alpha_k}{\alpha_m}$$

erhalten wir
$$\frac{\alpha_k}{\alpha_m} = \frac{m!\,\lambda^m \cdot \prod_{i=0}^{k-1} \rho_i}{k!\,\lambda^k \cdot \prod_{i=0}^{m-1} \rho_i} = \frac{m!}{k!}\,\frac{1}{\lambda^{k-m}} \prod_{i=m}^{k-1} \rho_i . \text{ Damit ergibt sich}$$

$$U_s = (m-1)! \sum_{k=m}^{n} \frac{1}{k!\,\lambda^{k-m+1}} \prod_{i=m}^{k-1} \rho_i .$$

Wir sehen uns wieder den früher betrachteten Spezialfall an:

<u>2. Spezialfall</u>: $\rho_i = \rho$ für $i = 0, 1, \ldots, n-1$. Wir erhalten $\prod_{i=m}^{k-1} \rho_i = \rho^{k-m}$,

also $U_s = (m-1)!\,\frac{1}{\lambda} \sum_{k=m}^{n} \frac{(\rho/\lambda)^{k-m}}{k!}$.

Hierzu betrachten wir die Spezialfälle zweifacher bzw. dreifacher Parallelsysteme, also m = 1 und n = 2 bzw. n = 3.

Für m = 1, n = 2 ergibt sich $U_s = \frac{1}{\lambda}\left(1 + \frac{\rho}{2\lambda}\right) = u\left(1 + \frac{u}{2d}\right)$, wenn $u = 1/\lambda$ und $d = 1/\rho$ ist.

Das ist das gleiche Ergebnis wie beim Booleschen Modell, bei dem genügend Reparateure vorhanden sind; denn in einem Zeitabschnitt, in dem jeweils nur höchstens 1 Komponente ausgefallen ist, wird auch nur 1 Reparateur benötigt.

Für m = 1, n = 3 ergibt sich $U_s = \frac{1}{\lambda}\left(1 + \frac{\rho}{2\lambda} + \frac{2}{6\lambda^2}\right) = u\left(1 + \frac{u}{2d} + \frac{u^2}{6d^2}\right).$

Für das Boolesche Modell mit genügend Reparateuren ist dagegen die MTBF $U_s = u\left(1 + \frac{u}{d} + \frac{u^2}{3d^2}\right)$, also etwa doppelt so lang.

In diesem Modell soll das Zustandsdiagramm das folgende Aussehen haben:

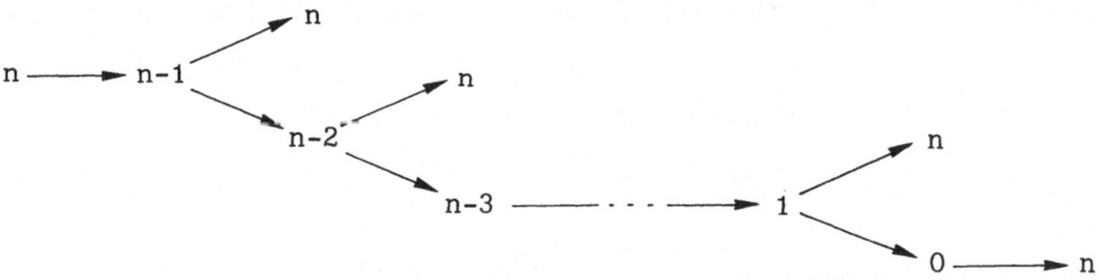

mit $i \xrightarrow{\rho_i} n$ für $i = 0,1,\ldots,n-1$, $i \xrightarrow{i\lambda} i-1$ für $i = 1,2,\ldots,n$.

Das zugehörige Differentialgleichungssystem $\dot{P}(t) = A \cdot P(t)$ ist dann

$$\dot{P}_k(t) = -(\rho_k + k\lambda)P_k(t) + (k+1)\lambda P_{k+1}(t) \text{ für } k = 0,1,\ldots,n-1$$

$$\dot{P}_n(t) = \sum_{k=0}^{n-1} \rho_k P_k(t) - n\lambda P_n(t).$$

Wir gehen wieder davon aus, daß $\rho_k \neq 0$ für alle $k \leqslant n-1$. Dann ist jeder Zustand von jedem anderen aus erreichbar, es existiert damit eine stationäre Lösung P, und sie berechnet sich aus dem Gleichungssystem $A \cdot P = 0$.

(3.2) <u>Folgerung:</u> Für die stationären Zustandswahrscheinlichkeiten P_k gilt der Zusammenhang $P_k = \dfrac{P_o}{k! \lambda^k} \prod_{i=0}^{k-1} (\rho_i + i\lambda)$ $(k = 0,1,2,\ldots,n)$.

<u>Beweis:</u> Für $k = 0$ ist die Aussage trivialerweise erfüllt. Sie sei für k bewiesen. Dann ergibt sich aus dem Gleichungssystem $A \cdot P = 0$:

$$P_{k+1} = \frac{\rho_k + k\lambda}{(k+1)\lambda} P_k = \frac{\rho_k + k\lambda}{(k+1)\lambda} \frac{P_o}{k! \lambda^k} \cdot \prod_{i=0}^{k-1} (\rho_i + i\lambda) =$$

$$= \frac{P_o}{(k+1)! \lambda^{k+1}} \prod_{i=0}^{k} (\rho_i + i\lambda).$$ ●

Wir setzen nun die folgende Vereinfachung voraus: $\rho_i = \rho$ für $i = 0,1,2,\ldots,n-1$.

Das kann z.B. dann gerechtfertigt sein, wenn der größte Anteil an der Reparaturzeit von der Anfahrtszeit her rührt und die Reparatur selbst ein Auswechselvorgang ist, der entweder kaum Zeit erfordert oder der praktisch

gleich viel Zeit erfordert, ob 1 oder mehrere Teile ausgewechselt werden.
Wir betrachten den Fall, daß zum Zeitpunkt 0 alle Komponenten intakt sind,
also $P_n(0) = 1$.
Wenden wir dann auf $\dot{P}(t) = A \cdot P(t)$ die Laplace-Transformation an, so erhalten wir:

$$(s+\rho+k\lambda)P_k^*(s) = (k+1)\lambda P_{k+1}^*(s) \quad \text{für } k = 0,1,2,\dots,n-1$$

$$(s+n\lambda)P_n^*(s) - 1 = \rho \sum_{o}^{n-1} P_k^*(s).$$

Das ist das Gleichungssystem $(sI - A)P^*(s) = P(0)$.

(3.3) <u>Folgerung</u>:

a) $P_k^*(s) = \dfrac{s+\rho}{s}\,\dfrac{n!}{k!}\,\lambda^{n-k}\,\dfrac{1}{\prod\limits_{i=k}^{n}(s+\rho+i\lambda)}$ für $k = 0,1,2,\dots,n$,

b) $P_n(t) = \dfrac{\rho}{n\lambda+\rho} + \dfrac{n\lambda}{n\lambda+\rho}\,e^{-(n\lambda+\rho)t}$,

c) die stationäre Lösung ist $P_k = \rho\,\dfrac{n!}{k!}\,\lambda^{n-k}\,\dfrac{1}{\prod\limits_{i=k}^{n}(\rho+i\lambda)}$ für $k=0,1,2,\dots,n.$

<u>Beweis</u>: $k = n$: Aus dem Gleichungssystem $(sI-A)P^*(s) = P(0)$ lesen wir

ab: $P_n^*(s) = \dfrac{\rho}{s+n\lambda} \sum\limits_{k=0}^{n-1} P_k^*(s) + \dfrac{1}{s+n\lambda}$. Andererseits folgt aus der Bezie-

hung $\sum\limits_{i=0}^{n} P_i(t) = 1$: $P_n^*(s) = \dfrac{1}{s} - \sum\limits_{k=0}^{n-1} P_k^*(s)$. Also ist $\sum\limits_{k=0}^{n-1} P_k^*(s)\left(\dfrac{\rho}{s+n\lambda}+1\right) =$

$= \dfrac{1}{s} - \dfrac{1}{s+n\lambda} = \dfrac{n\lambda}{s(s+n\lambda)}$ und damit $\sum\limits_{k=0}^{n-1} P_k^*(s) = \dfrac{n\lambda}{s(s+\rho+n\lambda)} = \dfrac{n\lambda}{\rho+n\lambda}\left(\dfrac{1}{s} -\right.$

$\left. - \dfrac{1}{s+\rho+n\lambda}\right)$. Daraus folgt $P_n^*(s) = \dfrac{\rho}{\rho+n\lambda}\cdot\dfrac{1}{s} + \dfrac{n\lambda}{\rho+n\lambda}\cdot\dfrac{1}{s+\rho+n\lambda}$. Das bedeutet

$P_n(t) = \dfrac{\rho}{\rho+n\lambda} + \dfrac{n\lambda}{\rho+n\lambda}\,e^{-(\rho+n\lambda)t}$, also b).

Zum Beweis von a) formen wir den für $P_n^*(s)$ erhaltenen Ausdruck um:

$$P_n^*(s) = \frac{1}{(\rho+n\lambda)s(s+\rho+n\lambda)}\,[\rho(s+\rho+n\lambda) + n\lambda s] = \frac{(s+\rho)(n\lambda+\rho)}{(\rho+n\lambda)s(s+\rho+n\lambda)} =$$

$$= \frac{s+\rho}{s(s+\rho+n\lambda)} \quad , \text{d.i. a) für } k = n.$$

Nun sei a) für $k+1$ erfüllt. Dann ergibt sich aus dem Gleichungssystem

$$P_k^*(s) = \frac{(k+1)\lambda}{s+\rho+k\lambda} \; P_{k+1}^*(s) = \frac{s+\rho}{s}\,(k+1)\,\frac{n!}{(k+1)!}\,\lambda\cdot\lambda^{n-k-1}\cdot\frac{1}{\prod\limits_{i=k}^{n}(s+\rho+i\lambda)}$$

$$= \frac{s+\rho}{s}\cdot\frac{n!}{k!}\,\lambda^{n-k}\cdot\frac{1}{\prod\limits_{i=k}^{n}(s+\rho+i\lambda)}\;,\;\text{also gilt a) für alle } k \leq n.$$

Die stationäre Lösung P_k existiert, da jeder Zustand von jedem erreichbar ist. Es ist $P_k = \lim\limits_{t\to\infty} P_k(t) = \lim\limits_{s\to 0} sP_k^*(s)$, also

$$P_k = \rho\,\frac{n!}{k!}\,\lambda^{n-k}\,\frac{1}{\prod\limits_{i=k}^{n}(\rho+i\lambda)}\;,\;\text{das ist c).}$$

$P_n(t)$ ist die Verfügbarkeit eines Seriensystems aus n Komponenten, bei dem die angegebene Reparaturstrategie angewandt wird. Den Ausdruck b) kann man deuten als die Verfügbarkeit zu einem alternierenden Erneuerungsprozeß mit Ausfallrate $n\lambda$ und Reparaturrate ρ. Die Intaktzeit ist dabei die Verweildauer im Zustand n, die "Reparaturzeit" die Verweildauer in der Klasse der Zustände $0,1,2,\ldots,n-1$.

Wir wenden uns nun den m aus n-Systemen zu und wollen zuerst die stationäre Nichtverfügbarkeit $\overline{A}_s$ bestimmen. Dazu könnte man von der Beziehung $\overline{A}_s - \sum\limits_{i=0}^{m-1} P_i$ ausgehen, die P_i der Folgerung (3.3) entnehmen und ihre Summe umformen. Wir wählen dagegen eine Methode, bei der wir die Zustände $0,1,2,\ldots,m-1$ zu einem Zustand a zusammenfassen. Die Nichtverfügbarkeit ist dann die Zustandswahrscheinlichkeit P_a. Nach Abschnitt 4.1.3 ist das Zusammenfassen dieser Zustände zu einem Zustand a deswegen erlaubt, weil $i \xrightarrow{\;\rho\;} n$ für alle $i \leq m-1$ gilt.

Das Zustandsdiagramm sieht jetzt folgendermaßen aus: $a \xrightarrow{\;\rho\;} n$,

$$m \underset{m\lambda}{\overset{\rho}{\lessgtr}} \begin{matrix} n \\ a \end{matrix} \;,\; k \underset{k\lambda}{\overset{\rho}{\lessgtr}} \begin{matrix} n \\ k-1 \end{matrix} \quad \text{für } k = m+1,\, m+2,\ldots,n-1,\; n \xrightarrow{\;n\lambda\;} n-1.$$

Hiernach ist $\dot{P}_a = -\rho P_a + m\lambda P_m$. Die P_i, $i \geq m$, können wir der Folgerung

(3.3) entnehmen. Wir lesen ab $P_m = \rho\,\dfrac{n!}{m!}\,\lambda^{n-m}\,\dfrac{1}{\prod\limits_{i=m}^{n}(\rho+i\lambda)}$. Damit ergibt sich $P_a = \dfrac{m\lambda}{\rho} P_m = \dfrac{n!}{(m-1)!} \lambda^{n-m+1} \dfrac{1}{\prod\limits_{i=m}^{n} (\rho+i\lambda)}$. Die Nichtverfügbar-

keit des m aus n-Systems ist also $\overline{A}_s = \dfrac{n!}{(m-1)!} \lambda^{n-m+1} \dfrac{1}{\prod\limits_{i=m}^{n} (\rho+i\lambda)}$.

Nun berechnen wir die MTBF dieses m aus n-Systems. Nach den Vorbemerkungen zum Abschnitt 4.3 ist $U_s = A_s / m\lambda P_m$. Damit erhalten wir

$U_s = \dfrac{1-\overline{A}_s}{m\lambda P_m} = \dfrac{1}{m\lambda P_m} - \dfrac{P_a}{m\lambda P_m} = \dfrac{1}{m\lambda P_m} - \dfrac{1}{\rho}$. Nach der Folgerung (3.3)

ist $U_s = \dfrac{\prod\limits_{i=m}^{n} (\rho+i\lambda)}{\rho \cdot \lambda^{n-m} \dfrac{n!}{m!}} \dfrac{1}{m\lambda} - \dfrac{1}{\rho}$. Nun ist $m\dfrac{n!}{m!} = m \prod\limits_{m+1}^{n} i = \prod\limits_{m}^{n} i$ und

$\lambda^{n-m+1} = \prod\limits_{m}^{n} \lambda$. Damit ergibt sich $U_s = \dfrac{1}{\rho} \prod\limits_{i=m}^{n} \left(\dfrac{\rho+i\lambda}{i\lambda} \right) - \dfrac{1}{\rho}$, also

$$U_s = \dfrac{1}{\rho} \left[\prod\limits_{i=m}^{n} \left(\dfrac{\rho}{i\lambda} + 1 \right) - 1 \right] .$$

Speziell für $m = n$ erhalten wir das bekannte Ergebnis $U_s = \dfrac{1}{\rho} \left[\dfrac{\rho}{n\lambda} + 1 - 1 \right] = \dfrac{1}{n\lambda}$.

Für $m = n-1$ ergibt sich $U_s = \dfrac{1}{\rho} \left[\left(\dfrac{\rho}{(n-1)\lambda} + 1 \right) \left(\dfrac{\rho}{n\lambda} + 1 \right) - 1 \right] = \dfrac{\rho}{n(n-1)\lambda^2} + \dfrac{1}{(n-1)\lambda} + \dfrac{1}{n\lambda}$.

Die MDT des m aus n-Systems hat, unabhängig davon, wie groß m ist, den Wert $1/\rho$. Das kann man auch folgendermaßen nachweisen: $D_s = \dfrac{\overline{A}_s}{m\lambda P_m} = \dfrac{P_a}{m\lambda P_m}$. Wegen $\rho P_a = m\lambda P_m$ folgt: $D_s = \dfrac{P_a}{\rho P_a} = \dfrac{1}{\rho}$.

Literaturverzeichnis

1. Applebaum, S.P.: Steady-state reliability of systems of mutually independent subsystems. IEEE Transactions on Reliability R-14 (1965) 23-29.

2. Barlow, R.E.; Proschan, F.: Mathematical theory of reliability. New York: Wiley 1965.

3. Barlow, R.E.; Proschan, F.: Statistical theory of reliability and life testing. New York: Holt, Rinehart & Winston 1975.

4. Basler, H.: Grundbegriffe der Wahrscheinlichkeitsrechnung und statistischen Methodenlehre. 2. Aufl. Würzburg: Physica 1970.

5. Birkhoff, G.; McLane, S.: A survey of modern algebra. Chap. XI: Algebra of Classes. 3. ed. New York: Macmillan 1955.

6. Buzacott, J.A.: Network approaches to finding the reliability of repairable systems. IEEE Transactions on Reliability R-19 (1970) 140-146.

7. Buzacott, J.A.: Markov approach to finding failure times of repairable systems. IEEE Transactions on Reliability R-19 (1970) 128-134.

8. Cox, D.R.: Renewal theory. London: Methuen 1962.

9. Doetsch, G.: Anleitung zum praktischen Gebrauch der Laplace-Transformation. 2. Aufl. München: Oldenbourg 1961.

10. Doetsch, G.: Einführung in Theorie und Anwendung der Laplace-Transformation. 3. Aufl. Basel: Birkhäuser 1976.

11. Doob, J.L.: Stochastic Processes. New York: Wiley 1953.

12. Feller, W.: An introduction to probability theory and its applications. Vol. 1. 3. ed. New York: Wiley 1968.

13. Feller, W.: An introduction to probability theory and its applications. Vol.2. New York: Wiley 1966.

14. Fischer-Lexikon: Mathematik 1. Frankfurt: Fischer 1969.

15. Fisz, M.: Wahrscheinlichkeitsrechnung und mathematische Statistik. Berlin: Verl. der Wissensch. 1966.

16. Fussell, J.B.: How to hand-calculate system reliability and safety characteristics. IEEE Transactions on Reliability (1975) 169-174.

17. Gill, A.: Applied algebra for the computer sciences. Englewood Cliffs: Prentice-Hall 1976.

18. Gnedenko, B.W.; Beljajew, J.K.; Solowjew, A.D.: Mathematische Methoden der Zuverlässigkeitstheorie I (dtsch. Übers.). Berlin: Akademie-Verlag 1968.

19 Gröbner, W.: Matrizenrechnung. Mannheim: Bibl. Inst. 1966.

20 Höfle-Isphording, U.: Selbstdualität Boolescher Systemfunktionen. Elektron. Informationsverarb. u. Kybernetik 11 (1975) 447-458.

21 Isphording, U.: Methoden zur Berechnung von Zuverlässigkeitsgrößen redundanter komplexer Systeme. Arch. elektr. Übertr. 22 (1968) 337-342.

22 Isphording, U.: A model for calculating the reliability of supervised systems. Siemens Forsch.- u. Entwickl.-Ber. 1 (1972/73) 133-138.

23 Kaufmann, A.: Zuverlässigkeit in der Technik (dtsch. Übers.) München: Oldenbourg 1970.

24 Kreyszig, E.: Statistische Methoden und ihre Anwendungen. Göttingen: Vandenhoeck & Ruprecht 1965.

25 Lahres, H.: Einführung in die diskreten Markoff-Prozesse und ihre Anwendungen. Braunschweig: Vieweg 1964.

26 Lidl, R.: Algebra für Naturwissenschaftler und Ingenieure. Berlin: de Gruyter 1975.

27 Mayer, J.: Die Zuverlässigkeit von Systemen. Techn. Rdsch. 1973/74.

28 Müller, P.H. (Herausg.): Wahrscheinlichkeitsrechnung und mathematische Statistik. Lexikon der Stochastik. Berlin: Akademie-Verlag 1975.

29 Naas, J.; Schmid, H.L. (Herausg.): Mathematisches Wörterbuch. 3. Aufl. Stuttgart: Teubner 1967.

30 Reinschke, K.: Zuverlässigkeit von Systemen. Bd.1. Berlin: Verlag Technik 1973.

31 Richter, H.: Wahrscheinlichkeitstheorie. 2. Aufl. Berlin: Springer 1966.

32 Sandler, G.H.: System reliability engineering. Englewood Cliffs: Prentice-Hall 1963.

33 Schneeweiß, W.: Zuverlässigkeitstheorie. Berlin: Springer 1973.

34 Shooman, M.L.: Probabilistic realiability, an engineering approach. New York: MacGraw-Hill 1968.

35 Störmer, H.: Mathematische Theorie der Zuverlässigkeit. München: Oldenbourg 1970.

36 Störmer, H.: Semi-Markoff-Prozesse mit endlich vielen Zuständen. Berlin: Springer 1970.

37 Störmer, H. (Herausg.): Praktische Anleitung zu statistischen Prüfungen. München: Oldenbourg 1971.

38 Takacs, L.: Stochastic processes. London: Methuen 1972.

39 Zurmühl, R.: Matrizen und ihre technischen Anwendungen. 4. Aufl. Berlin: Springer 1964.

<u>Zuordnung der Literatur zu den einzelnen Abschnitten</u>

Abschnitt	Literatur
1.1	5, 14, 17, 26
1.2-1.4	4, 15, 24, 28, 31
1.5	9, 10, 18, 29
1.6	13, 28, 35, 36
1.7	11, 15, 25, 28, 38, 39
2.1	2, 28, 30, 35
2.2	4, 12, 24, 28, 37
2.3	8, 16, 34, 35
3	1, 2, 3, 6, 16, 20, 21, 23, 27, 35
4	7, 12, 19, 28, 32, 34, 36